中国市政设计行业 BIM 技术丛书

张吕伟　蒋力俭　总编

市政给水排水工程 BIM 技术

上海市政工程设计研究总院（集团）有限公司　组织编写

张吕伟　杨书平　吴凡松　主编

中国建筑工业出版社

图书在版编目（CIP）数据

市政给水排水工程 BIM 技术/上海市政工程设计研究总
院（集团）有限公司组织编写. —北京：中国建筑工业出
版社，2018.4
（中国市政设计行业 BIM 技术丛书）
ISBN 978-7-112-21837-0

Ⅰ.①市… Ⅱ.①上… Ⅲ.①市政工程-给水工程-建
筑设计-计算机辅助设计-应用软件②市政工程-排水工程-
建筑设计-计算机辅助设计-应用软件 Ⅳ.①TU991.02-39
②TU992.02-39

中国版本图书馆 CIP 数据核字（2018）第 032698 号

　　本书为《中国市政设计行业 BIM 技术丛书》之一，由 6 个章节和 21 个附
录组成。其中给水排水管网工程、给水厂（站）工程、排水厂（站）工程分别
形成独立章节，按下列几方面内容进行撰写：构筑物形式分类、设计流程、模
型系统、信息交换流程、信息交换内容、信息交换模板、应用案例。设施设备
构件为独立章节，对模型中构件进行归类，确定每个构件属性，为市政设计行
业构件信息库建立提供基础数据。21 个附录是本书撰写重点，对各设计阶段
交付信息进行归类、命名和详细描述，按照国家交付标准确定信息深度等级，
可以作为国际 IFC 标准、IFD 标准、中国《建筑信息模型分类和编码》标准针
对市政设计行业补充内容。

　　本书适用对象主要是 BIM 专业技术人员，也可供设计人员作为 BIM 技术
应用参考资料。

责任编辑：于　莉
责任设计：李志立
责任校对：焦　乐

中国市政设计行业 BIM 技术丛书
张吕伟　蒋力俭　总编
市政给水排水工程 BIM 技术
上海市政工程设计研究总院（集团）有限公司　组织编写
张吕伟　杨书平　吴凡松　主编
*
中国建筑工业出版社出版、发行（北京海淀三里河路 9 号）
各地新华书店、建筑书店经销
北京科地亚盟排版公司制版
北京圣夫亚美印刷有限公司印刷
*
开本：787×1092 毫米　1/16　印张：16¾　字数：417 千字
2018 年 4 月第一版　　2018 年 4 月第一次印刷
定价：65.00 元
ISBN 978-7-112-21837-0
（31682）

《市政给水排水工程 BIM 技术》参编单位

指导单位： 中国勘察设计协会

总编单位： 上海市政工程设计研究总院（集团）有限公司

主编单位： 中国市政工程中南设计研究总院有限公司
中国市政工程华北设计研究总院有限公司

参编单位： 中国市政工程东北设计研究总院有限公司
北京市市政工程设计研究总院有限公司
（以下排名不分先后）
同济大学建筑设计研究院（集团）有限公司
广州市市政工程设计研究总院
深圳市市政设计研究院有限公司
中国市政工程西北设计研究院有限公司
上海市城市建设设计研究总院（集团）有限公司
合肥市市政设计研究总院有限公司
悉地（苏州）勘察设计顾问有限公司

丛书前言

在新一轮科技创新和产业变革中,信息化与建筑业的融合发展已成为建筑业发展的方向,对建筑业发展带来战略性和全局性的深远影响。BIM(建筑信息模型)技术是一种应用于工程设计、建造和管理的数字化工具,能实现建筑全生命期各参与方和环节的关键数据共享及协同,为项目全过程方案优化、虚拟建造和协同管理提供技术支撑。BIM技术是推动建筑业转型升级、提高市政行业信息化水平和推进智慧城市建设的基础性技术。

2017年2月,国务院办公厅印发《关于促进建筑业持续健康发展的意见》(国办发〔2017〕19号),明确要求加快推进BIM技术在规划、勘察、设计、施工和运营维护全过程的集成应用,实现工程建设项目全生命周期数据共享和信息化管理,为项目方案优化和科学决策提供依据,促进建筑业提质增效。《"十三五"工程勘察设计行业信息化工作指导意见》(中设协字〔2016〕83号),要求重点开展基于BIM的通用、编码、存储和交付标准的研究编制工作,为行业信息化建设打好基础。当前,BIM技术应用已逐渐步入注重应用价值的深度应用阶段,并呈现出BIM技术与项目管理、云计算、大数据等先进信息技术集成应用的"BIM+"特点,BIM技术应用正向普及化、集成化、协同化、多阶段、多角度五大方向发展。

BIM技术是实现工程建设全生命周期信息共享的信息交换技术,信息处理是BIM技术的核心。如何组织数据并使用数据一直是BIM技术应用的关键。在实际操作中存在诸多问题,如BIM数据冗余化、数据录入唯一性、数据应用提取多样化等。要解决以上问题,需重点研究BIM技术中的信息交换数据内容,这正是《中国市政设计行业BIM技术丛书》编制的指导思想。

在中国勘察设计协会的指导下,由上海市政工程设计研究总院(集团)有限公司作为总编单位,组织全国15家主要市政设计院和国内外6家著名软件公司,撰写《中国市政设计行业BIM技术丛书》。丛书共由5个分册组成,各分册确定两个主编单位负责具体撰写工作。《市政给水排水工程BIM技术》、《市政道路桥梁工程BIM技术》、《市政隧道管廊工程BIM技术》针对市政设计行业BIM应用设计流程开展研究,重点在BIM数据交换内容,按照国际IDM信息交付标准思路进行撰写;《市政工程BIM技术应用与新技术》反映了市政设计行业近几年"BIM+"应用成果,详细描述工程现场数据和信息的实时采集、高效分析、即时发布和随时获取等应用模式;《市政工程BIM技术二次开发》针对市政设计行业各专业差异性、国外主流BIM软件中国本地化不足和局限性,介绍主流BIM应用软件二次开发方法,提升BIM应用软件使用价值。

《丛书》的编撰工作得到了全国诸多BIM专家的支持与帮助,在此一并致以诚挚的谢意。衷心期望丛书能进一步推动BIM技术在市政设计行业中的深化应用。鉴于BIM技术应用仍处于快速发展阶段,尚有诸多疑难点需要解决,丛书的不足之处敬请谅解和指正。

《中国市政设计行业BIM技术丛书》编委会

前　言

　　当前，我国已进入中国特色社会主义新时代，走绿色低碳、可持续发展之路。加快生态文明体制改革，建设美丽中国，是我国的重大战略部署。市政给水排水设施建设是生态文明建设的重要内容之一。市政给水排水设计工作，包含了城市供水、城市雨水排放、城市污水收集处理及回用、黑臭水体治理、海绵城市建设等内容，涉及城市水资源、水环境、水生态、水安全、水景观、水文化以及智慧水务等方方面面，影响的不仅仅是城市居民的基本生活，同时也影响着城市的品位和长远发展。

　　目前市政给水排水工程设计基本都是二维设计，主要依靠设计人员的空间想象能力实现，即使制作方案模型，也仅能展示其外观效果。在市政给水排水系统设计要求越来越高的情况下，频繁更改建、构筑物以及设备的布置，会产生大量的修改与协调工作，使设计人员缺乏充分的时间完成更优质的设计。整个设计过程中，修改越来越多，设计品质在不断下降，这是工程设计行业的普遍现象。传统的设计流程与设计方法是导致设计品质下降问题的根源。

　　BIM 协同设计流程能够有效地改善甚至消除设计品质下降问题。基于 BIM 技术的协同设计，各专业设计人员将能够在所有设计阶段同步参与项目设计。即使是在方案阶段，设计人员也不必再独自判断各构筑物不同功能区的面积划分与布置形式。设计人员仅在最初由工艺专业按需求提出项目的大致体量与框架，处于下游的建筑、结构、电气等专业根据自身需求即可开展设计与评估。各专业的同步参与，可大幅提高市政给水排水工程设计质量和效率。

　　设计阶段是 BIM 技术应用最重要的环节。但目前市政设计行业设计阶段 BIM 应用并不多，大多还处在观望状态。其主要难点在于：一是要求设计人员设计理念从二维到三维的转型和从相对独立的设计到不同工种之间协同设计的转变；二是设计企业为适应 BIM 技术需要进行传统管理模式的改变，制定新的工作流程和企业管理机制，需要培训 BIM 技术，以及购买 BIM 相关软件硬件的资金投入等；三是我国普遍存在项目设计周期短、任务重的现象，在 BIM 技术应用初期，可能因为不可避免的一些技术问题而影响到任务的如期完成。出现以上这些 BIM 技术应用瓶颈问题，主要原因在于市政设计行业数据标准比较薄弱，模型信息内容和深度不统一，交付内容不明确。

　　BIM 技术作为现代信息技术发展的产物，具有信息技术自身的特点。BIM 技术在工程建设中发挥作用的前提和基础就是数据的标准化，因此建立信息交换标准就显得尤为重要。其中的关键技术是如何正确、完整地收集项目数据，最终目的在于快速、准确获取支撑 BIM 应用所需的数据。一个支持项目所有阶段、所有成员、所有软件产品之间自动进行信息交换的数据标准，必须是一个公开标准；又因为需要支持信息自动交换，所以必须是一个结构化的标准。IFC（Industry Foundation Classes）就是这样一个公开的、结构化的、基于对象的信息交换标准。

在实际应用中，IFC 标准并未定义不同的项目阶段、不同的项目角色和软件之间特定的信息需求，软件系统无法保证交互数据的完整性与协调性。针对这个问题的一个解决方案，就是制定一套标准，将实际的工作流程和所需交互的信息定义清晰。这个标准就是 IDM 标准（Information delivery Manual，信息交付手册）。IDM 标准的制定，将使 IFC 标准真正得到落实，并使得交互性真正能够实现并创造价值。

《市政给水排水工程 BIM 技术》由 6 章和 21 个附录组成。其中给水排水管网工程、给水厂（站）工程、排水厂（站）工程 3 章按下列几方面内容进行撰写：概述、模型系统、信息交换流程、信息交换内容、信息交换模板、应用案例。设备及构件为独立章节，对模型中构件进行归类，确定每个构件属性，为市政设计行业构件信息库建立提供基础数据。21 个附录是本书撰写重点，对各设计阶段交付信息进行归类、命名和详细描述，按照国家交付标准确定信息深度等级，可以作为 IFC 标准、IFD 标准、中国《建筑信息模型分类和编码》GB/T 51296—2017 标准针对市政设计行业补充内容。

本书在总编单位上海市政工程设计研究总院（集团）有限公司组织下，中国市政工程中南设计研究总院有限公司作为第一主编单位，负责本书第 1 章、第 2 章、第 4 章、第 6 章主要内容编写，及附录整体框架的搭建和全书统稿；中国市政工程华北设计研究总院有限公司作为第二主编单位负责本书第 5 章内容的统筹编写，及第 4 章部分内容和部分附录内容的统筹编写；中国市政工程东北设计研究总院有限公司负责本书第 3 章内容编写及部分附录内容的编写；其他参编单位共同参与了其中章节及附录部分内容的编写。

在此，编写组对所有参与本书编写工作成员及给予我们支持和帮助的专家表示衷心的感谢。

为了做到与国内外 BIM 技术接轨，满足市政设计行业 BIM 技术应用信息交付需求，提高 BIM 正向设计效率，降低 BIM 技术应用成本，为中国市政设计行业 BIM 标准建设奠定基础，撰写组在对国内外 BIM 标准进行解读和研讨的基础上精选了代表性市政工程 BIM 项目，针对 BIM 正向设计过程中信息交换内容进行了深入剖析。

鉴于市政设计行业 BIM 技术还处于探索阶段，典型案例较少，应用效果总结不系统，编者的水平有限，本书还有许多不足之处，期待将来逐步完善。

本书适用于 BIM 技术人员，也可以作为工程设计人员参考资料。

《市政给水排水工程 BIM 技术》编写组

2017-11-30

目　录

第1章 绪 论

1.1 工程概论

水是生命之源，城市因水而兴。市政给水排水设施是现代城市极为重要的公用基础设施之一，在城市现代化进程中起着举足轻重的作用，是衡量城市现代化水平的重要标志之一，对于经济发展，提高人民物质生活水平，保障人民身体健康，保护人类生存环境具有重要意义和深远影响，对于城市的可持续发展具有战略支撑作用。

在我国城市化进程中，随着城市人口不断增加，经济快速发展，出现了多种与水有关的"城市病"。例如，城市对水资源的需求不断增加，超出城市水资源承载力，供需矛盾日益突出；城市生活污水量和工业废水量不断增多，污染成分复杂，加上无序排放，造成严重的水环境污染和水生态恶化，水安全得不到保障；全球气候变暖、城市热岛效应造成极端暴雨频发，城市出现严重内涝问题，严重妨碍城市交通甚至危及城市居民的生命财产安全。而全面提升给水排水设施建设质量，对缓解与水有关的"城市病"，提高人民群众幸福感具有相当大的作用，成为市政工程质量中不可忽视的关键环节之一，也是摆在广大市政工作者面前的一个重要课题。

当前，我国已进入中国特色社会主义新时代，走绿色低碳、可持续发展之路，加快生态文明体制改革，建设美丽中国，是我国的重大战略部署。市政给水排水设施建设是生态文明建设的重要内容之一。市政给水排水设计工作，包含了城市供水、城市雨水排放、城市污水收集处理及回用、黑臭水体治理、海绵城市建设等内容，涉及城市水资源、水环境、水生态、水安全、水景观、水文化以及智慧水务的方方面面，影响的不仅仅是城市居民的基本生活，同时也影响着城市的品位和长远发展，所以市政给水排水工程的设计工作是十分重要的。

1.2 工程特点

市政给水排水工程属于市政公用工程，提供城市基础公共服务，具有公益属性，与城市发展和居民生活密切相关，标准高，要求严，因此必须具备良好的功能性；市政给水排水工程空间跨度大，从水源到城市再到水体，解决的是城市整个区域的给水和排水问题，属于城市生命线工程，影响范围广、人口多，对一个城市而言属于全局性的问题，必然与一个城市的各类规划和具体条件相关联；市政给水排水工程系统性强，涉及城市水循环的全过程，与地形地貌、水系、道路、市政管线密切相关，复杂程度高，受到的影响因素较多，因而需要统筹考虑各种影响因素。因此，宏观层面（城市级别），给水排水工程建设不仅与一个城市总体情况，如城市性质、历史特点、行政区划、人口规模密切相关，而且也要受到城市自然条件，如地理位置、地形地貌、水系、气象、水文、地质、地震烈度的影响；既要分析城市给水排水现状及存在的问题，也要遵循城市总体规划和给水排水专项规划，并要与其他相关专业规划进行协调。微观层面（项目级别），给水排水工程建设既要以政府主管部门，如发改、规划、建设、环保、水保、消防、文物、矿产等部门的批复或要求为依据，又要考虑项目选址处的现状条件及规划要求，如场地地形地貌、周边道路或桥隧、地上建构筑物、地下管线及设施、地质条件、水系（例如给水工程的取水水源，污水处理工程的尾水排放水体）的影响。

市政给水排水工程的研究对象是水的社会循环，其内容包括取水、净化处理、输送、再净化处理、回用或排放等过程。人们从江河湖库等自然水体中取水，经过自来水厂净化处理后，达到生活和生产对应的水质标准，通过供水管网送往千家万户和各类厂矿企业使用；各类建筑小区和厂矿企业排出的污水进入下水道，经排水管网收集后送入污水处理厂，经过再次净化处理达到相应排放标准后，又排入自然水体或进行回用，从而实现水的良性社会循环。若污水直接排入水体，污水中的污染物含量超过水体的自净能力，水体水质会恶化，变成黑臭水体，进一步污染空气和土壤，对自然生态造成破坏。因此给水排水工程是联系自然环境与社会生产发展的工程，与自然环境和城市建设密切相关。

在市政给水排水工程中，水的输送和处理是实现水的良性循环的两个基本需求，因此给水排水工程包括管网工程和厂（站）工程两大基本建设内容，其中厂（站）工程又可分为给水厂（站）和排水厂（站）两大类别。

1. 管网工程

根据管网输配水介质的不同，可分为给水管网、再生水（中水）管网、雨水管网及污水管网等类别。其功能是将目标介质通过管道、渠道或者隧道输送或者分配到指定目的地。输送过程中，为满足检修、排气、放空、沉泥、检查、消能、截流等功能，需相应设置附属构筑物以及附属管道设备。

给水排水管网的特点是呈线性或网络布置，距离一般较长（如长距离输水管渠），覆盖范围广（如供水配水管网，雨水管网、污水管网），影响到整个城区；一般沿道路埋地敷设，容易受到损坏，并且隐蔽性强，不易维护维修；通常与电力、通信、燃气等其他管线一同建设，需要在平面布置、高程安排方面相互协调，否则容易相互碰撞，争抢地下空间。

2. 给水厂（站）

给水厂（站）一般指取水泵站、净水厂（站）、配水厂（加压站）等。其中净水厂是核心，其功能是针对不同水质的原水采用相应的净水工艺流程进行处理，达到目标水质。以地表水为水源的饮用水常规处理工艺流程为：混凝—沉淀（澄清、气浮）—过滤—消毒；当原水含沙量或色度、有机物、致突变前体物等含量较高、臭味明显或为改善凝聚效果，可在常规处理前增设预处理，包括预沉淀、生物预处理、预氧化（氯预氧化、臭氧预氧化、高锰酸钾预氧化等）、粉末活性炭吸附等技术；为进一步提高出水水质，可在常规处理后增加深度处理，包括臭氧—活性炭、超滤膜处理等。

净水处理过程中会产生排泥水（生产废水），包括絮凝沉淀池排泥水、气浮池浮渣、滤池反冲洗废水等。如果对排泥水不加处理直接排放，会对环境造成不利影响，因此需要对净水厂排泥水进行处理。排泥水处理的一般工艺流程为：调节—浓缩—脱水—泥饼处

2

置。在不影响净水厂出水水质的前提下，排泥水系统产生的废水可回用或部分回用。实际工程中，一般多将滤池反冲洗废水调节后进行回用。

3. 排水厂（站）

排水厂（站）一般指排水泵站（雨水泵站、污水泵站、合流污水泵站等）、雨水调蓄池、污水处理厂（站）等。其中污水处理厂是核心，其功能是针对不同水质的污水采用相应的处理工艺流程进行处理，达到目标水质。市政污水处理厂一般处理生活污水或以生活污水为主的污水，通常包括一级处理（含强化一级处理）、二级处理（含强化二级处理）和深度处理，其中一级处理和二级处理合称常规处理。一级处理是通过沉淀法去除悬浮物和部分有机物的过程，主要工艺单元为沉淀，其前端须设置格栅、沉砂等预处理单元；二级处理是在一级处理基础上，再通过生化处理的方法进一步去除水中胶体和溶解性有机物的过程，生化法包括活性污泥法和生物膜法两大类；深度处理是在常规处理之后设置的处理方法，用于进一步提升出水水质，可进行回用或排放，主要包括混凝、沉淀（澄清、气浮）、过滤、消毒等工艺单元，必要时可采用活性炭吸附、膜过滤、臭氧氧化、自然处理等工艺单元。

污水处理过程中会产生大量污泥，必须进行安全处理处置，否则会对环境造成二次污染。污泥处理以减量化、稳定化、无害化为原则，并逐步提高资源化程度。污泥处理一般包括浓缩、调理、脱水、稳定、干化或焚烧等过程。

污水污泥处理过程中会产生臭气，对污水处理厂周边大气环境存在不利影响，因此，必要的情况下，还需要对污水处理厂产臭建、构筑物进行加盖除臭。

给水厂（站）和排水厂（站）具有以下共同特点：一是功能高度集中化。净水厂和污水处理厂内部集中了从进水到出水全套水处理建、构筑物单体，各建筑物、构筑物单体分别具备相应功能，从而实现整体水处理功能；二是流程连续性。水处理构筑物通过管道连接，水流由高到低，环环相扣，共同组成一个完整的处理流程；三是设备专业化。水处理过程需要大量专业化的机械和电气、仪表、自控设备，设备的性能对于水处理目标的达成极为重要。水厂、污水处理厂是耗能大户，部分设备如水泵、鼓风机等耗电较大，选择高效设备对于节约能耗具有重大作用；四是控制自动化。目前我国净水厂、污水处理厂已可实现自动化运行，并且正在向智能化方向发展。

1.3 设计特点

市政给水排水设计具有以下特点：

1. 强调设计依据及基础资料的充分性

市政给水排水工程设计必须依据充分，需要收集翔实的基础资料，如城市概况、自然条件、给水排水现状及存在的问题、城市总体规划、给水排水专项规划及其他相关专业规划、政府主管部门如发改、规划、建设、环保、水保、消防、文物、矿产等部门的批复或要求、项目选址处的现状条件、地质条件、水文条件等。

2. 强调项目总体设计的纲领性

市政给水排水工程总体设计需要确定项目的建设规模，厂址选择，给水工程的供水系统方案、取水水源选择、输水线路选择、供水水质及水压、净水工艺流程、主要净化构筑物选型、配水方案等，排水工程的排水体制、排水与再生水系统布局、污水处理厂设计进出水水质及污水处理程度、污水及再生水处理工艺、污泥处理工艺、污泥处置方式、主要处理构筑物选型、尾水排放方案等。因此总体设计确定的都是项目的核心内容，是一个项目的纲领，作用非常重要。

3. 强调多专业设计的协作性

市政给水排水工程设计内容一般较为复杂，需要的专业较多，包括工艺专业、建筑专业、结构专业、电气专业、仪表及自控专业、给水排水专业、暖通专业、工程经济专业、道路专业等。其中工艺专业为龙头专业，其他专业为辅助专业，各专业之间需要加强协作和配合，才能提供一个良好的设计作品。

市政给水排水管网工程的设计重点是与周边环境如地形地貌以及地上地下设施的协调和衔接。首先由工艺专业根据需求及相关基础资料进行分析计算，确定工程规模（如管径）及大致管线路由；再由岩土专业进行现场测量勘察反馈现场信息；根据现场测量和勘察信息，工艺专业进行详细设计，并提交结构专业进行沟槽开挖以及支护设计。对于附属管道设备，在设计过程中需要根据功能和条件计算出设备的尺寸和性能参数，再进行设备选型。

给水厂（站）及排水厂（站）工程的设计重点是根据进出水水质选取合理的处理工艺流程、主要处理构筑物及设备选型。由于处理工艺流程涉及多个工艺单元，每一工艺单元对应厂区中的一座或多座处理构筑物，每个构筑物由土建池体、工艺设备、电气及自控仪表设备等组成。首先由工艺专业根据每个构筑物的功能确定工艺设计参数，确定构筑物基本体积尺寸及设备布置，完成工艺设计，作为设计条件提供给建筑、结构、电气等专业进行设计；电气专业也需要给建筑、结构专业提条件，以满足电气设备的布置要求；对于附属建筑物，需要由建筑物专业给其他专业提条件，以完成结构、给水排水、电气照明、暖通等专业设计；设计过程中结构专业需要给工艺、建筑等专业进行反馈，提供准确的结构尺寸如墙厚、板厚、柱截面等。最后，各专业还需要进行协同互查，以保证各专业设计的一致性。

4. 强调设备材料的关键性

给水排水管网的主要功能是实现水的输送，这必须依赖于可靠的管道和相应的管道附属设备；给水厂（站）及排水厂（站）的主要功能是实现水质的改变，厂区处理构、建筑物需要设置大量的工艺设备、器材及配套的电气、仪表自控设备，必须依赖这些设备才能完成水的净化。同样功能的设备采用不同的设备选型，土建池体形式可能完全不同。因此，设备材料在给水排水工程中常具有决定性的作用。

1.4　BIM 技术应用价值

BIM，即 Building Information Modeling（建筑信息模型）是以建筑工程项目的各项相关信息数据为基础，建立建筑模型，通过数字信息仿真模拟建筑物所具有的真实信息。BIM 技术是一种数据化工具，通过建筑模型整合项目的各类相关信息，在项目策划、设计、建造、运行和维护的全生命周期中进行信息的共享和传递，在提高生产效率、节约成本和缩短工期方面发挥着重要作用。

1.4.1　BIM 技术基本特点

1. 数据互用性

BIM 数据将在项目整个生命期内不断积累和完善，其使用者包括设计方、咨询方、施工方及业主。BIM 数据可用于辅助决策、辅助设计、辅助施工和辅助设施管理。在这样宽广的领域中应用，要求 BIM 数据具备支持多种应用软件和系统的能力。支持 BIM 数据互用的理想方式是 BIM 数据具有公开、公认的内容和交换格式，由国际 Building SMART 组织开发并维护的工业基础类 IFC 就是一种开放式的 BIM 数据交换格式。

2. 可视化设计方法

传统设计模式下，各专业互相提资时主要基于传统 CAD 平台，使用平、立、剖等三视图的方式表达和展现，设计人员有个"平面到立体"阅读和还原的过程，同时还需要整合各种标注信息，因此在遇到项目复杂、工期紧的情况下，在信息传递的过程中很容易造成三维信息割裂与失真，造成差错。而 BIM 的"所见即所得"具有先天的直观性和实时性，保证了信息传递过程中的完整与统一。

3. 专业间协同设计

传统设计模式下，各专业间的设计数据不能相互导出和导入，使各专业间缺乏充分协作。在 BIM 技术下的设计，各个专业通过相关的三维设计软件协同工作，能够最大程度地提高设计效率，建立各个专业间互享的数据平台，实现各个专业的有机合作，提高图纸质量。

传统设计环节，工作是在各专业之间逐层传递的，这样做极不利于专业之间的沟通与交流，很容易出现碰撞点。现在可以通过 BIM 技术所建立的模型将各个专业所需的数据信息纳入其中，让大家在统一的环境下协同作业。

1.4.2　给水排水工程 BIM 技术应用

1. 管线综合

BIM 模型可以将管道综合后，各管线之间或管线与构筑物之间的水平和纵向净距直观反映出来，以满足规范规定的管线敷设净距要求。在 BIM 模式下，三维直观的管道系统反映的是管道真实的空间状态。设计师既可以在建模过程中直观观察到模型中的碰撞冲突，又可在建模后期利用软件本身的碰撞检测功能来进行硬碰撞（物理意义上的碰撞）或软碰撞（安装、检修、使用空间校核）的检测，通过 BIM 三维管道设备模型，发现并检测出设计冲突，然后反馈设计人员，及时进行调整和修改。

2. 参数化设计

基于 BIM 设计的所有图纸、二维视图和三维视图以及明细表都是基于同一个模型数据库，参数化修改引擎可自动协调在任何位置（模型视图、图纸、明细表、平面和剖面）进行的修改，并且可以在任何时候、任何地方对设计做任意修改，真正实现了"一处修改、处处更新"。例如，在给水排水厂（站）工程设计中，厂区管线平面布置的调改，造成阀门、消火栓等设备以及管道数量的变化，在材料表中可以实时更新，从而极大地提高设计质量和设计效率。

3. 材料表统计

以往编制材料表时一般依靠给水排水设计人员在 CAD 文件进行测量和统计，这样费时费力而且容易出错，如果图纸修改，重新统计是件非常烦琐的事。BIM 本身就是一个信息库，可以提供实时可靠的材料表清单。通过 BIM 获得的材料表可以用于前期成本估算、方案比选、工程预决算。

第2章 设计流程及交付

2.1 设计流程

通过梳理传统 CAD 设计流程，发现各设计阶段设计过程中专业之间的信息交换是采用二维图纸、文档进行的。在传统 CAD 设计流程基础上，总结出符合 BIM 协同设计、信息交换特点的设计流程。

2.1.1 CAD 设计流程

1. 传统 CAD 设计流程特点

传统 CAD 设计，各种设计行为以分类的图纸为基础，各个设计阶段的设计内容分布在不同的图纸上，常常导致信息交流不畅。由于二维图纸的局限性，以图纸为信息传递的载体，信息的存储量有限，无法将各个专业的信息都反映到一张图纸中；且各个专业的图纸量较大，也无法迅速地从众多图纸中获取特定单元信息。各个专业之间、各个阶段之间信息传递是低效的、模糊的。

2. 传统 CAD 总体设计流程

传统 CAD 设计流程，各专业之间设计界面清楚，顺序性强。下游专业必须要等到上游专业完成后才能开始设计，如结构专业要在工艺专业、电气专业和建筑专业完成之后才可以进行设计。这种设计方式协同性差，下游专业修改后，上游专业没修改，或上游专业修改后，下游专业没更新等现象时有发生，是造成设计质量不佳的重要原因。

传统 CAD 总体设计流程如图 2-1 所示。可研阶段首先是工艺专业初步完成工艺可研设计，然后提资给其他各专业；电气专业根据工艺可研图纸进行电气可研设计，然后将电气可研图纸提交建筑和结构专业；建筑和结构专业再根据工艺和电气可研图纸，完成建筑和结构可研设计。在设计过程中，电气、建筑和结构专业需要将各自设计内容反馈给工艺专业，以便最终完成工艺可研设计。初设计阶段和施工图设计阶段，按照与可研阶段基本相同的设计流程完成本阶段相应的设计。

2.1.2 BIM 设计流程

1. BIM 设计流程特点

BIM 设计，将各个阶段和各个专业的信息模型整合到一起，促进了信息共享与交流。BIM 模型既可以在某一设计阶段内实现信息共享，也同时可以在整个设计阶段内作为信息载体传递信息，各个专业将充分共享 BIM 模型，实现设计全过程信息共享。BIM 对于信息的存储承载能力强，对于信息的提取迅速、准确，使得在设计中，各专业的信息交换和协同更加高效、准确。同时，信息的传递也变得更加安全，设计质量得到了保证。

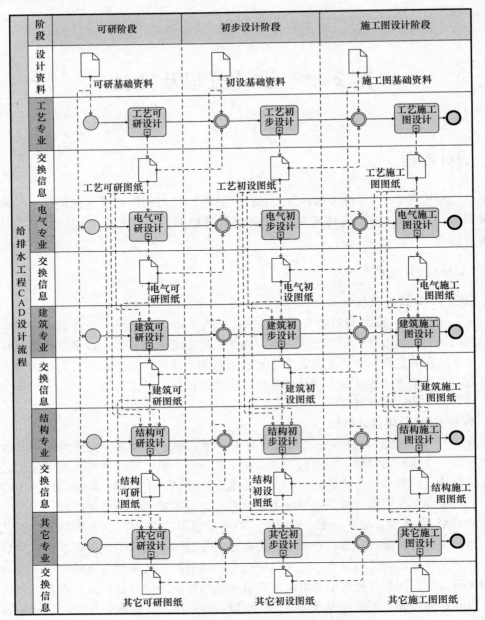

图 2-1　给水排水工程 CAD 设计流程

2. BIM 设计总体流程

BIM 设计是在协同工作环境中进行，设计成果实时共享，各专业设计界面比较模糊，各专业可以实时看到上下游专业最新设计成果，协同性高，能将各专业之间冲突降到最低，整体设计质量高。

BIM 设计总体流程如图 2-2 所示。可研阶段首先是工艺专业可研设计，电气专业在协同工作环境中进行电气可研设计，工艺可研 BIM 模型实时更新，电气专业根据工艺可研 BIM 模型，在协同平台上实时进行设计；然后建筑和结构专业再根据工艺和电气可研 BIM 共享模型，完成本专业可研设计，工艺专业可以同时看到建筑及结构的共享模型，进行本专业的更新,最终完成可研设计;初步设计阶段和施工图阶段,各专业设计根据上一阶段共享模型和本阶段的设计资料,完成本阶段相应的设计。

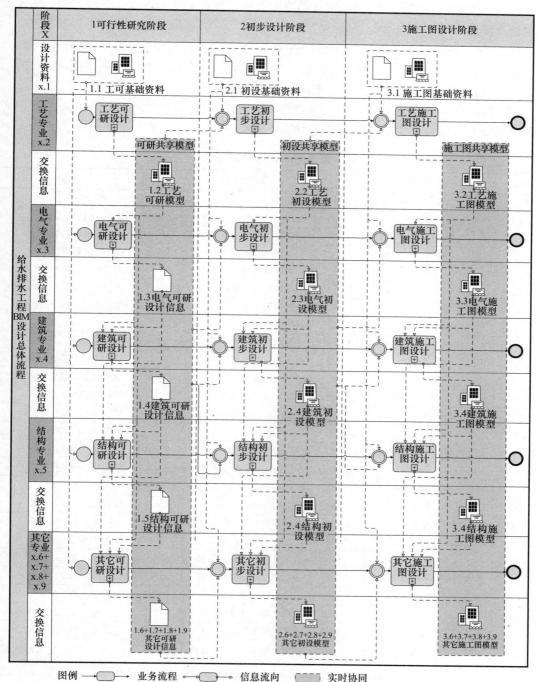

图 2-2 给水排水工程 BIM 设计总体流程

3. 信息交换模型 ID 编号规则如下:

为了保持 BIM 设计总体流程与各阶段 BIM 设计详细流程信息交换内容的统一性和一

致性,在各阶段设计过程中,工艺、电气、建筑、结构等专业信息交换需求用模型和信息表示(包括设计资料),因此需要通过一定的命名规则进行编码,编码 ID 用 "$x.n.m$" 表示。

(1)"x"表示阶段,"1"表示可行性研究阶段,"2"表示初步设计阶段,"3"表示施工图设计阶段。

(2)"n"表示专业,"1"表示设计资料,"2"表示工艺专业,"3"表示电气专业,"4"表示建筑专业,"5"表示结构专业,"6"表示暖通专业,"7"表示给水排水专业,"8"表示道路专业,"9"表示照明、安防、防雷接地专业。

(3)"m"表示专业子内容,在设计过程中确定编码。

各专业在各阶段产生的信息交换模型编号见表 2-1。

信息交换 ID 编码规则   表 2-1

ID	可行性研究阶段	ID	初步设计阶段	ID	施工图阶段
1.1	可研基础资料	2.1	初设基础资料	3.1	施工图基础资料
1.1.0	可研项目信息	2.1.0	初设项目信息	3.1.0	施工图项目信息
1.1.1	可研现状模型	2.1.1	初设现状模型	3.1.1	施工图现状模型
1.1.2	可研规划模型	2.1.2	初设规划模型	3.1.2	施工图规划模型
1.2	工艺可研模型	2.2	工艺初设模型	3.2	工艺施工图模型
1.2.1	工艺可研设计参数	2.2.1	工艺初步设计参数	3.2.1	工艺施工图设计参数
1.2.2	工艺可研模型元素	2.2.2	工艺初设模型元素	3.2.2	工艺施工图模型元素
1.3	电气可研模型	2.3	电气初设模型	3.3	电气施工图模型
1.3.1	电气可研设计参数	2.3.1	电气初设设计参数	3.3.1	电气施工图设计参数
1.3.2	电气可研模型元素	2.3.2	电气初设模型元素	3.3.2	电气施工图模型元素
1.4	建筑可研模型	2.4	建筑初设模型	3.4	建筑施工图模型
1.4.1	建筑可研设计参数	2.4.1	建筑初步设计参数	3.4.1	建筑施工图设计参数
1.4.2	建筑可研模型元素	2.4.2	建筑初设模型元素	3.4.2	建筑施工图模型元素
1.5	结构可研模型	2.5	结构初设模型	3.5	结构施工图模型
1.5.1	结构可研设计参数	2.5.1	结构初步设计参数	3.5.1	结构施工图设计参数
1.5.2	结构可研模型元素	2.5.2	结构初设模型元素	3.5.2	结构施工图模型元素
1.6	暖通可研模型	2.6	暖通初设模型	3.6	暖通施工图模型
1.6.1	暖通可研设计参数	2.6.1	暖通初步设计参数	3.6.1	暖通施工图设计参数
1.6.2	暖通可研模型元素	2.6.2	暖通初设模型元素	3.6.2	暖通施工图模型元素
1.7	给水排水可研模型	2.7	给水排水初设模型	3.7	给水排水施工图模型
1.7.1	给水排水可研设计参数	2.7.1	给水排水初步设计参数	3.7.1	给水排水施工图设计参数
1.7.2	给水排水可研模型元素	2.7.2	给水排水初设模型元素	3.7.2	给水排水施工图模型元素
1.8	道路可研模型	2.8	道路初设模型	3.8	道路施工图模型
1.8.1	道路可研设计参数	2.8.1	道路初步设计参数	3.8.1	道路施工图设计参数
1.8.2	道路可研模型元素	2.8.2	道路初设模型元素	3.8.2	道路施工图模型元素
1.9	照明、安防、防雷接地可研模型	2.9	照明、安防、防雷接地初设模型	3.9	照明、安防、防雷接地施工图模型
1.9.1	照明、安防、防雷接地可研设计参数	2.9.1	照明、安防、防雷接地初步设计参数	3.9.1	照明、安防、防雷接地施工图设计参数
1.9.2	照明、安防、防雷接地可研模型元素	2.9.2	照明、安防、防雷接地初设模型元素	3.9.2	照明、安防、防雷接地施工图模型元素

2.2　交付等级

2.2.1　模型单元

在国家《建筑信息模型设计交付标准》（报批稿）中提出模型单元概念，模型单元是建筑信息模型中，承载建筑信息的实体及其相关属性的集合，是信息输入、交付和管理的基本对象。模型单元由实体和属性组成。

给水排水工程建筑信息模型应由模型单元组成，模型单元的等级划分参见表2-2。

给水排水工程模型单元等级划分　　　　　　　　表 2-2

模型单元等级	模型单元用途
项目级模型单元	承载工程项目、子项目、局部的项目信息
功能级模型单元	承载工程中专业组合模型、单专业模型、单功能模块的空间和技术信息
构件级模型单元	承载工程中单一的构配件或产品的属性和过程信息
零件级模型单元	承载从属于工程中构配件或产品的组成零件的属性和施工或安装信息

2.2.2　模型精细度等级

在国家《建筑信息模型设计交付标准》（报批稿）中提出最小模型单元概念，最小模型单元是根据建筑工程项目的应用需求而分解和交付的最小种类的模型单元。模型精细度是建筑信息模型中所容纳的模型单元丰富程度，简称 LOD。建筑信息模型包含的最小模型单元应由模型精细度等级衡量，给水排水工程模型精细度等级原则见表2-3。

给水排水工程模型精细度等级原则　　　　　　　　表 2-3

等级	图示	模型信息	包含的最小模型单元	BIM 应用
LOD1.0		此阶段模型通常表现水厂（站）工程的工艺流程、厂平布置以及各水处理构（建）筑物外形尺寸等	项目级模型单元	1. 概念建模（整体模型） 2. 可行性研究 3. 场地建模，场地分析 4. 方案展示，经济分析
LOD2.0		此阶段模型应对厂平以及各水处理构（建）筑物进行细化，构（建）筑物内功能分区、管线系统、设备布置均应有所体现	功能级模型单元	1. 初设建模（整体模型） 2. 可视化表达 3. 性能分析，结构分析 4. 初设图纸，工程量统计 5. 设计概算

等级	图示	模型信息	包含的最小模型单元	BIM 应用
LOD3.0		此阶段模型在 L2 基础上进一步深化，包含土建配筋及工艺设备性能参数完善等。模型应能很好地用于成本预算以及施工协调，包括碰撞检查、施工进度、施工方案以及可视化	构件级模型单元	1. 真实建模（整体模型） 2. 专项报批 3. 管线综合 4. 结构详细分析，配筋 5. 工程量统计，施工招投标
LOD4.0			零件级模型单元	1. 详细建模（局部模型） 2. 施工安装模拟 3. 施工进度模拟

2.2.3　模型单元几何表达精度等级

模型单元的视觉呈现效果，决定了在数字化领域，人机互动时人类是否能够快速识别模型单元所表达的工程对象。当前的工程实践表明，模型单元并不需要呈现出与实际物体完全相同的几何细节，几何表达精度等级体现了模型单元与物理实体的真实逼近程度。

几何表达精度等级在国家《建筑信息模型设计交付标准》（报批稿）中定义为模型单元在视觉呈现时，几何表达真实性和精确性的衡量指标，用 Gx 表达。见表 2-4。

给水排水工程构件级模型单元几何表达精度详见附录 N。在满足应用需求的前提下，宜采用较低的 Gx，包括几何描述在内的更多描述，以信息或者属性的形式表达出来，避免过度建模情况的发生，也有利于控制 BIM 模型文件的大小，提高运算效率。

2.2.4　模型单元信息深度等级

信息深度会随着工程阶段的发展而逐步深入。信息深度等级的划分，体现了工程参与方对信息丰富程度的一种基本共同观念。信息深度等级体现了 BIM 的核心能力。对于单个项目，随着工程的进展，所需的信息会越来越丰富。宜根据每一项应用需求，为所涉及的模型单元选取相应的信息深度（Nx）。信息深度与表 2-4 所规定的几何表达精度总体原则应配合使用，以便充分且必要地描述每一个模型单元。

给水排水工程模型单元几何表达精度等级总体原则　　　　表 2-4

等级	等级要求	图示
G1	设备及构件满足二维化或符号化识别需求的几何表达精度	
G2	设备及构件近似几何尺寸，形状和方向，系统颜色及空间占位有所表达	

续表

等级	等级要求	图示
G3	设备及构件在几何上准确表达，能够反映物体的实际外形，保证不会在施工模拟和碰撞检查中产生错误判断	
G4	详细的设备及构件模型实体，最终确定模型尺寸，能够根据该模型进行构件的加工制造	

　　信息深度等级在国家《建筑信息模型设计交付标准》（报批稿）中定义为模型单元承载信息详细程度的衡量指标，应包含工程项目的基本信息、地理信息、设计信息、构件信息、设备信息等内容，用 Nx 表达。给水排水工程模型单元信息深度等级划分总体原则见表 2-5 规定。

给水排水工程模型单元信息深度等级划分总体原则　　　　表 2-5

等级	模型信息	信息类别	应用
N1	区位周边环境条件，包括地质、气象条件等，相关技术经济指标	基本信息 地理信息	厂区日照分析、场地分析、周边环境分析、可视化表达、辅助方案比选
N2	构筑物设计参数信息、系统性能参数、设备配置信息等	设计信息	冷热负荷分析、空间性能分析及具体表达等
N3	构筑物构件、管道及附件所属功能区的详细尺寸及技术性能参数	构件信息 设备信息	碰撞检查、施工及运维方案模拟、有限元应力分析、设备材料预算等
N4	设备安装信息，构筑物构件、管道附件加工、施工等信息	建造信息	设备加工、装配和建造

第3章 给水排水管网工程

3.1 概述

3.1.1 给水排水管网工程的概念

给水排水系统是为人们的生活、生产和消防提供用水和排除废水的设施总称，它是人类文明进步和城市化聚集居住的产物，是现代化城市最重要的基础设施之一。给水排水管网是给水排水系统的重要组成部分，是由不同材质的管道和附属构筑物构成的输水网络，包括给水管网系统和排水管网系统。

给水管网系统又称输配水系统，包括输水管渠、配水管网、水压调节设施（如：泵站、减压阀）及水量调节设施（如：清水池、水塔）等，承担供水的输送、分配、压力调节和水量调节任务，起保障用户用水的作用。排水管网系统包括污水和废水收集与输送管渠、水量调节池、提升泵站及附属构筑物（如：检查井、跌水井、水封井、雨水口、截流井、出水口）等，承担污水和雨水收集、输送、高程或压力调节和水量调节任务，起到防止环境污染和防治洪涝灾害的作用。

3.1.2 工程特点

给水排水管网工程具有一般网络系统的特点，主要包括以下几点：

（1）分散性：给水排水管网覆盖了整个用水区域。

（2）连通性：各部分之间的水量、水压和水质紧密关联且相互作用。

（3）传输性：兼具水量输送和能量传递的特点。

（4）扩展性：可以向内部或外部扩展，一般分多次建成。

同时，给水排水管网工程又具有与一般网络系统不同的特点，如隐蔽性强、外部干扰因素多、容易发生事故、基建投资费用大、扩建改建频繁、运行管理复杂等。

除此以外，相对于给水处理厂和排水处理厂（站）而言，给水排水管网工程的特点也很明显。对于某一段管网的建设，给水排水管网属于线性工程，建设过程中各管线之间、管线与其他构件之间的空间布置容易出现冲突。例如，给水排水专业在进行管道布置时，可能出现结构梁等构件妨碍管道铺设的情况，如何利用 BIM 技术进行碰撞检查，优化工程设计，是进行给水排水管网建模过程中重点关注的问题。

3.1.3 设计特点

给水排水管网工程是城市建设的基础设施，也是城市的生命线之一，它直接影响人们的生产和生活。如果给水管网出现问题，居民的用水需求就得不到满足，甚至会引起社会事件；如果排水管网出现问题，城市污水与雨水无法顺利收集、排放会出现污染或者内涝，给城市带来巨大损失。因此，设计合理的给水排水管网是一项重要而且十分有意义的工程。

在建设过程中给水排水管网通常与电力、燃气、通信等其他管线一同建设，各种管网在建设过程中不确定性因素较多，采用 BIM 技术进行建模对项目进行设计、建造、运营管理和维护，将各种管线信息组织成一个有机整体，贯穿项目整个生命周期，具有重要意义。

给水排水管网工程在设计流程上包括确定给水排水总体方案、给水排水管线设计建模、给水排水各管线计算分析模拟、给水排水专业校审、各专业协同、给水排水管线出图建模等多个步骤，每个步骤逐步深化、丰富设计内容。在管网模型设计过程中包括项目级、功能级（构筑物级）、构件级和零件级四个层级，按照设计模型、项目整合模型、专业系统组合模型、单系统模型、构件模型、零件模型的方式逐层丰富和完善模型系统。

给水排水管网工程系统的模型内容在建模过程中一般分为三个级别，分别为一级分类、二级分类和三级分类。例如管网系统的一级分类包括管道设备、给水排水管网、管道基础和接口三个部分；在二级分类中，管道设备分类包括阀门设备、计量设备、消防设备等；三级分类则在二级分类基础上进一步细分，例如阀门设备分闸阀、蝶阀、进排气阀等。

3.2　模型系统

为了保障信息有序而规范的传递，模型单元的描述方式关系到数据应用时能否进行数据定位。模型单元分为实体、属性两个维度，在传递过程中几个关键因素应重点考虑：

（1）模型单元所处的模型系统。模型系统是构筑物首要构成逻辑，也就是构筑物所包含的工程对象，是依据专业模型系统组合、单专业模型系统、单功能模型系统组织在一起并完成特定的功能使命。因此界定模型单元的系统分类，有助于理清建筑信息模型脉络，并使之与实际设计过程和使用功能一一对应起来。

（2）模型单元的视觉呈现效果。视觉呈现效果决定了在数字化领域，人机互动时人类是否能够快速识别模型单元所表达的工程对象。当前的工程实践表明，模型单元并不需要呈现出与实际物体完全相同的几何细节。

（3）模型单元所承载的信息。依靠属性来体现，同时属性定义了模型单元的实质，即所表达的工程对象的全部事实。然而考虑到不同的应用需求，所需要的属性健全程度也是不同的。另外，模型单元可能需要大量的属性来描述，因此有必要对属性加以分类，这样有利于信息的界定和定位查询。

（4）属性值体现模型单元最终描述的结果。属性值可根据工程发展程度逐步体现，由掌握相应信息的输入方完成输入。模型单元的信息深度等级在属性值不断完善过程中体现。

3.2.1　给水排水管网工程系统

模型单元是信息输入、交付和管理的基本对象。在各设计阶段使用不同模型单元等级。给水排水管网工程模型单元划分原则见表 3-1。给水排水管网工程各等级模型单元逻辑关系如图 3-1 所示。

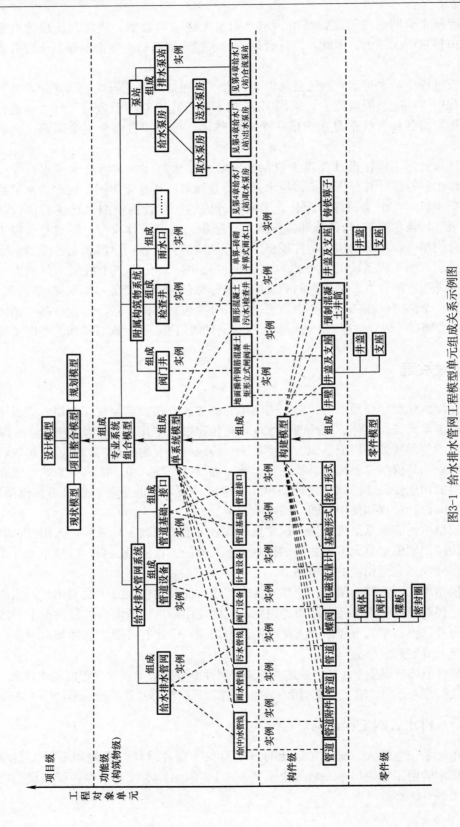

图3-1 给水排水管网工程模型单元组成关系示例图

16

给水排水管网工程模型单元划分原则　　　　　　　　　表3-1

模型单元等级	模型单元	可研	初设	施工图
项目级	项目模型的集合（如现状模型、规划模型、设计模型等）	✓		
功能级	专业模型系统组合（如给水排水管网系统模型、附属构筑物系统模型及泵站系统模型等）	✓	✓	
	单专业模型（如工艺、结构、电气等）		✓	
	单功能模型（如给排水管网、管道基础及接口、阀门井、检查井和雨水口等）		✓	✓
构件级	构件模型的集合（如管道、阀门、流量计、铸铁算子等）			✓
零件级	从属于构件模型			✓

3.2.2　给水排水管网工程系统分类

按照《建筑信息模型设计交付标准》（报批稿）中的规定，模型单元的建立、传输、交付和解读应包含模型单元的系统分类。

给水排水管网工程系统分类见表3-2，附属构筑物系统分类见表3-3～表3-12。

给水排水管网工程系统分类　　　　　　　　　表3-2

一级系统	二级系统	设备构件
给水排水管网	给（中）水管道	管道、管道附件
	雨水管道	管道
	污水管道	管道
管道设备	阀门设备	闸阀、蝶阀、进排气阀、排泥阀、水锤消除装置等
	计量设备	电磁流量计、超声波流量计等
	消防设备	地面式消火栓、地下式消火栓、消防水鹤等
管道基础、接口	管道基础	素土基础、砂石基础、混凝土基础等
	管道接口	胶圈接口、电熔接口、法兰接口、水泥砂浆抹带接口等

阀门井分类　　　　　　　　　表3-3

一级系统	二级系统	设备构件
阀门井	地面操作砖砌圆形立式闸阀井、蝶阀井；地面操作钢筋混凝土矩形立式闸阀井、蝶阀井；地面操作钢筋混凝土矩形卧式蝶阀井	垫层、钢筋混凝土底板、钢筋混凝土盖板、砖砌井筒、井壁、预制井圈、集水坑
		人孔、井盖及支座、踏步

排气、排泥阀井分类　　　　　　　　　表3-4

一级系统	二级系统	设备构件
排气、排泥阀井	钢筋混凝土矩形排气阀井、砖砌圆形排气阀井	垫层、钢筋混凝土底板、钢筋混凝土盖板、砖砌井筒、井壁、预制井圈、集水坑
		人孔、井盖及支座、踏步、防水套管
	砖砌排泥阀井（同地面操作砖砌圆形立式蝶阀井）	垫层、钢筋混凝土底板、钢筋混凝土盖板、砖砌井筒、井壁、预制井圈、集水坑
		人孔、井盖及支座、踏步、防水套管
		排泥湿井

水表井分类 表 3-5

一级系统	二级系统	设备构件
水表井	砖砌矩形水表井	垫层、钢筋混凝土底板、钢筋混凝土盖板、砖砌井壁、集水坑
		人孔、井盖及支座、踏步
	砖砌圆形水表井	素混凝土底板、砖砌井壁
		人孔、井盖及支座、踏步
	钢筋混凝土方形（矩形）水表井	垫层、钢筋混凝土底板、钢筋混凝土盖板、井壁、集水坑
		人孔、井盖及支座、踏步、防水套管

消火栓分类 表 3-6

一级系统	二级系统	设备构件
消火栓	室外地上式消火栓（支管深装）	圆形立式闸阀井
		砖砌支墩、混凝土支墩
	室外地上式消火栓（支管浅装）	闸阀套筒
		砖砌支墩、混凝土支墩
	室外地上式消火栓（干管安装）	圆形立式闸阀井
		SS100/65 型、SS150/80 型
		砖砌支墩、混凝土支墩
	室外地下式消火栓（支管安装、干管安装）	圆形立式闸阀井
		砖砌支墩、混凝土支墩

检查井、沉泥井分类 表 3-7

一级系统	二级系统	设备构件
检查井、沉泥井	圆形、砖砌污（雨）水检查井	混凝土井基、井筒、收口段、混凝土井圈
		铸铁井盖及井座、踏步、防坠网
	圆形混凝土污（雨）水检查井	混凝土垫层、混凝土井圈、混凝土盖板、预制混凝土井筒
		铸铁井盖及井座、踏步、防坠网
	矩形直线砖砌污（雨）水检查井	混凝土井基、混凝土井圈、钢筋混凝土盖板
		铸铁井盖及井座、踏步、防坠网
	矩形直线混凝土污（雨）水检查井	混凝土垫层、混凝土井圈、混凝土盖板、预制混凝土井筒
		铸铁井盖及井座、踏步、防坠网
	扇形、矩形 90° 三、（四）通砖砌污（雨）水检查井	混凝土井基、混凝土井圈、钢筋混凝土盖板
		铸铁井盖及井座、踏步、防坠网
	扇形、矩形 90° 三（四）通混凝土污（雨）水检查井	混凝土垫层、混凝土井圈、混凝土盖板、预制混凝土井筒
		铸铁井盖及井座、踏步、防坠网
	圆形、矩形检查井、矩形三通检查井、矩形四通检查井（预制装配式钢筋混凝土排水检查井）	底板、井室下部、井室上部井圈、盖板、收口、井筒调节块
		井盖、踏步、防坠网
	圆形砖砌沉泥井	混凝土井基、混凝土井圈、井筒、收口段
		井盖及井座、踏步、防坠网
	圆形混凝土沉泥井	混凝土垫层、混凝土井圈、混凝土盖板、预制混凝土井筒
		铸铁井盖及井座、踏步、防坠网

跌水井分类 表3-8

一级系统	二级系统	设备构件
跌水井	竖管式、竖槽式、阶梯式砖砌跌水井	混凝土井基、井筒、混凝土井圈、收口段
		井盖及井座、踏步、防坠网
	竖管式、竖槽式、阶梯式混凝土跌水井	混凝土垫层、混凝土井圈、混凝土盖板、预制混凝土井筒
		井盖及井座、踏步、防坠网

雨水口分类 表3-9

一级系统	二级系统	设备构件
雨水口	单算、双算、多算—砖砌平算式、立算式偏沟式、联合式（铸铁井圈、混凝土井圈）	混凝土基础
		混凝土井圈及铸铁算子
	单算、双算、多算—预制混凝土装配式平算式、偏沟式、联合式（铸铁井圈、混凝土井圈）	垫层（碎石、粗砂或C15混凝土）
		铸铁井圈及铸铁算子

管道出水口分类 表3-10

一级系统	二级系统	设备构件
管道出水口	八字式管道出水口（砖）	混凝土基础、混凝土帽石、砖砌礅
	八字式管道出水口（浆砌块石或混凝土）	混凝土基础、混凝土帽石、水泥砂浆砌块石或混凝土
	一字式管道出水口（砖）	混凝土基础、混凝土帽石、水泥砂浆砌块石
	一字式管道出水口（浆砌块石或混凝土）	混凝土基础、混凝土帽石、水泥砂浆砌块石或混凝土
	门字式管道出水口（砖、浆砌块石或混凝土）	混凝土基础、混凝土帽石、端墙、砖砌礅、翼墙

倒虹管分类 表3-11

一级系统	二级系统	设备构件
倒虹管	管道	
	进出水井	检修室
		闸槽或闸门

闸槽井分类 表3-12

一级系统	二级系统	设备构件
闸槽井	污水砖砌闸槽井	混凝土井基、井筒、钢筋混凝土盖板、混凝土井圈
		井盖及井座、踏步
	污水混凝土闸槽井	混凝土垫层、预制混凝土井筒、混凝土盖板、混凝土井圈
		井盖及井座、踏步

3.3 可行性研究阶段交换信息

按照《市政公用工程设计文件编制深度规定（2013年版）》确定的给水排水管网工程可行性研究阶段设计原则，对给水排水工程BIM设计总体流程（见图2-2）中可行性研究阶段设计流程，按各专业展开为可行性研究阶段 BIM 设计流程，并根据设计流程中所需的设计资料及信息交换内容，确定可行性研究阶段设计资料及信息交换模型对应的信息深度等级 Nx 及几何表达精度等级 Gx。

3.3.1 可行性研究阶段设计原则

工程项目可行性研究的主要任务是在充分调查研究、评价预测和必要的勘察工作的基础上，对项目建设的必要性、经济合理性、技术可行性、实施可能性、对环境的影响性等方面，进行综合性的研究和论证，对不同建设方案进行比较，提出推荐方案。可行性研究的工作成果是可行性研究报告，批准后的可行性研究报告是编制设计任务书和进行初步设计的依据。

可行性研究阶段主要需进行以下分析：

(1) 给排水管网现状评价、规划及建设必要性分析。

(2) 给排水管网功能定位、建设标准、建设规模分析。

(3) 给水排水管网总体布置方案研究，采用多种方案进行技术经济比较，优化设计方案。从整体设计上考虑管网系统的设计，满足市政给水排水需要。

(4) 给水排水管线的平面位置和高程，应根据地形、地质、地下水位、道路情况、既有和规划的地下设施、施工条件以及养护管理方便等因素综合考虑。

(5) 环境影响分析与节能评价。

3.3.2 可行性研究阶段设计流程

1. 工艺专业

工艺可研模型（ID：1.2）主要表达管线线位、规模、总体布置、用地等。模型精细度为 LOD2.0，模型单元几何表达精度 G1。模型主要包括：管线起止点、管线线位、管线平面等。

对管线选线的合理性评价，通过管网模拟 BIM 应用实现。在协同环境下，通过对现状、规划、管线线路等模型集成，对管线平面方案、给水水源、供水方式、排水体制、排放出路等设计方案进行可视化比选。相关 BIM 应用见表 3-13。

工艺专业可行性研究阶段审核内容主要包括：管网工程选线的合理性、用地情况、规模、总体方案布置合理性等。工艺专业可行性研究阶段 BIM 设计流程如图 3-2 所示。

可行性研究阶段工艺专业 BIM 应用　　　　　　　　　　　　　　　表 3-13

功能/需求	BIM 应用	应用描述	信息来源
设计建模	可视化建模	根据给水排水管网设计参数（气象信息、现状信息、设计参数），建立可研深度模型	ID：1.1.0 ID：1.1.1 ID：1.2.1
供水分析	供水安全	对输水干管进行水力计算，经过技术经济比较确定经济管径；供水管网总体布置，是否能够满足在不同工况下的管网供水要求	ID：1.2.2
排水分析	排水路由	设计的分流（合流）排水管网，是否以合理方式、最优路由排出，管道衔接是否顺畅，雨水管网直排部分在受纳水体高水位时是否能顺利排出	ID：1.2.2 ID：1.1.1

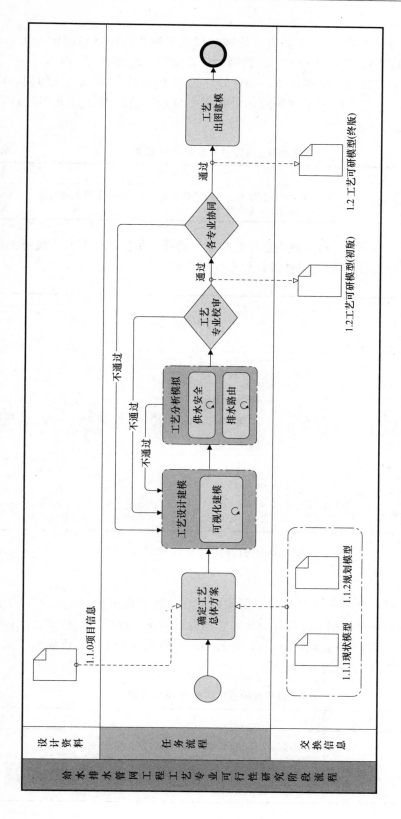

图3-2　工艺专业可行性研究阶段 BIM 设计流程

2. 电气专业

电气可研模型（ID：1.3）主要表达管网中仪表系统等。模型精细度 LOD2.0，模型单元几何表达精度 G1。模型主要包括：管网中仪表位置、监测项目等内容。

对管线中仪表设置的合理性评价，通过管网模拟 BIM 应用实现。在协同环境下，通过对现状、规划、管线线路等模型集成，对管线中仪表、监测等设计方案进行可视化比选。相关 BIM 应用见表 3-14。

可行性研究阶段电气专业 BIM 应用　　　　　表 3-14

功能/需求	BIM 应用	应用描述	信息来源
仪表系统设计	仪表系统分析	提取现状信息以及工艺设备信息通过对管网布置情况进行分析，确定仪表系统设计方案	ID：1.1.0 ID：1.2

电气专业可行性研究阶段审核内容主要包括：管网工程仪表、监测系统方案的合理性等。电气专业可行性研究阶段 BIM 设计流程如图 3-3 所示。

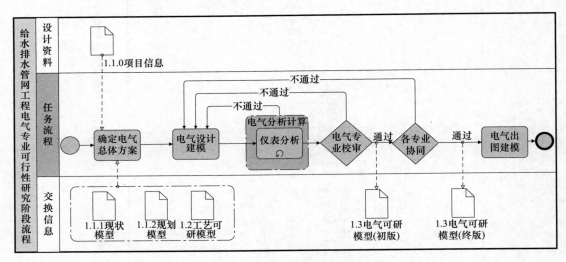

图 3-3　电气专业可行性研究阶段 BIM 设计流程

3. 结构专业

结构专业在可行性研究阶段需要根据项目信息、现状模型和规划模型、工艺可研模型、电气可研模型进行结构专业设计。确定结构设计方案，进行附属构筑物结构形式选择等，根据设计结果建立结构可研模型（ID：1.5），并将建成的结构可研模型应用与结构分析模拟。相关 BIM 应用见表 3-15。

可行性研究阶段结构专业 BIM 应用　　　　　表 3-15

功能/需求	BIM 应用	应用描述	信息来源
结构设计	结构设计	1. 通过提取工艺模型中设计参数，进行参数化驱动，自动生成结构雏形，辅助设计师设计； 2. 确定并记录主要结构设计参数、设计方案，传递到后续初设环节	ID：1.2.1

续表

功能/需求	BIM应用	应用描述	信息来源
场地设计	基坑支护方案、边坡挡墙方案	1. 提取场地地质信息，以及管线、结构模型信息，分析管线及构筑物开挖面积及开挖深度，辅助设计师确定初步的基坑支护方案； 2. 提取场地地质信息，分析场地开挖范围及开挖深度，辅助设计师确定初步的场地环境边坡的支挡方案	ID：1.1.1 ID：1.5

可行性研究阶段结构专业主要进行结构整体分析，确定承载力及可靠度是否满足设计要求。

结构专业可行性研究阶段校审内容主要包括：结构计算原则、参数、荷载的合理性等。结构专业可行性研究阶段BIM设计流程如图3-4所示。

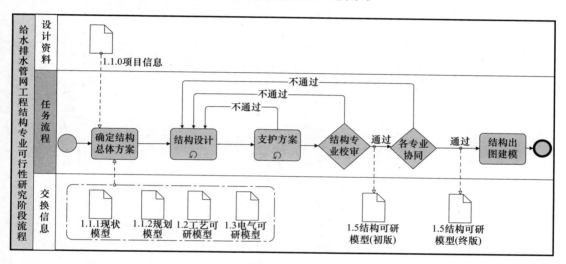

图3-4　结构专业可行性研究阶段BIM设计流程

3.3.3　可行性研究阶段主要设计资料

可行性研究阶段管网工程设计资料由工艺专业进行收集和提供，主要设计资料由三部分组成，第一部分：工程概况、工程平面总图（包含地形信息）、周边市政管道的情况；第二部分：上阶段各评审报告、环评报告等；周边水体的水位（100年一遇）、最高水位、最低水位、常水位；第三部分：地下管线资料、规划资料（红线）等。

可行性研究阶段管网工程设计可行性研究阶段基础资料信息（ID：1.1），由项目信息（ID：1.1.0）、现状模型信息（ID：1.1.1）和规划模型信息（ID：1.1.2）共同组成。

1. 项目信息（ID：1.1.0）

项目信息包括给水排水管网工程项目基本信息、建设说明、技术标准等，项目信息不以模型实体的形式出现，是项目级的信息，供项目整体使用。

主要技术标准信息包括设计流量、设计安全等级、设计基准期、抗震防烈标准、抗浮设计标准等。项目信息的具体信息元素根据管网工程可行性研究阶段所需要达到信息深度等级在附录A中查找取用。可行性研究阶段项目信息深度等级见表3-16。

可行性研究阶段项目信息深度等级   表 3-16

类别	属性组	信息元素	信息深度等级
项目信息	工程项目基本信息	附录 A：表 A-1	N1
	建设说明	附录 A：表 A-2	N1
	技术标准	附录 A：表 A-3	N1

2. 现状模型信息（ID：1.1.1）

现状模型信息包括设计项目工程范围内及周边的现状场地地形、现状场地地质、现状地面基础设施；如现状建筑物、构筑物、地面道路等；现状地下基础设施，如管线、线杆等；其他现状场地要素，如现状河道（湖泊）、林木、农田等。

现状模型包含场地地形、场地地质、现状建筑物等模型单元，其信息应储存于功能级模型实体中，见表 3-17。

可行性研究阶段现状模型信息   表 3-17

类别	模型单元	信息元素	信息深度等级	几何表达精度等级
现状模型	场地地形	附录 B：表 B-1	N1	G2
	场地地质	附录 B：表 B-2	N1	G1
	现状建筑物	附录 B：表 B-3	N1	G1
	现状构筑物	附录 B：表 B-4	N1	G1
	现状地面道路	附录 B：表 B-5	N1	G2
	现状管杆线	附录 B：表 B-8	N1	G1
	现状河道（湖泊）	附录 B：表 B-10	N1	G1
	现状林木	附录 B：表 B-13	N1	G1
	现状农田	附录 B：表 B-14	N1	G1

现状模型信息的具体信息元素应根据可行性研究阶段所需要达到信息深度等级在附录 B 相应表格中查找取用。现状模型的模型单元几何表达精度应根据可行性研究阶段所需达到的几何表达精度等级按照附录 T 中表 T-1 的规定建模。

3. 规划模型信息（ID：1.1.2）

规划模型信息主要包括规划道路、规划桥梁、规划综合管廊、规划地下管线及规划水系等与工程设计相关及影响工程设计的要素信息。

可行性研究阶段规划模型信息表格包含规划地面道路、规划地下管线等模型单元，其信息应储存于功能级模型实体中，见表 3-18。

可行性研究阶段规划模型信息   表 3-18

类别	模型单元	信息元素	信息深度等级	几何表达精度等级
规划模型	规划地面道路	附录 C：表 C-1	N1	G2
	规划地形	附录 C：表 C-2	N1	G2
	规划桥梁	附录 C：表 C-4	N1	G2
	规划综合管廊	附录 C：表 C-5	N1	G2
	规划给水工程	附录 C：表 C-7	N1	G2
	规划污水工程	附录 C：表 C-8	N1	G2
	规划雨水工程	附录 C：表 C-9	N1	G2

续表

类别	模型单元	信息元素	信息深度等级	几何表达精度等级
规划模型	规划用地	附录 C：表 C-10	N1	G1
	规划水系	附录 C：表 C-11	N1	G1
	规划防汛工程	附录 C：表 C-12	N1	G1
	规划电力工程	附录 C：表 C-13	N1	G1
	规划通信工程	附录 C：表 C-14	N1	G1
	规划燃气工程	附录 C：表 C-15	N1	G2

规划模型信息的具体信息元素应根据可行性研究阶段所需要达到信息深度等级在附录 C 相应表格中查找取用。规划模型中可视化几何表达精度应根据可行性研究阶段所需达到的几何表达精度等级按照附录 T 中表 T-2 的规定建模。

3.3.4　可行性研究阶段设计信息

可行性研究阶段给水排水管网工程设计信息模型的模型精细度等级为 LOD1.0 及 LOD2.0，包含项目级及功能级模型单元。相应模型单元的几何表达精度为 G1 或 G2，信息深度等级为 N1 级。根据具体工程应用需要可以提高相应等级。

可行性研究阶段管网工程设计模型信息由设计各专业可行性研究阶段模型信息组成，分别为工艺可研模型信息（ID：1.2）、电气可研模型信息（ID：1.3）、结构可研模型信息（ID：1.5）。

1. 设计参数信息

可行性研究阶段设计参数信息表（表 3-19）里主要包含工艺设计参数（ID：1.2.1）、电气设计参数（ID：1.3.1）、结构设计参数（ID：1.5.1），其信息应储存于模型实体中，见表 3-19，其信息深度等级用 Nx 表达。

可行性研究阶段设计参数信息 表 3-19

类别	子类别	信息元素	信息深度等级
工艺设计参数 ID：1.2.1	给（中）水管线设计参数	附录 D：表 D-1	N1
	雨水管线设计参数	附录 D：表 D-1	N1
	污水管线设计参数	附录 D：表 D-1	N1
电气设计参数 ID：1.3.1	构筑物	附录 F：表 F-2	N1
结构设计参数 ID：1.5.1	管线系统	附录 J：表 J-1	N1
	管线附属构筑物系统	附录 J：表 J-2	N1

工艺设计参数（ID：1.2.1）包含给（中）水管线设计参数、雨水管线设计参数、污水管线设计参数，具体信息元素应根据可行性研究阶段所需要达到信息深度等级在附录 D 相应表格中查找取用。

电气设计参数（ID：1.3.1）包含构筑物设计参数，具体信息元素应根据可行性研究阶段所需要达到信息深度等级在附录 F 相应表格中查找取用。

结构设计参数（ID：1.5.1）包含管线系统、管线附属构筑物系统设计参数，具体信息元素应根据可行性研究阶段所需要达到信息深度等级在附录 J 相应表格中查找取用。

2. 模型单元信息

可行性研究阶段模型单元信息主要包含工艺模型单元（ID：1.2.2）、电气模型单元（ID：1.3.2）、结构模型单元（ID：1.5.2），其信息应储存于构筑物功能级模型实体中，见表 3-20，其信息深度等级用模型精细度（LODx）表达。

可行性研究阶段模型单元信息 表 3-20

类别	子类别		模型单元	模型精细度等级
工艺模型单元 ID：1.2.2	管线		附录 E：表 E-1	LOD1.0
	附属构筑物	检修阀井	附录 E：表 E-2	LOD1.0
		排气阀井	附录 E：表 E-2	LOD1.0
		排泥阀井	附录 E：表 E-2	LOD1.0
		检查井	附录 E：表 E-2	LOD1.0
电气模型单元 ID：1.3.2	构筑物		附录 G：表 G-2	LOD1.0
结构模型单元 ID：1.5.2	管线系统		附录 K：表 K-1	LOD1.0
	管线附属构筑物系统		附录 K：表 K-2	LOD1.0

工艺模型单元（ID：1.2.2）包含管线及管线附属构筑物，具体模型单元应根据可行性研究阶段所需要达到信息深度等级在附录 E 相应表格中查找取用。

电气模型单元（ID：1.3.2）包含构筑物模型单元，具体模型单元应根据可行性研究阶段所需要达到信息深度等级在附录 G 相应表格中查找取用。

结构设计参数（ID：1.5.2）包含管线系统、管线附属构筑物系统模型单元，具体模型单元应根据可行性研究阶段所需要达到信息深度等级在附录 K 相应表格中查找取用。

3.4 初步设计阶段交换信息

按照《市政公用工程设计文件编制深度规定（2013 年版）》确定的给水排水管网工程初步设计阶段设计原则，对给水排水工程 BIM 设计总体流程（见图 2-2）中初步设计阶段设计流程，按各专业展开为初步设计阶段 BIM 设计流程，并根据设计流程中所需的设计资料及信息交换内容，确定初步设计阶段设计资料及信息交换模型对应的信息深度等级 Nx 及几何表达精度等级 Gx。

3.4.1 初步设计阶段设计原则

初步设计主要应明确工程规模、建设目的、投资效益、设计原则和标准，深化设计方案，确定拆迁、征地范围和数量。主要用于控制工程投资，满足编制施工图设计、招标及施工准备的要求。

工艺设计主要包括：给水排水管线平面、纵断等设计原则、设计方案等。

电气设计主要包括：仪表、监测系统设计方案等。

结构设计主要包括：收集并说明工程所在地工程地质条件、地下水位、冰冻深度、地震基本烈度等，确定附属构筑物的结构形式。

3.4.2 初步设计阶段设计流程

1. 工艺专业

工艺专业初步设计阶段 BIM 模型主要表达管线平面、纵断以及相应的附属设施设计。

相关 BIM 应用见表 3-21。

初步设计阶段工艺专业 BIM 应用　　　　　表 3-21

功能/需求	BIM 应用	应用描述	信息来源
设计建模	可视化建模	提取给水排水设计参数、气象信息、现状信息、设计参数，建立初设深度模型	ID：1.2 ID：2.1.0 ID：2.1.1 ID：2.2.1
水力计算	流量、流速、水压、坡度及充满度分析	将管线模型导入分析软件，通过给水及排水设计水量，计算各管段流量，以规范校核各设计管段流速、水压、坡度及充满度是否满足要求，排水系统校核是否满足排放要求	ID：1.2.2
消防校核	火灾模拟	将管线模型导入模拟软件，通过模拟市区某一点位火灾情况，检验设计消防水量水压及消防点位的布置是否满足要求	ID：1.2.2
工程量统计	工程量统计	提取初设模型中主要设备及材料信息，生成主要设备材料表	ID：1.2.2

初步设计阶段对应的审核内容主要包括：管线总体设计，管线平面、纵断设计有无违反强制性规范条文，表达深度、标注尺寸等是否初步设计深度要求等。工艺专业初步设计阶段 BIM 设计流程如图 3-5 所示。

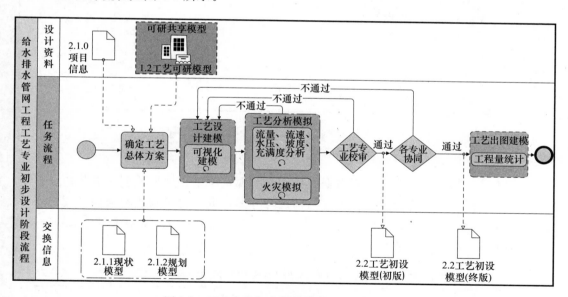

图 3-5　工艺专业初步设计阶段 BIM 设计流程

2. 电气专业

电气初设模型（ID：1.3）主要表达管网中仪表系统等。模型精细度 LOD2.0，模型单元几何表达精度 G1。模型主要包括：管网中仪表位置、监测项目等内容。

对管线中仪表设置的合理性评价，通过管网模拟 BIM 应用实现。在协同环境下，通过集成现状、规划、管线线路等模型，对管线中仪表、监测等设计方案进行可视化比选。

电气专业初步设计阶段设计模型主要在可行性研究阶段上进一步地加深，主要包括：信号电缆及线槽的线路的敷设位置、路径等各类信息。相关 BIM 应用见表 3-22。

初步设计阶段电气专业 BIM 应用   表 3-22

功能/需求	BIM 应用	备注	信息来源
电气设计	仪表设计	提取工艺模型中流量、压力控制设备信息，通过仪表的选择和设置位置，确定仪表的形式	ID：2.2

电气专业的审核内容包括：管网工程仪表、监测系统方案是否满足国家和地方规范的要求等。电气专业初步设计阶段 BIM 设计流程如图 3-6 所示。

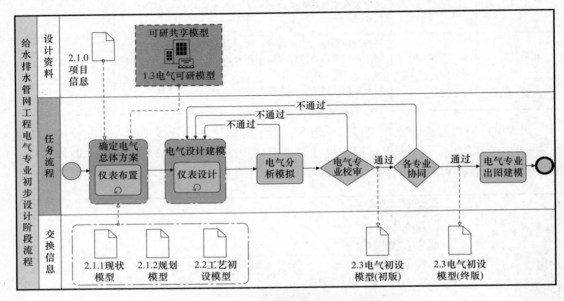

图 3-6　电气专业初步设计阶段 BIM 设计流程

3. 结构专业

结构专业在初步设计阶段需要根据项目信息、现状模型和规划模型、工艺初设模型、电气初设模型进行结构专业设计。确定结构设计方案，进行附属构筑物结构形式选择等，根据设计结果建立结构初设模型（ID：2.5），并将建成的结构初设模型应用于结构分析模拟。相关 BIM 应用见表 3-23。

初步设计阶段结构专业 BIM 应用   表 3-23

功能/需求	BIM 应用	应用描述	信息来源
结构设计	结构设计	通过提取初步设计阶段工艺模型中设计参数，进行参数化驱动，自动生成结构详细模型，辅助设计师进行结构的初步设计工作	ID：2.2.1
结构分析	结构分析	提取已搭建结构模型以及风雪荷载、地下水位、冰冻深度、地震基本烈度、工程地质，对于复杂结构模型，在必要时可以对初设结构模型进行主体结构的有限元分析，检查结构体系的安全性和合理性	ID：2.2.5 ID：2.2.1

续表

功能/需求	BIM 应用	应用描述	信息来源
场地设计	基坑支护方案、边坡挡墙方案	1. 提取场地地质信息以及结构模型信息，分析构筑物、管线开挖面积及开挖深度，导入基坑设计软件进行主要支护结构的计算分析，辅助设计师确定基坑支护初步设计，并统计较详细的工程量； 2. 提取场地地质信息，分析场地开挖范围及开挖深度，辅助设计师确定初步的场地环境边坡支挡的初步设计方案，并统计较详细的工程量	ID：2.1.1 ID：2.5
碰撞协同	碰撞分析	提取工艺模型及电气模型，与已搭建结构模型进行碰撞分析，碰撞分析分为两种：检查工艺电气穿墙管线是否预留孔洞	ID：2.2 ID：2.3 ID：2.5

初步设计阶段结构专业主要进行结构管道基础处理、管道开挖基坑支护、附属构筑物的结构设计。

结构专业初步设计阶段校审内容主要包括：结构计算参数、荷载、结构计算书的内容是否正确等。结构专业初步设计阶段 BIM 设计流程如图 3-7 所示。

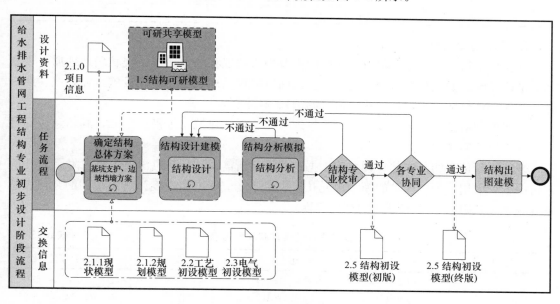

图 3-7　结构专业初步设计阶段 BIM 设计流程

3.4.3　初步设计阶段主要设计资料

初步设计阶段主要设计资料与可行性研究阶段一样，由项目信息表格、现状模型信息表格、规划模型信息表格三部分组成。设计资料由工艺专业进行收集和提供。

初步设计阶段主要设计资料的模型精细度等级为 LOD2.0 及 LOD3.0，包含的最小模型单元为功能级及构件级模型单元，根据需要相应的几何表达精度为 G1 或 G2，部分构件如有需要，几何表达精度可以精确到 G3 级，信息深度等级原则上 N2 级即可，根据具体工程应用需要有些要素信息可以补充到 N3 级。

初步设计基础资料信息表格 ID 编号为 2.1，与 BIM 设计总体流程中的初步设计基础资料 ID 编号相对应。初步设计基础资料信息表格由项目信息表格（ID：2.1.0）、现状模型信息表格（ID：2.1.1）和规划模型信息表格（ID：2.1.2）共同组成。

下面为给水排水管网工程初步设计阶段基础资料推荐使用的信息深度等级和几何表达精度等级。

1. 项目信息（ID：2.1.0）

项目信息包括给水排水管网工程项目基本信息、建设说明、技术标准等信息，项目信息不以模型实体的形式出现，是项目级的信息，供项目整体使用。

主要技术标准信息包括设计流量、设计安全等级、设计基准期、抗震防烈标准、抗浮设计标准等。项目信息的具体信息元素根据初步设计所需要达到信息深度等级在附录 A 中查找取用。初步设计阶段项目信息深度等级见表 3-24。

初步设计阶段项目信息深度等级 表 3-24

类别	属性组	信息元素	信息深度等级
项目信息	工程项目基本信息	附录 A：表 A-1	N2
	建设说明	附录 A：表 A-2	N2
	技术标准	附录 A：表 A-3	N2

2. 现状模型信息（ID：2.1.1）

现状模型信息包括设计项目工程范围内及周边的现状场地地形、现状场地地质、现状地面基础设施，如现状建筑物、构筑物、地面道路等；现状地下基础设施，如管线、线杆等；其他现状场地要素，如现状河道（湖泊）、林木、农田等。

现状模型信息表格包含场地地形、场地地质、现状建筑物等模型单元，其信息应储存于构件级模型实体中，见表 3-25。

现状模型信息的具体信息元素应根据初步设计所需要达到信息深度等级在附录 B 相应表格中查找取用。现状模型的模型单元几何表达精度应根据初步设计所需达到的几何表达精度等级按照附录 T 中表 T-1 的规定建模。

初步设计阶段现状模型信息 表 3-25

类别	模型单元	信息元素	信息深度等级	几何表达精度等级
现状模型	场地地形	附录 B：表 B-1	N2	G2
	场地地质	附录 B：表 B-2	N2	G2
	现状建筑物	附录 B：表 B-3	N2	G2
	现状构筑物	附录 B：表 B-4	N2	G2
	现状地面道路	附录 B：表 B-5	N2	G2
	现状管杆线	附录 B：表 B-8	N2	G2
	现状河道（湖泊）	附录 B：表 B-10	N2	G1
	现状林木	附录 B：表 B-13	N2	G1
	现状农田	附录 B：表 B-14	N2	G1

3. 规划模型信息（ID：2.1.2）

规划模型信息主要包括规划道路、规划桥梁、规划综合管廊、规划地下管线及规划水系等，并包含与工程设计相关及影响工程设计的要素信息。

初步设计规划模型信息表格包含规划地面道路、规划地下管线等模型单元，其信息应储存于模型实体中，见表 3-26。

初步设计阶段规划模型信息　　　　　　　　　表 3-26

类别	模型单元	信息元素	信息深度等级	几何表达精度等级
规划模型	规划地面道路	附录 C：表 C-1	N2	G2
	规划地形	附录 C：表 C-2	N2	G2
	规划桥梁	附录 C：表 C-4	N2	G2
	规划综合管廊	附录 C：表 C-5	N2	G2
	规划给水工程	附录 C：表 C-7	N2	G2
	规划污水工程	附录 C：表 C-8	N2	G2
	规划雨水工程	附录 C：表 C-9	N2	G2
	规划用地	附录 C：表 C-10	N2	G2
	规划水系	附录 C：表 C-11	N2	G1
	规划防汛工程	附录 C：表 C-12	N2	G2
	规划电力工程	附录 C：表 C-13	N2	G2
	规划通信工程	附录 C：表 C-14	N2	G2
	规划燃气工程	附录 C：表 C-15	N2	G2

规划模型信息的具体信息元素应根据初步设计所需要达到信息深度等级在附录 C 相应表格中查找取用。规划模型中可视化几何表达精度应根据初步设计所需达到的几何表达精度等级按照附录 T 中表 T-2 的规定建模。

3.4.4　初步设计阶段设计信息

初步设计阶段设计信息模型的模型精细度等级为 LOD2.0 及 LOD3.0，包含的最小模型单元为功能级及构件级模型单元，根据需要相应的几何表达精度为 G2 或 G3，信息深度等级原则上 N2 级即可，根据具体工程应用需要有些要素信息可以补充到 N3 级。

1. 设计参数信息

初步设计阶段设计参数信息表（表 3-27）里主要包含工艺设计参数（ID：2.2.1）、电气设计参数（ID：2.3.1）、结构设计参数（ID：2.5.1），其信息应储存于模型实体中，见表 3-27，信息深度等级用 Nx 表达。其中各专业信息表格的 ID 编号与 BIM 设计总体流程中相应信息交换模型 ID 编号一致。相应信息模型的信息深度等级与几何表达精度等级，应参见对应信息表格中的推荐规定。

初步设计阶段设计参数信息　　　　　　　　　表 3-27

类别	子类别	信息元素	信息深度等级
工艺设计参数 ID：2.2.1	给（中）水管线设计参数	附录 D：表 D-1	N2
	雨水管线设计参数	附录 D：表 D-1	N2
	污水管线设计参数	附录 D：表 D-1	N2
电气设计参数 ID：2.3.1	构筑物	附录 F：表 F-2	N2
结构设计参数 ID：2.5.1	管线系统	附录 J：表 J-1	N2
	管线附属构筑物系统	附录 J：表 J-2	N2

工艺设计参数（ID：2.2.1）包含给（中）水管线设计参数、雨水管线设计参数、污水管线设计参数，具体信息元素应根据初步设计所需要达到信息深度等级在附录 D 相应表格中查找取用。

电气设计参数（ID：2.3.1）包含构筑物设计参数，具体信息元素应根据初步设计所需要达到信息深度等级在附录 F 相应表格中查找取用。

结构设计参数（ID：2.5.1）包含管线系统、管线附属构筑物系统设计参数，具体信息元素应根据初步设计所需要达到信息深度等级在附录 J 相应表格中查找取用。

2. 模型单元信息

初步设计阶段模型单元信息表（表 3-28）里主要包含工艺模型单元（ID：2.2.2）、电气模型单元（ID：2.3.2）、结构模型单元（ID：2.5.2），其信息应储存于构筑物模型实体中，见表 3-28，其信息深度等级用模型精细度等级（LODx）表达。

初步设计阶段模型单元信息 表 3-28

类别	子类别		模型单元	模型精细度等级
工艺模型单元 ID：2.2.2	管线		附录 E：表 E-1	LOD2.0
	附属构筑物	检修阀井	附录 E：表 E-2	LOD2.0
		排气阀井	附录 E：表 E-2	LOD2.0
		排泥阀井	附录 E：表 E-2	LOD2.0
		排泥湿井	附录 E：表 E-2	LOD2.0
		消火栓井	附录 E：表 E-2	LOD2.0
		水表井	附录 E：表 E-2	LOD2.0
		检查井	附录 E：表 E-2	LOD2.0
		沉泥井	附录 E：表 E-2	LOD2.0
		跌水井	附录 E：表 E-2	LOD2.0
		截流井	附录 E：表 E-2	LOD2.0
		雨水口	附录 E：表 E-2	LOD2.0
		出水口	附录 E：表 E-2	LOD2.0
		倒虹管	附录 E：表 E-2	LOD2.0
电气模型单元 ID：2.3.2	构筑物		附录 G：表 G-2	LOD2.0
结构模型单元 ID：2.5.2	管线系统		附录 K：表 K-1	LOD2.0
	管线附属构筑物系统		附录 K：表 K-2	LOD2.0

工艺模型单元（ID：2.2.2）包含管线及管线附属构筑物，具体模型单元应根据初步设计所需要达到信息深度等级在附录 E 相应表格中查找取用；电气模型单元（ID：2.3.2）包含构筑物模型单元，具体模型单元应根据初步设计所需要达到信息深度等级在附录 G 相应表格中查找取用；结构设计参数（ID：2.5.2）包含管线系统、管线附属构筑物系统模型单元，具体模型单元应根据初步设计所需要达到信息深度等级在附录 K 相应表格中查找取用。

3.5 施工图阶段交换信息

按照《市政公用工程设计文件编制深度规定（2013 年版）》确定的给水排水管网工程可行性研究阶段设计原则，对给水排水工程 BIM 设计总体流程（见图 2-2）中施工图设计流程，按各专业展开为施工图阶段 BIM 设计流程，并根据设计流程中所需的设计资料及信息交换内容，确定施工图阶段设计资料及信息交换模型对应的信息深度等级 Nx 及几何表达精度等级 Gx。

3.5.1 施工图阶段设计原则

施工图设计应根据批准的初步设计进行编制，其设计文件应能满足施工招标、施工安装、材料设备订货、非标设备制作、加工及编制施工图预算的要求。

（1）给水排水管网总体布置方案应根据地形、道路、规划等情况进行统一布置，满足市政给水排水需要。

（2）尽量做到缩短管线长度、避开不良地质构造（地质断层、滑坡等）处、沿现有或规划道路敷设；减少拆迁、少占良田、少毁植被、保护环境；确保施工、维护方便，节省造价，运行安全可靠。

（3）平面位置和高程，应综合考虑地形、土质、地下水位、道路情况、原有的和规划的地下设施、施工条件方便养护管理等因素。

（4）通过采用有效措施，确保给水排水管网系统安全，避免产生水锤及负压，同时避免管道淤堵和雍水。

（5）管渠高程设计除考虑地形坡度外，还应考虑与其他地下设施的关系。

（6）给水排水管线应充分考虑人员安全，检查井等设施应安装防坠落装置。

（7）管道接口和基础形式应根据地质状况、地下水、管材等因素综合考虑确定。

（8）管道附属设施设计应以人为本，便于维护检修安全。

3.5.2 施工图阶段设计流程

1. 工艺专业

工艺专业施工图设计阶段 BIM 模型主要表达管线平面、纵断及附属构筑物等设施（达到大样图深度），以及相关控制建构筑物，现状管线及管线综合设计内容等。相关 BIM 应用见表 3-29。

施工图阶段工艺专业 BIM 应用 表 3-29

功能/需求	BIM 应用	应用描述	信息来源
设计建模	可视化建模	提取给水排水模型、气象信息、现状信息、设计参数，建立施工图深度模型	ID：2.7 ID：3.1.0 ID：3.1.1 ID：3.7.1
水力计算	流量、流速、水压、坡度、充满度分析	将模型导入分析软件，通过给水/排水设计水量，计算各管段流量，以规范校核各设计管段流速、水压、坡度、充满度，根据下游水位校核排水坡度是否满足要求	ID：3.7.2

续表

功能/需求	BIM 应用	应用描述	信息来源
消防校核	火灾模拟	将给水排水模型导入模拟软件，通过模拟市区某一点位火灾情况，检验设计消防水量水压及消防点位的布置是否满足要求	ID：3.7.2
工程量统计	工程量统计	提取初设模型中所有设备及材料信息，生成施工图深度设备材料表	ID：3.7.2

施工图阶段对应的审核内容主要包括：各项设计内容是否满足深度要求，有无违反强制性规范条文，图面表达、标注有无缺漏等。工艺专业施工图设计阶段 BIM 设计流程如图 3-8 所示。

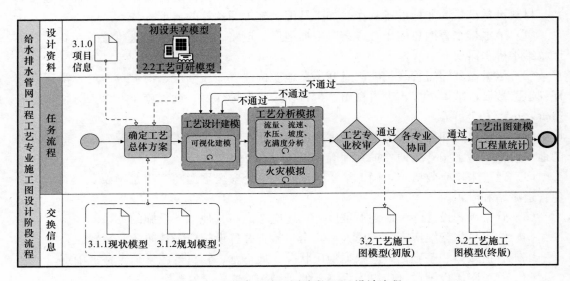

图 3-8　工艺专业施工图阶段 BIM 设计流程

2. 电气专业

电气专业施工图设计阶段设计模型主要在初步设计阶段上进一步深化，主要包括：在构筑物平面图和横断面图上添加安装布置及参数信息；预留控制和信号电缆、线槽穿墙的预留孔洞和安装的预埋件的各类信息；运行参数信息等。相关 BIM 应用见表 3-30。

施工图阶段电气专业 BIM 应用　　　　　　　　　　　　表 3-30

功能/需求	BIM 应用	应用描述	信息来源
仪表设计	仪表设备及管线布置	提取模型信息，对构筑物的构建，安装，维修进行方案模拟，看设计是否合理，预留检修孔洞以及净空是否满足要求，是否与结构梁柱有碰撞，是否满足各专业的设备需求	ID：3.3 ID：3.4 ID：3.5
管线碰撞	碰撞分析	1. 提取模型中管道及土建信息，进行碰撞分析，与结构和工艺专业进行协同； 2. 碰撞分析分为两种：其一为管线与土建交叉碰撞未预留孔洞；其二为管线与土建平行布置但间距不满足管线敷设间距	ID：3.2 ID：3.3 ID：3.4 ID：3.5

续表

功能/需求	BIM 应用	应用描述	信息来源
工程量统计	工程量统计	提取模型内部仪表系统设备、管线等信息，生成仪表工程设备表	ID：3.3
指导施工	虚拟漫游	1. 提取模型信息，生成三维可视化模型，进行虚拟漫游，施工单位可更加理解设计意图，指导施工及设备安装，减少失误； 2. 结合 VR 技术，施工过程中进行远程多方（施工、设计、业主、监理、审计等）协同沟通，提高施工过程中沟通效率，使设计变更或施工联系更加高效	ID：3.2 ID：3.3 ID：3.4 ID：3.5

　　电气专业的审核内容包括：仪表设备以及电缆敷设和材料的选择是否满足国家和地方标准及规范的要求；是否满足系统先进、可靠、高效、节能的要求；所列出的设计、施工安装验收、国家标准安装图集等依据是否有效等。

　　电气专业施工图设计阶段 BIM 设计流程如图 3-9 所示。

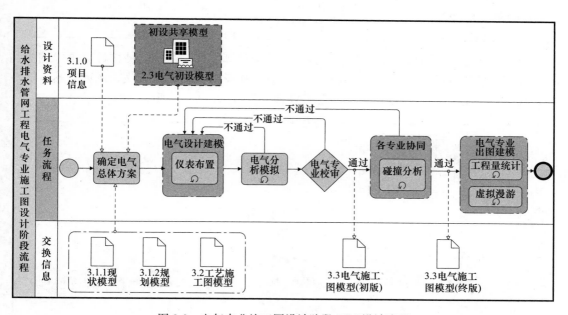

图 3-9　电气专业施工图设计阶段 BIM 设计流程

3. 结构专业

　　结构专业在施工图设计阶段需要根据项目信息、现状模型、规划模型、管线施工图模型、附属构筑物施工图模型并参考上一阶段初步设计共享模型进行结构专业设计，结构专业首先确定结构总体设计方案，在上一阶段设计的基础上再进行深化，并将建成的结构模型进行结构分析模拟。

　　施工图阶段结构专业主要进行有限元分析和实体分析，通过分析模拟确定是否满足结构承载力及可靠度设计要求。相关 BIM 应用见表 3-31。

功能/需求	BIM 应用	应用描述	信息来源
结构分析	结构分析	提取已搭建结构模型以及风雪荷载、地下水位、冰冻深度、地震基本烈度、工程地质，进行有限元分析，检查结构体系的安全性和合理性	ID：2.3.5 ID：2.3.1
	结构配筋	结构模型进行有限元分析后，提取有限元分析结果作为条件，根据规范要求进行自动配筋。根据结构计算的结果优化结构构件尺寸	ID：3.5
场地设计	基坑支护方案、边坡挡墙方案	1. 提取场地地质信息，以及结构模型信息，分析构筑物开挖面积及开挖深度，导入基坑设计软件进行支护结构的计算分析，辅助设计师确定基坑支护施工图设计。并统计较详细的工程量 2. 提取场地地质信息，分析场地开挖范围及开挖深度，将相关条件数据导入边坡挡墙设计软件进行分析，根据分析结果，辅助设计师确定场地环境边坡支挡的施工图设计，并统计较详细的工程量	ID：3.1.1 ID：3.5
碰撞协同	碰撞分析	提取工艺模型、电气模型，与已搭建结构模型进行碰撞分析，检查工艺电气穿墙管线是否预留孔洞	ID：3.2 ID：3.3 ID：3.5

表 3-31 施工图阶段结构专业 BIM 应用

结构专业施工图阶段校审内容主要包括：结构计算参数、荷载、结构计算书等内容是否正确等，各项设计内容是否满足深度要求，有无违反强制性规范条文，图面表达、标注有无缺漏等。结构专业施工图设计阶段 BIM 设计流程如图 3-10 所示。

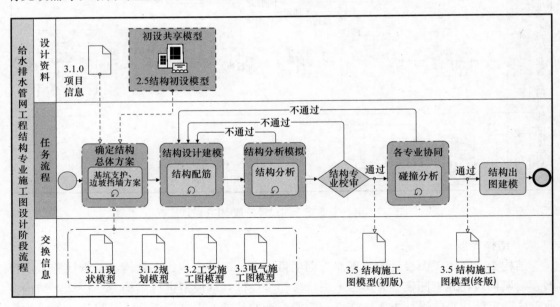

图 3-10　结构专业施工图设计阶段 BIM 设计流程

3.5.3　施工图阶段主要设计资料

施工图设计阶段主要设计资料与可行性研究阶段和初步设计阶段一样，由项目信息表格、现状模型信息表格、规划模型信息表格三部分组成。

施工图设计阶段主要设计资料的模型精细度等级为 LOD2.0 及 LOD3.0，包含的最小模型单元为功能级及构件级模型单元，根据需要相应的几何表达精度为 G1 或 G2，如需要部分构件的几何表达精度可以精确到 G3 级，信息深度等级原则上 N2 级即可，根据具体工程应用需要有些要素信息可以补充到 N3 级。

施工图基础资料信息表格 ID 编号为 3.1，与 BIM 设计总体流程中设计资料中的施工图基础资料 ID 编号相对应。施工图基础资料信息表格由项目信息表格（ID：3.1.0）（见表 3-32）、现状模型信息表格（ID：3.1.1）和规划模型信息表格（ID：3.1.2）共同组成。

施工图阶段项目信息深度等级   表 3-32

类别	属性组	信息元素	信息深度等级
项目信息	工程项目基本信息	附录 A：表 A-1	N3
	建设说明	附录 A：表 A-2	N3
	技术标准	附录 A：表 A-3	N3

下面为给水排水工程施工图设计阶段基础资料推荐使用的信息深度等级和几何表达精度等级。

1. 项目信息（ID：3.1.0）

项目信息包括给水排水管网工程项目基本信息、建设说明、技术标准等，项目信息不以模型实体的形式出现，是项目级的信息，供项目整体使用。

主要技术标准信息包括设计流量、设计安全等级、设计基准期、抗震防裂标准、抗浮设计标准等。项目信息的具体信息元素根据施工图所需要达到信息深度等级在附录 A 中查找取用。

2. 现状模型信息（ID：2.1.1）

现状模型信息包括设计项目工程范围内及周边的现状场地地形、现状场地地质、现状地面基础设施；如现状建筑物、构筑物、地面道路等；现状地下基础设施，如管线、线杆等；其他现状场地要素，如现状河道（湖泊）、林木、农田等。

现状模型信息表格包含场地地形、场地地质、现状建筑物等模型单元，其信息应储存于零件级模型实体中，见表 3-33。

施工图阶段现状模型信息   表 3-33

类别	模型单元	信息元素	信息深度等级	几何表达精度等级
现状模型	场地地形	附录 B：表 B-1	N3	G3
	场地地质	附录 B：表 B-2	N3	G3
	现状建筑物	附录 B：表 B-3	N3	G3
	现状构筑物	附录 B：表 B-4	N3	G3
	现状地面道路	附录 B：表 B-5	N3	G3
	现状管杆线	附录 B：表 B-8	N3	G2
	现状河道（湖泊）	附录 B：表 B-10	N3	G1
	现状林木	附录 B：表 B-13	N3	G1
	现状农田	附录 B：表 B-14	N3	G1

现状模型信息的具体信息元素应根据施工图所需要达到信息深度等级在附录 B 相应表格中查找取用。现状模型的模型单元几何表达精度应根据施工图所需达到的几何表达精度等级按照附录 T：表 T-1 的规定建模。

3. 规划模型信息（ID：2.1.2）

规划模型信息主要包括规划道路、规划桥梁、规划综合管廊、规划地下管线及规划水系等与工程设计相关及影响工程设计的要素信息。

施工图阶段规划模型信息表格包含规划地面道路、规划地下管线等模型单元，其信息应储存于模型实体中，见表 3-34。

表 3-34

施工图阶段规划模型信息

类别	模型单元	信息元素	信息深度等级	几何表达精度等级
规划模型	规划地面道路	附录 C：表 C-1	N3	G3
	规划地形	附录 C：表 C-2	N3	G3
	规划桥梁	附录 C：表 C-4	N3	G3
	规划综合管廊	附录 C：表 C-5	N3	G3
	规划给水工程	附录 C：表 C-7	N3	G3
	规划污水工程	附录 C：表 C-8	N3	G3
	规划雨水工程	附录 C：表 C-9	N3	G3
	规划用地	附录 C：表 C-10	N3	G2
	规划水系	附录 C：表 C-11	N3	G2
	规划防汛工程	附录 C：表 C-12	N3	G3
	规划电力工程	附录 C：表 C-13	N3	G3
	规划通信工程	附录 C：表 C-14	N3	G3
	规划燃气工程	附录 C：表 C-15	N3	G3

规划模型信息的具体信息元素应根据初设所需要达到信息深度等级在附录 C 相应表格中查找取用。规划模型中可视化几何表达精度应根据施工图所需达到的几何表达精度等级按照附录 T：表 T-2 的规定建模。

3.5.4 施工图阶段设计信息

施工图设计阶段设计信息模型的模型精细度等级为 LOD3.0 及 LOD4.0，包含的最小模型单元为构件级及零件级模型单元，根据需要相应的几何表达精度为 G2、G3 或 G4，信息深度等级原则上 N3 级即可，根据具体工程应用需要有些要素信息可以补充到 N4 级。

1. 设计参数信息

施工图阶段设计参数信息表（表 3-35）里主要包含工艺设计参数（ID：3.2.1）、电气设计参数（ID：3.3.1）、结构设计参数（ID：3.5.1），其信息应储存于模型实体中，见表 3-35，信息深度等级用 Nx 表达。其中各专业信息表格的 ID 编号与 BIM 设计总体流程中相应信息交换模型 ID 编号一致。相应信息模型的信息深度等级与几何表达精度等级，应参见对应信息表格中的推荐规定。

施工图阶段设计参数信息　　　　　　　　　　　　表 3-35

类别	子类别	信息元素	信息深度等级
工艺设计参数 ID：3.2.1	给（中）水管线设计参数	附录 D：表 D-1	N3
	雨水管线设计参数	附录 D：表 D-1	N3
	污水管线设计参数	附录 D：表 D-1	N3
电气设计参数 ID：3.3.1	构筑物	附录 F：表 F-2	N3
结构设计参数 ID：3.5.1	管线系统	附录 J：表 J-1	N3
	管线附属构筑物系统	附录 J：表 J-2	N3

　　工艺设计参数（ID：3.2.1）包含给（中）水管线设计参数、雨水管线设计参数、污水管线设计参数，具体信息元素应根据施工图所需要达到信息深度等级在附录 D 相应表格中查找取用；电气设计参数（ID：3.3.1）包含构筑物设计参数，具体信息元素应根据施工图所需要达到信息深度等级在附录 F 相应表格中查找取用；结构设计参数（ID：3.5.1）包含管线系统、管线附属构筑物系统设计参数，具体信息元素应根据施工图所需要达到信息深度等级在附录 J 相应表格中查找取用。

2. 模型单元信息

　　施工图阶段模型单元信息表（表 3-36）里主要包含工艺模型单元（ID：3.2.2）、电气模型单元（ID：3.3.2）、结构模型单元（ID：3.5.2），其信息应储存于构筑物零件级模型实体中，见表 3-35，其信息深度等级用模型精细度（LODx）表达。

施工图阶段模型单元信息　　　　　　　　　　　　表 3-36

类别	子类别		模型单元	模型精细度等级
工艺模型单元 ID：3.2.2	管线		附录 E：表 E-1	LOD3.0
	附属构筑物	检修阀井	附录 E：表 E-2	LOD3.0
		排气阀井	附录 E：表 E-2	LOD3.0
		排泥阀井	附录 E：表 E-2	LOD3.0
		排泥湿井	附录 E：表 E-2	LOD3.0
		消火栓井	附录 E：表 E-2	LOD3.0
		水表井	附录 E：表 E-2	LOD3.0
		检查井	附录 E：表 E-2	LOD3.0
		沉泥井	附录 E：表 E-2	LOD3.0
		跌水井	附录 E：表 E-2	LOD3.0
		截流井	附录 E：表 E-2	LOD3.0
		雨水口	附录 E：表 E-2	LOD3.0
		出水口	附录 E：表 E-2	LOD3.0
		倒虹管	附录 E：表 E-2	LOD3.0
电气模型单元	构筑物		附录 G：表 G-2	LOD3.0
结构模型单元 ID：3.5.2	管线系统		附录 K：表 K-1	LOD3.0
	管线附属构筑物系统		附录 K：表 K-2	LOD3.0

　　工艺模型单元（ID：3.2.2）包含管线及管线附属构筑物，具体模型单元应根据施工图所需要达到信息深度等级在附录 E 相应表格中查找取用；电气模型单元（ID：2.3.2）

包含构筑物模型单元，具体模型单元应根据施工图所需要达到信息深度等级在附录 G 相应表格中查找取用；结构设计参数（ID：2.5.2）包含管线系统、管线附属构筑物系统模型单元，具体模型单元应根据施工图所需要达到信息深度等级在附录 K 相应表格中查找取用。

3.6 BIM 应用信息交换模板

为了方便、准确地提供 BIM 应用信息，采用 BIM 应用信息交换模板方式提取相关信息，交换模板确定了 BIM 在应用过程中所需要的全部信息，为不同参与方利用信息交换提供一致、准确、完整信息环境。

3.6.1 施工图阶段工艺专业主要设备工程量统计

根据应用不同，所要提取的信息也不同，当进行工程量统计应用时，工艺专业主要设备需要提取信息如表 3-37～表 3-39 所示。

主要设备工程量统计信息交换模板 　　表 3-37

设备构件	信息交换模板	应用
管道及附件	施工图设计阶段工艺专业管道及附件工程量统计元素信息交换模板（表 3-38）	工程量统计
阀门	施工图设计阶段工艺专业阀门工程量统计元素信息交换模板（表 3-39）	工程量统计

工艺专业管道及附件工程量统计单元信息交换模板表 　　表 3-38

模型单元	几何表达精度	信息字段	参数类型	单位/描述	信息来源
管道、附件（三通，四通，接头，弯头，法兰，套管）	G3	名称	文字	如 90°弯头、等径三通等	ID：3.2
		编号	数值	对每一构件进行编号，便于统计	
		公称直径	长度	mm	
		管壁厚度	长度	mm	
		材质	枚举型	如 PPR、UPVC 等	
		压力等级	压强	MPa	
		数量	整数	个	

工艺专业阀门工程量统计信息交换模板 　　表 3-39

模型单元	几何表达精度	信息字段	参数类型	单位/描述	信息来源
阀门（止回阀，蝶阀，闸阀，排泥阀，呼吸阀，球阀，套筒阀，刀闸阀）	G3	名称	文字	如升降式止回阀、旋启式止回阀等	ID：3.2
		编号	数值	对每一构件进行编号，便于统计	
		扬程	数值	m	
		功率	功率	kW	
		流量	流量	m³/h	
		压力等级	压强	MPa	
		材质	枚举型	如 PPR、UPVC 等	
		重量	数值	kg	
		数量	整数	个	

3.6.2　初步设计阶段可视化展示

初步设计阶段进行可视化展示应用时，各类设备构件应提取信息见表 3-40：

构件可视化信息交换模板　　　　　　表 3-40

设备及构件	信息交换模板	应用
管道及附件	初步设计阶段工艺专业管道及附件可视化应用信息交换模板（表 3-41）	可视化展示
阀门	初步设计阶段工艺专业阀门可视化应用信息交换模板（表 3-42）	可视化展示
土建通用构件	初步设计阶段土建通用构件可视化应用信息交换模板（表 3-43）	可视化展示

工艺专业管道及附件可视化应用信息交换模板　　　　　　表 3-41

模型单元	几何表达精度	信息字段	参数类型	单位/描述	信息来源
管道、附件（三通，四通，接头，弯头，法兰，套管）	G2	名称	文字	如 90°弯头、等径三通等	ID：2.2
		编号	数值	对每一构件进行编号，便于统计	
		构筑物	文字	排气阀井、检查井等	
		位置	三维点	（X，Y，Z）	
		公称直径	数字	mm	
		管线走向	文字	描述给水、排水管道走向	
		管壁厚度	长度	mm	
		保温层厚度	长度	mm	
		材质	枚举型	如 PPR、UPVC 等	
		专业	枚举型	给水排水、电气、结构等	
		系统	枚举型	给水、污水、雨水系统等	
		子系统	文字	—	

工艺专业阀门可视化应用信息交换模板　　　　　　表 3-42

模型单元	几何表达精度	信息字段	参数类型	单位/描述	信息来源
阀门（止回阀，蝶阀，闸阀，排泥阀，呼吸阀，球阀，套筒阀，刀闸阀）	G2	名称	文字	如升降式止回阀、旋启式止回阀等	ID：2.2
		编号	数字	对每一构件进行编号，便于统计	
		构筑物	文字	排气阀井、检查井等	
		位置	三维点	（X，Y，Z）	
		几何轮廓	文字	—	
		公称直径	数字	mm	
		材质	枚举型	如 PPR、UPVC 等	
		专业	枚举型	给水排水、电气、结构等	
		系统	枚举型	给水、污水、雨水系统等	
		子系统	文字	—	

土建通用构件可视化应用信息交换模板   表 3-43

模型单元	几何表达精度	信息字段	参数类型	单位/描述	信息来源
土建通用构件（梁，板，柱，墙，门，窗，楼梯）	G2	名称	文字	如承重墙、托梁等	ID：2.4 ID：2.5
		编号	数字	对土建构件进行编号，便于统计	
		构筑物	文字	排气阀井、检查井等	
		位置	三维点	(X, Y, Z)	
		外形尺寸	数值	m、mm	
		建筑材料	枚举型	如保温、隔热、高强度材料等	
		防腐蚀层做法	文字	如胺固化环氧树脂等	
		专业	枚举型	给水排水、电气、结构等	
		系统	枚举型	给水、污水、雨水系统等	
		子系统	文字	—	

3.6.3 施工图阶段工艺专业碰撞检查

施工图阶段进行工艺专业碰撞检查应用时，各类设备构件应提取信息见表 3-44：

施工图阶段工艺专业碰撞检查信息交换模板   表 3-44

设备构件	信息交换模板	应用
管道及附件	施工图设计阶段工艺专业管道及附件碰撞检查信息交换模板（表 3-45）	可视化展示
阀门	施工图设计阶段工艺专业设备碰撞检查信息交换模板（表 3-46）	可视化展示
土建通用构件	施工图设计阶段土建专业构件碰撞检查信息交换模板（表 3-47）	可视化展示

工艺专业管道及附件碰撞检查信息交换模板   表 3-45

模型单元	几何表达精度	信息字段	参数类型	单位/描述	信息来源
管道、附件（三通，四通，接头，弯头，法兰，套管）	G3	名称	文字	如 90°弯头、等径三通等	ID：3.2
		编号	数值	对每一构件进行编号，便于统计	
		系统	枚举型	给水、污水、雨水系统等	
		位置	三维点	(X, Y, Z)	
		距离	数值	m、mm	
		所属人	文字	如管理者、生产、维护信息等	
		专业	枚举型	给水排水、电气、结构等	

工艺专业设备碰撞检查信息交换模板   表 3-46

模型单元	几何表达精度	信息字段	参数类型	单位/描述	信息来源
工艺设备	G3	名称	文字	如消防栓等	ID：3.2
		编号	数值	对每一设备进行编号，便于统计	
		系统	枚举型	如给水、污水、雨水等	
		位置	三维点	(X, Y, Z)	
		距离	数值	m、mm	
		所属人	文字	如管理者、生产、维护信息等	
		专业	枚举型	给水排水、电气、结构等	

施工图设计阶段土建专业构件碰撞检查信息交换模板 表 3-47

模型单元	几何表达精度	信息字段	参数类型	单位/描述	信息来源
土建构件	G3	名称	文字	如承重墙、托梁等	ID：3.4 ID：3.5
		编号	数值	对土建构件进行编号，便于统计	
		位置	三维点	(X, Y, Z)	
		距离	数值	m，mm	
		所属人	文字	如管理者、生产、维护信息等	
		专业	文字	给水排水、电气、结构等	

3.7 给水排水管网工程 BIM 应用案例

前面详细介绍了给水排水管网系统设计阶段的交换信息以及 BIM 应用信息模板，如何合理运用以上信息为项目服务，下面将以污水管道工程的工程量统计和碰撞检查为例说明信息交换模板的使用方法。

3.7.1 案例总体概况

岔路河镇多美歌大街污水管道工程项目 BIM 应用总体概况见表 3-48。

岔路河镇多美歌大街污水管道工程项目 BIM 应用总体概况 表 3-48

内容	描述
设计单位	中国市政工程东北设计研究总院有限公司
软件平台	欧特克
使用软件	Revit、Navisworks
应用阶段	施工图设计阶段

3.7.2 工程概述

本项目设计范围为吉林省永吉县岔路河镇的多美歌大街（老 302 国道—金贸路）道路下的污水管线工程。工程概况如下：

（1）设计流量：本工程污水远期总设计流量为 3.80 万 m³/d，综合生活污水总变化系数为 1.3，最高日最高时污水量为 4.94 万 m³/d。

（2）管材：排水管管材选用高密度聚乙烯（HDPE）双壁波纹排水管，承插胶圈接口，砂石基础。

（3）管线敷设：污水管线布置结合地形及道路竖向，沿道路敷设，汇入污水主干管线后流入污水提升泵房，提升至鳌龙河污水处理厂，经处理达标后，排至鳌龙河。

（4）设计管径：DN300。

采用 Revit 软件对方案阶段的模型进行深化，并根据施工图设计的精度要求，设计模型的精度达到 LOD3.0 级，单元构件的几何表达精度达到 G3 级，信息深度等级达到 N3 级。具体过程包括以下几个方面：

（1）在 Revit 中进行模型整合；

（2）在 Revit 和 Navisworks 中分别进行碰撞检查；

（3）修改模型以达到设计精度；

（4）统计工程量。

3.7.3 应用分析

在传统设计流程中，工程量统计所占用的时间较长、统计误差大，而 BIM 设计可以实现工程量统计的自动化，且精度较高。此外，传统设计过程中，有些碰撞问题难以发现，而基于 BIM 的碰撞检查可以有效减少设计疏漏、提高设计质量。因此，本工程 BIM 技术主要应用在工程量统计和碰撞分析两个方面。根据施工图设计的精度要求，设计模型的精度达到 LOD3.0 级，单元构件的几何表达精度达到 G3 级，信息深度等级达到 N3 级，如图 3-11 所示。

图 3-11　多美歌大街污水管线模型几何表达精度

1. 施工图设计阶段工程量统计

施工图设计阶段需要更精细的表达，涉及的参数更加具体，根据施工图设计阶段工程量统计的信息交换模板，通过在软件中筛选构件相应信息，形成了施工图阶段管道工程的工程量统计表，如图 3-12 所示。

〈工程数量表〉

编号	名称	规格	材料	数量	单位	备注
1	高密度聚乙烯双壁波纹管	DN300	HDPE	745	m	污水管
2	高密度聚乙烯双壁波纹管	DN500	HDPE	678	m	污水管
3	高密度聚乙烯双壁波纹管	DN800	HDPE	2342	m	雨水管
4	高密度聚乙烯双壁波纹管	DN1400	HDPE	598	m	雨水管
5	高密度聚乙烯双壁波纹管	DN1800	HDPE	236	m	雨水管
6	圆形污水检查井（盖板式）	ф1000	钢筋混凝土	74	个	
7	圆形雨水检查井（盖板式）	ф1000	钢筋混凝土	76	个	
8	矩形雨水检查井	1800×1100	钢筋混凝土	6	个	
9	跌水井	ф1250	钢筋混凝土	18	个	
10	进污双箅雨水口	1450×350	砖砌	122	个	
11	井盖、井座	ф700	铸铁	150	套	
12	钢塑爬梯		塑钢	156	个	
13	防坠网			156	个	见安装图

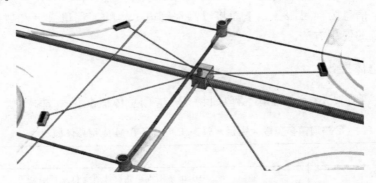

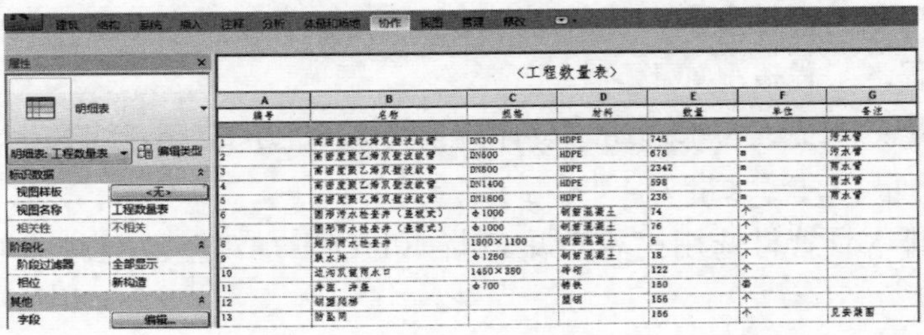

图 3-12　工程量统计信息提取成果

2. 施工图设计阶段碰撞检查

利用碰撞检查工具处理设计阶段存在的碰撞问题，不但能够提高设计质量，而且极大地减少了施工阶段的设计变更。本工程进行了如下碰撞检查：① 污水管线分别与给水管线、雨水管线和雨水检查井等进行碰撞检查；② 雨水管线分别与给水管线、污水检查井进行碰撞检查。碰撞分析过程如图 3-13 所示。

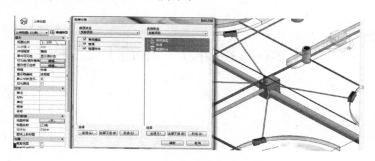

图 3-13　碰撞分析的对象及规则

通过碰撞检查发现，多美歌大街与长沙路交叉口 *DN*300 污水管道与 *DN*300 的给水管道发生碰撞，处理方法是提升给水管道，使其在竖向上避开污水管道，如图 3-14 所示。

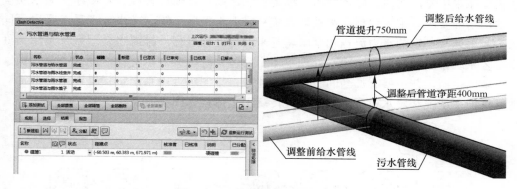

图 3-14　碰撞检查信息提取成果

第 4 章　给水厂（站）工程

4.1　概述

4.1.1　给水厂（站）工程的概念

给水厂（站）是城镇供水的生产场所。其净水处理的目的是采用物理、化学、生物等方法去除原水中悬浮物质、胶体物质、细菌、病毒以及其他有害成分，使净化后水质满足生活饮用水的要求，主要包括净水处理系统和排泥水处理系统。净水处理系统是由不同的净水工艺单体按一定的水力流程相互串联起来的水处理过程，排泥水处理系统是用来处理净水工艺系统排出的排泥水。净水处理单体主要包含配水井、沉淀池、滤池、清水池、二泵房；辅助生产工艺主要有加药间、回用水池等；排泥水处理系统包括排泥水调节池、浓缩池、污泥平衡池和脱水机房。给水处理传统工艺流程如图 4-1 所示。

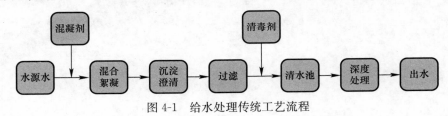

图 4-1　给水处理传统工艺流程

4.1.2　工程特点

给水厂（站）工程是城市重要的基础设施，具有自己独特的特点：

（1）工艺复杂。由于水源水质千差万别，目前用作净水处理的构筑物类型众多，工艺选取时应根据原水的水质和用户对水质的要求，并经过经济比较后确定。

（2）基建难度大。给水厂（站）项目建设内容多，施工建造过程运用施工工艺以及施工技法最多、触及建筑业分类种类最全的建造工程之一。一般依照施工工艺的大类进行区分，包含有土建施工工程、机电设备装置工程、工艺设备装置工程、给水排水管网配套工程、自动化仪表与控制工程、市政设施配套工程及生活配套工程等七大类。

（3）施工质量要求高。给水厂（站）构筑物多数采用地下或半地下钢筋混凝土结构，特点是构件断面较薄，属于薄板或薄壳型结构，配筋率较高，具有较高抗渗性和良好的整体性要求，其建设施工质量的好坏，会直接影响到通水运行的质量和安全。

由此可见，给水厂（站）工程是一个多学科相互依赖、多工种紧密合作的系统建造项目。

4.1.3　设计特点

给水厂（站）传统 CAD 设计过程中需工艺、电气、建筑、结构、给水排水、暖通、自控各专业的设计人员协同配合，共同完成设计。

传统 CAD 设计流程中，在可研阶段进行资料收集，经方案比选后确定工艺总体方案；初设、施工图涉及阶段逐步细化方案，最终完成施工图图纸。但由于传统 CAD 设计为二维设计，无法直观地支撑方案比选，往往造成返工情况的发生。

将 BIM 技术运用在项目的可研、初设、施工图设计过程中可以大大提高设计效率和质量。可研阶段可以利用模型的可视化优势支撑方案比选，同时总体方案确定后可以进行厂区虚拟漫游，优化方案设计；初设阶段可以利用可研阶段的模型继续深化，进行材料及设备工程量统计；施工图阶段可以利用初步设计阶段的模型进行各专业施工图设计，进行管线碰撞分析、材料及设备工程量统计、生成施工图图纸。施工图模型还可用于后期施工指导和项目建成后的运行管理。

设计模型的内容上，本书中将给水厂（站）工程分为工艺系统、电气系统、建筑系统、结构系统、暖通系统、给水排水系统、道路系统、照明、安防、防雷接地系统共八大系统，大系统下又分为一级系统、二级系统和三级系统。例如工艺系统的一级系统为工艺管线、工艺设备和工艺材料三个部分；在二级系统中，工艺管线分为工艺水管、工艺泥管、工艺药管、工艺气管；三级系统则在二级系统基础上进一步细分，例如工艺水管分为管线、管道附件和支架。

在国内的给水厂（站）工程设计过程中，已有多个项目应用了 BIM 技术。例如中国市政工程中南设计研究总院有限公司运用 Revit、Navisworks 等软件完成了湖北省谷城县水厂 BIM 设计；开发了气水冲洗滤池 BIM 参数化设计程序并取得的显著成果，通过滤池全专业 BIM 设计，充分说明 BIM 是一种全新的设计方式，不仅能满足市政设计的需求，还能通过现代化的协同设计理念为业主提供高质量、规范化、清晰化、具体化的设计产品。

4.1.4　给水厂（站）工程主要工艺及构筑物

按照给水厂的功能目的，给水厂常规处理工艺分为传统处理工艺以及深度处理工艺，传统处理工艺包含混凝、沉淀（澄清）、过滤、消毒；深度处理工艺包含氧化、吸附等。不同的工艺，对应不同的水处理构（建）筑物，给水厂（站）工程工艺种类见表 4-1。

给水厂（站）工程工艺种类一览表　　　　　　　　　　　表 4-1

功能	工艺	水处理构（建）筑物
预处理	沉淀	预沉淀池……
	生物处理	生物接触氧化池，曝气生物流化池（ABFT）……
	氧化	氯氧化池，臭氧氧化池，高锰酸钾氧化池……
常规处理	混凝	隔板絮凝池，折板絮凝池，网格（栅条）絮凝池，机械絮凝池……
	沉淀（澄清）	沉淀：平流沉淀池，斜管（斜板）沉淀池……
		澄清：高效澄清池，机械搅拌澄清池，水力循环澄清池，脉冲澄清池……
		气浮：平流式气浮池，竖流式气浮池……
	过滤（含微絮凝过滤及微滤）	普通快滤池，V 型滤池（气水反冲洗滤池），双阀滤池，虹吸滤池，无阀滤池，移动罩滤池，翻板滤池，接触式普通滤池，微滤机……
	消毒	液氯消毒，二氧化氯消毒，次氯酸钠消毒，臭氧消毒，紫外线消毒……
深度处理	氧化	臭氧接触池，臭氧接触塔……
	吸附	活性炭吸附池……
排泥水处理	污泥浓缩	重力浓缩池，机械浓缩池……
	污泥脱水	污泥脱水机房……

4.2 模型系统

为了保障信息有序而规范的传递，模型单元的描述方式关系到数据应用时能否进行数据定位。模型单元分为实体、属性两个维度，在传递过程中以下几个关键因素应被重点考虑：

（1）模型单元所处的模型系统。模型系统是构筑物首要构成逻辑。也就是构筑物所包含的工程对象，是依据专业模型系统组合、单专业模型系统、单功能模型系统组织在一起并完成特定的功能使命。因此界定模型单元的系统分类，有助于理清建筑信息模型脉络，并使之与实际设计过程和使用功能一一对应起来。

（2）模型单元的视觉呈现效果，决定了在数字化领域，人机互动时人类是否能够快速识别模型单元所表达的工程对象。当前的工程实践表明，模型单元并不需要呈现出与实际物体完全相同的几何细节。

（3）模型单元所承载的信息，依靠属性来体现，同时属性定义了模型单元的实质，即所表达的工程对象的全部事实。然而考虑到不同的应用需求，所需要的属性健全程度也是不同的，另外，模型单元可能需要大量的属性来描述，因此有必要对属性加以分类，这样有利于信息的界定和定位查询。

（4）属性值体现模型单元最终描述的结果。属性值可根据工程发展程度逐步体现，由掌握相应信息的输入方完成输入。模型单元的信息深度主要体现为属性值的不断完善过程。

4.2.1 给水厂（站）工程系统

给水厂（站）工程各专业系统设定：

（1）第一级应按功能系统进行分类，给水排水厂（站）工程按功能可拆分为工艺系统、土建系统、电气系统及其他系统等。

（2）第二级分类应在第一级的基础上细分，可按结构、系统、组件（由构件组成）等进行分类，给水排水厂（站）工程工艺系统可分为工艺设备、工艺管线、工艺材料等；土建系统可分为沉淀池、滤池、臭氧接触池、加药间、清水池、送水泵房等；电气系统可分为供电设备、仪表及自控设备等；其他系统可分为暖通系统、照明系统、防雷落地、道路系统等；

（3）第三级分类应在第二级的基础上继续细分，以构件为单位进行分类。

（4）第四级分类应在第三级的基础上继续细分，以零件为单位进行分类。

模型单元是信息输入、交付和管理的基本对象。在各设计阶段使用不同模型单元等级，给水厂（站）工程模型单元划分原则见表 4-2。给水厂（站）工程各等级模型单元逻辑关系如图 4-2 所示。

给水厂（站）工程模型单元划分原则　　　　　　　　　　　　表 4-2

模型单元等级	模型单元	可研	初设	施工图
项目级	项目模型的集合（如现状模型、规划模型、设计模型等）	√		
功能级	专业模型系统组合（如工艺系统模型、土建系统模型、电气系统模型等）	√	√	
	单专业模型（如工艺、电气、建筑、结构、暖通、给水排水、道路等）		√	
	单功能模型（如工艺设备；工艺管线、工艺材料、外框、主体等）		√	√
构件级	构件模型的集合（如脱水机、门、配电箱等）			√
零件级	从属于构件模型			√

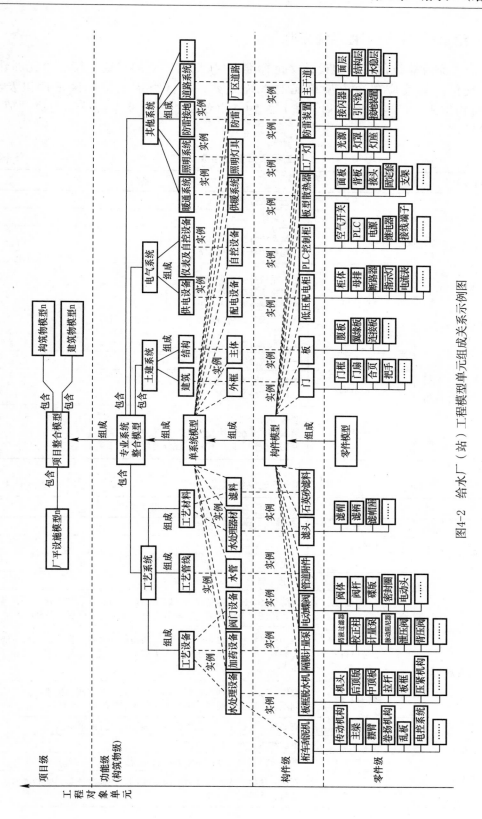

图4-2　给水厂（站）工程模型单元组成关系示例图

4.2.2 给水厂（站）工程系统分类

按照国家《建筑信息模型设计交付标准》（报批稿）中的规定，模型单元的建立、传输、交付和解读应包含模型单元的系统分类。项目级系统由厂区平面以及各构（建）筑物组成，厂区平面及构（建）筑物又由各功能级专业系统单元组成，项目系统组成见表 4-3。

工程项目系统组成 表 4-3

项目级单元	功能级单元	备注
厂区平面	工艺系统	工艺系统分类见表 4-4
	电气系统	电气系统分类见表 4-5
	土建系统	建筑系统分类见表 4-6 结构系统分类见表 4-7
	其他系统	暖通系统分类见表 4-8 给水排水系统分类见表 4-9 道路系统分类见表 4-10 照明、安防、防雷接地系统分类见表 4-11
构（建）筑物 1~n	工艺系统	工艺系统分类见表 4-4
	电气系统	电气系统分类见表 4-5
	土建系统	建筑系统分类见表 4-6 结构系统分类见表 4-7
	其他系统	暖通系统分类见表 4-8 给水排水系统分类见表 4-9 照明、安防、防雷接地系统分类见表 4-11

工艺系统分类 表 4-4

一级系统	二级系统	设备构件
工艺管线	工艺水管	管线、管道附件、支架
	工艺泥管	同上
	工艺药管	同上
	工艺气管	同上
工艺设备	水处理设备	过滤设备、除铁除锰设备、除氟设备、污泥脱水和干化装置、滗水设备、排泥与沉砂设备、固液分离机、离子交换设备、混合设备
	加药设备	溶药设备、投加设备、计量泵、药物储存设备、真空加氯机、泄氯吸收装置、二氧化氯发生器、次氯酸钠发生器、紫外消毒设备、臭氧发生器
	阀门设备	蝶阀、球阀、止回阀、旋塞阀、减压阀、排泥阀、进排气阀、流量控制阀、水锤消除装置、倒流防止器、钢制闸门、启闭机、叠梁闸
	泵	离心泵、潜污泵、污泥螺杆泵、轴流泵、混流泵
	起重设备	电动葫芦、龙门吊、行吊
工艺材料	水处理器材	沉淀分离器材、絮凝集水器材、滤池配水器材、曝气器、滤头
	滤料，填料及投料	石英砂滤料、无烟煤滤料、陶瓷滤料、磁铁矿滤料、锰砂滤料、沸石滤料、活性炭、填料

电气系统分类　　　　　　　　　　　　表 4-5

一级系统	二级系统	设备构件
缆线及桥架	缆线	电力电缆、控制电缆、电缆接头
	缆线支撑系统	电缆槽盒、支架、套管
电气设备	配电设备	高压柜、低压柜、变压器、直流屏、控制箱、软启动柜、变频器柜、应急电源、电容柜
	自控设备	PLC 柜、管理计算机、服务器、监视器、网络交换机、UPS、仪表、软件系统
	安防设备	监控摄像头、录像机、网络交换机、管理计算机、电子围栏系统、门禁系统、报警系统

建筑系统分类　　　　　　　　　　　　表 4-6

一级系统	二级系统	构件
建（构）筑物	墙体	基层墙体、找平层、外墙防水层、保温层、粘结或连接层、饰面层
	门窗	框体、主体
	楼梯、台阶	垫层、基层楼梯、面层
	栏杆	基层栏杆、面层
	屋面	找坡层、保温隔热层、找平层、防水层、隔离层、隔汽层、保护层
	雨棚	基层雨棚、面层
	散水	面层、基层散水、垫层、素土夯实
	坡道	面层、基层坡道、垫层、素土夯实
	楼地面	地基、垫层、填充层、隔离层、找坡层、防水层、防油层、结合层、面层
	踢脚	找平层、基层处理、粘结或连接层、饰面层
	顶棚	结合层、基层处理、饰面层

结构系统分类　　　　　　　　　　　　表 4-7

一级系统	二级系统	构件
构（建）筑物	底板	垫层、底板混凝土结构、底板钢筋、找坡、防腐涂层、粉刷
	壁板	壁板混凝土结构、壁板钢筋、防腐涂层、粉刷
	顶（楼）板	顶（楼）板混凝土结构、顶（楼）板钢筋、找坡、防腐涂层、粉刷
	矩形混凝土梁	梁混凝土结构、梁钢筋、粉刷
	T（工）形混凝土梁	翼缘板、腹板、梁钢筋、粉刷
	钢梁	翼缘板、腹板
	混凝土柱	柱混凝土结构、柱钢筋、粉刷
	孔洞	孔洞定位点、孔洞形状及尺寸
地基基础	预制桩	桩身混凝土、桩钢筋、桩顶构造、接桩构造、灌芯混凝土
	灌注桩	桩身混凝土、桩钢筋、声测管
	挖孔桩	桩身混凝土、桩钢筋、护壁、声测管
	承台	承台混凝土、承台钢筋、垫层
	复合地基	桩体（水泥土桩、碎石桩、CFG 桩、刚形桩）、褥垫层
	换填垫层	砂石垫层
	强夯地基	夯实土体
边坡挡墙	挡土墙	墙身、墙身钢筋、压顶、泄水孔、基础
	边坡	护面结构层、绿化、马道、排水沟
基坑	基坑	支护桩、止水帷幕、冠梁、腰梁、内支撑、坑内土体加固、排水沟、集水坑、降水井

暖通系统分类 表 4-8

一级系统	二级系统	设备构件
供暖系统	末端设备	散热器、暖风机、电热器、附件、支架
	供暖管道	管道、管件、支架
	阀门及附件	平衡阀、球阀、截止阀、自动排气阀、压力表、温度计、除污器、保温
热源系统	设备	热泵机组、冷水机组、换热器、循环水泵、水处理设备、定压补水装置、软化水箱、分集水器
	阀门及附件	蝶阀、止回阀、球阀、压力表、温度计、热量表、自动排气阀、保温
通风系统（除臭系统）	通风设备	通风机、消声器、排风罩、防虫网
	管道及附件	镀锌钢板风管、玻璃钢风管、管件、支吊架
	阀门	防火阀、止回阀、通风百叶
空调系统	设备	VRV 空调、分体空调、风机盘管
	管道及附件	空调水管、空调风管、管件、支吊架
	阀门	防火阀、蝶阀、风量调节阀、平衡阀、电动两通阀、球阀
防排烟系统	设备	防烟风机、排烟风机、消声器、防虫网
	管道及附件	防排烟管道、管件、支吊架
	阀门	排烟防火阀、防火阀、排烟口、加压送风口

给水排水系统分类 表 4-9

一级系统	二级系统	设备构件
给水系统	设备	水龙头、淋浴器、热水器
	管道及附件	给水管道、弯头、三通、四通、异径管
	阀门	截止阀、止回阀、倒流防止器
消防系统	设备	消防水箱、稳压泵、消火栓、消防水泵、水泵接合器
	管道及附件	消防管道、弯头、三通、四通、异径管
	阀门	蝶阀、液位阀、止回阀、倒流防止器
排水系统	设备	大便器、小便器、洗脸盆、污水盆、盥洗池
	管道及附件	排水管道、弯头、斜三通、斜四通、异径管、地漏、检查口、清扫口、伸缩节、通风帽

道路系统分类 表 4-10

一级系统	二级系统	构件
厂外道路	主干路	面层、基层、垫层、人行道铺装
厂区道路	主干路	面层、基层、垫层、人行道铺装
	次干路	面层、基层、垫层、人行道铺装

照明、安防、防雷接地系统分类 表 4-11

一级系统	二级系统	设备构件
照明系统	照明灯具	工作照明灯具、室外照明灯具、应急照明灯具
	插座及面板	空调插座、工作插座、开关
	配电及控制	照明配电箱、电线及套管
防雷接地系统	防雷装置	接闪带、接闪杆、引下线、等电位联结箱
	接地装置	基础钢筋网、水平接地极、垂直接地极、接地连接板、接地干线

4.3 可行性研究阶段交换信息

4.3.1 可行性研究阶段设计原则

工程可行性研究主要任务是在充分调查研究、评价预测和必要的勘察工作基础上，对项目建设的必要性、经济合理性、技术可行性、实施可能性、对环境的影响性，进行综合性的研究和论证，对不同建设方案进行比较，提出推荐方案。可行性研究的工作成果是可行性研究报告，批准后的可行性研究报告是编制设计任务书和进行初步设计的依据。

可行性研究阶段主要需进行以下分析：

（1）现状评价、规划及建设必要性分析；

（2）功能定位、建设标准、建设规模分析；

（3）工程总体方案研究，包括水量预测以及供需平衡分析，水源以及工程方案论证；

（4）工程总体设计，包括供水方案、厂址选择、净化工艺流程的选择、构筑物的选型；各专业的方案设计。

（5）防灾救援方案分析，环境影响分析与节能评价。

4.3.2 可行性研究阶段设计流程

1. 工艺专业

工艺可研模型（ID：1.2）主要表达厂区范围、规模、工艺流程、总体布置、用地情况等。模型精细度 LOD1.0，模型单元几何表达精度 G2。

工艺专业可行性研究阶段方案设计主要内容为确定给水厂规模、厂址、工艺流程以及厂平面布置。同时对单体构筑物的工艺参数、净空尺寸、工艺设备、工艺系统进行设计，可通过环境分析以及工艺分析等应用辅助方案设计。相关 BIM 应用见表 4-12。

可行性研究阶段工艺专业 BIM 应用 表 4-12

功能/需求	BIM 应用	应用描述	信息来源
厂址选择	环境分析	1. 通过提取厂址附近气象信息进行日照分析； 2. 通过提取设计资料中现状信息及规划信息对水厂的征地拆迁、水源保证、水土保持、噪声等内容进行分析和评估。如征地拆迁：提取现状地物，以及规划用地等信息对厂址占地进行评估，征拆量，拆除地物技术难度及经济价值，最后综合进行经济技术指标评价	ID：1.1.0 ID：1.1.1 ID：1.1.2
工艺流程	工艺分析	BIM 与大数据结合，通过大数据提取工程所在区域附近的水厂信息如：规模、进出水质、工艺流程等，自动智能匹配工艺方案及构筑物选型，生成工艺分析报告，辅助设计师进行设计	ID：1.1.0
工艺流程	工艺校核	1. 根据既定工艺流程模型，提取进出水质、规模等工艺设计参数（功能级）结合设计构筑物尺寸反算其负荷等参数，与规范及大数据进行评估校核； 2. 提取设计工艺模型信息进行仿真模拟，校核其出水水质是否达标	ID：1.2.1 ID：1.5.2 ID：1.2
厂平面布置	厂平面分析	提取设计厂平布置模型信息，如构（建）筑物位置及尺寸，分析校核构（建）筑物间距是否满足规范要求	ID：1.4.2 ID：1.5.2
厂平面布置	虚拟漫游	提取厂平面以及单体构筑物模型，进行虚拟漫游以及三维可视化展示，虚拟漫游可以进行专业协同检查，确保各专业设计理念无冲突，三维展示可以将方案模型进行三维可视化展示，作为成果供领导决策用	ID：1.2.2 ID：1.4.2 ID：1.5.2

工艺模型校审主要内容为：工艺选取，工艺流程衔接以及工艺厂平布置。可通过工艺校核以及厂平面分析等应用对工艺设计进行分析校审，校审完毕后，将工艺模型（ID：1.2 初版）上传至协同共享平台，供电气、建筑、结构专业参照设计。

各专业初版模型设计完成后，进行专业协同。专业协同主要通过虚拟漫游检查各专业设计理念是否存在冲突。协同完毕，将工艺模型（ID：1.2 终版）上传至协同共享平台，完成本阶段设计工作。工艺专业可行性研究阶段 BIM 设计流程如图 4-3 所示。

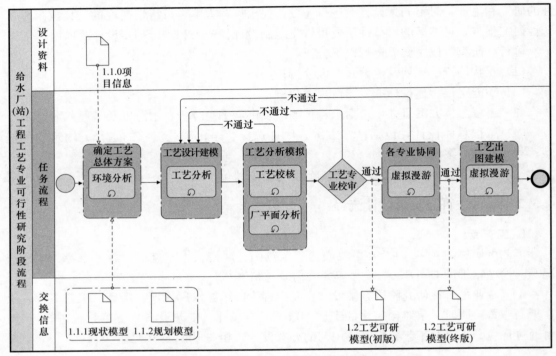

图 4-3　工艺专业可行性研究阶段 BIM 设计流程

2. 电气专业

电气可研模型（ID：1.3）主要表达用电负荷、厂区配电间布置等。模型精细度 LOD1.0，模型单元几何表达精度 G2。

电气专业可行性研究阶段方案设计主要内容为确定给水厂供电电源、负荷等级、供配电系统以及变配电布置及厂区电缆通道形式，同时对自控系统、仪表系统及通信方式进行设计。可通过电量分析以及配电、自控系统分析等应用辅助进行方案设计。相关 BIM 应用见表 4-13。

可行性研究阶段电气专业 BIM 应用　　　　　　　　　表 4-13

功能/需求	BIM 应用	应用描述	信息来源
电气系统设计	配电系统分析	提取现状信息以及工艺设备信息通过工艺负荷等级分析及附近电网情况，确定变配电系统形式	ID：1.1.0 ID：1.2
	自控系统分析	提取现状信息以及工艺设备信息通过工艺负荷等级分析及厂区模型布置情况，确定自控系统形式	ID：1.1.0 ID：1.2
用电负荷计算	电量分析	根据工艺设备用电功率、主备用率、需要系数等计算工程用电负荷，进行电量分析	ID：1.2

电气模型校审主要内容为电源容量及电压等级，配电系统及控制系统，配电变压器容量选择，主要设备选型。校审完毕后，将电气模型（ID：1.3初版）上传至协同共享平台，供建筑、结构专业参照设计。

协同完毕，将电气模型（ID：1.3终版）上传至协同共享平台，完成本阶段设计工作。电气专业可行性研究阶段BIM设计流程如图4-4所示。

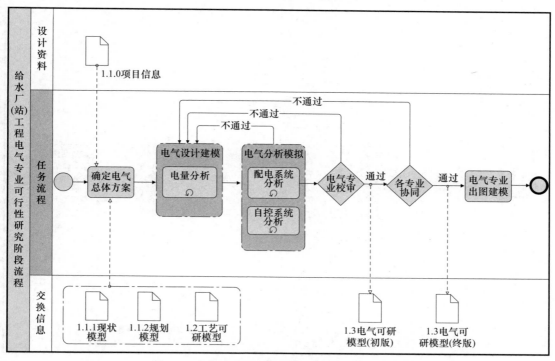

图4-4 电气专业可行性研究阶段BIM设计流程

3. 建筑专业

建筑可研模型（ID：1.4）主要表达厂区建筑物布置、厂区整体风格及厂区绿化等。模型精细度LOD1.0，模型单元几何表达精度G2。

建筑专业可行性研究阶段方案设计主要内容为确定建筑风格、建筑造型以及厂区经济技术指标。可通过高度控制、防火设计以及环境分析等应用辅助进行方案设计。相关BIM应用见表4-14。

可行性研究阶段建筑专业BIM应用　　　　　　　　　　表4-14

功能/需求	BIM应用	应用描述	信息来源
建（构）筑物设计	高度控制	通过模型构建，表达建、构筑物的控制高度（包括最高和最低高度限制）	ID：1.1.2
	环境分析	1. 通过对建筑单体进行三维建模，进行方案对比，确定建筑立面做法、门窗造型及立面的主要材质色彩，进行环境营造和环境分析； 2. 模拟建筑与城市关系，建筑群体和建筑单体的空间处理	ID：1.4.2 ID：1.4.2
	防火设计	建筑防火设计，包括总体消防、建筑单体防火分区、安全疏散等设计原则	ID：1.4
经济技术指标	面积统计	提取已设计厂平布置模型信息，统计经济技术指标包括总用地面积、总建筑面积、占地面积、道路面积、绿化面积、停车泊位数，计算厂区容积率、建筑密度、绿率等指标	ID：1.1.2

建筑模型校审主要内容为建筑风格，建筑高度，厂区布置，防火设计以及经济技术指标标等。校审完毕后，将建筑模型（ID：1.4 初版）上传至协同共享平台，供结构专业参照设计。

协同完毕，将模型（ID：1.4 终版）上传至协同共享平台，完成本阶段设计工作。建筑专业可行性研究阶段 BIM 设计流程如图 4-5 所示。

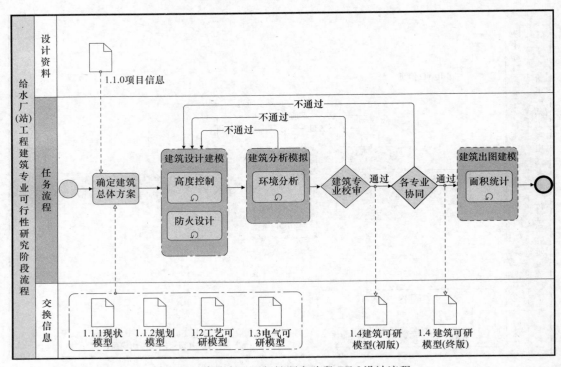

图 4-5　建筑专业可行性研究阶段 BIM 设计流程

4. 结构专业

结构可研模型（ID：1.5）主要表达厂区边坡方案、支护方案、构筑物的设计等。模型精细度 LOD1.0，模型单元几何表达精度 G2。

在可行性研究阶段，结构专业的主要任务是明确整个工程的基本设计标准、设计参数，并针对影响工程可行性和投资的结构形式、地基基础、环境边坡等相关内容确定方案。可通过结构设计、基坑支护以及边坡挡墙等应用辅助进行方案设计。相关 BIM 应用见表 4-15。

可行性研究阶段结构专业 BIM 应用　　　　　　　表 4-15

功能/需求	BIM 应用	应用描述	信息来源
结构设计	结构设计	1. 通过提取工艺模型中设计参数，进行参数化驱动，生成可研阶段结构模型，辅助设计师设计； 2. 确定并记录主要结构设计参数、设计方案，传递到后续初设环节	ID：1.2.1
场地设计	基坑支护方案、边坡挡墙方案	1. 提取场地地质信息，以及结构模型信息，分析构筑物开挖面积及开挖深度，辅助设计师确定初步的基坑支护方案； 2. 提取场地地质信息，分析场地开挖范围及开挖深度，辅助设计师确定初步的场地环境边坡的支挡方案。	ID：1.1.1 ID：1.5

结构模型校审主要内容：所采用的结构方案；主要的结构构件尺寸；地基处理方案、边坡处理方案以及基坑处理方案。校审完毕后，将结构模型（ID：1.5 初版）上传至协同共享平台，供其他专业参照设计。

协同完毕，将结构模型（ID：1.5 终版）上传至协同共享平台，完成本阶段设计工作。结构专业可行性研究阶段 BIM 设计流程如图 4-6 所示。

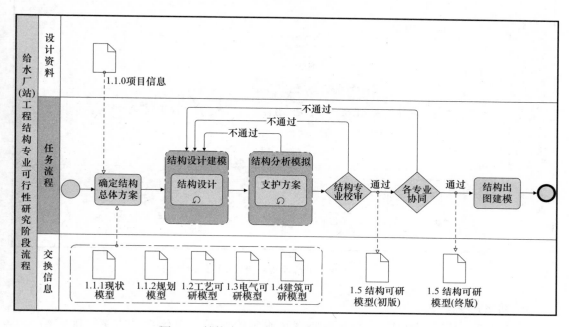

图 4-6　结构专业可行性研究阶段 BIM 设计流程

5. 暖通专业

暖通可研模型（ID：1.6）主要表达冷热源系统形式、供暖及空调末端形式、通风系统布置形式等。模型精细度 LOD1.0，模型单元几何表达精度 G2。

暖通专业可行性研究阶段方案设计主要内容为确定冷热源系统形式、室内外设计参数、负荷估算、供暖及空调末端形式、通风系统选用及布置形式等。可通过可视化建模、CFD 分析等应用辅助进行方案设计。相关 BIM 应用见表 4-16。

可行性研究阶段暖通专业 BIM 应用

表 4-16

功能/需求	BIM 应用	应用描述	信息来源
设计建模	可视化建模	提取暖通设计参数（包含气象信息，现状信息，设计参数），建立可研深度模型	ID：1.1.0 ID：1.1.1 ID：1.6.1
通风分析	CFD 分析	提取建筑模型以及暖通模型，进行 CFD 分析，帮助了解真实环境下的自然通风等信息，优化通风系统的布置形式	ID：1.4.2 ID：1.6.2

暖通专业的审核内容包括：空调负荷估算量是否满足要求，冷热源系统形式、采暖及空调末端形式以及通风系统布置是否合理。校审完毕后，将暖通模型（ID：1.6 初版）上

传至协同共享平台。

协同完毕，将暖通模型（ID：1.6 终版）上传至协同共享平台，完成本阶段设计工作。暖通专业可行性研究阶段 BIM 设计流程如图 4-7 所示。

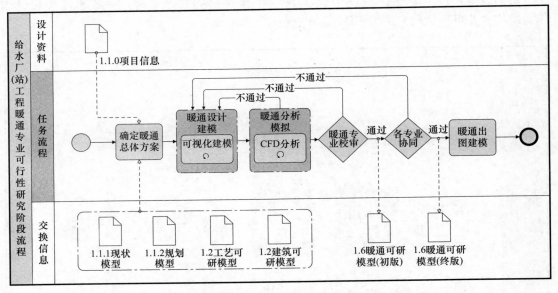

图 4-7　暖通专业可行性研究阶段 BIM 设计流程

6. 给水排水专业

给水排水可研模型（ID：1.7）主要表达确定给水排水总体设计方案，确定给水水源、供水方式、排水体制、排放出路等。模型精细度 LOD1.0，模型单元几何表达精度 G2。

给水排水专业可行性研究阶段方案设计主要内容为确定给水水源、供水方式、排水体制、排放出路等。可通过可视化建模、供水安全以及排水路由等应用辅助方案设计。相关 BIM 应用见表 4-17。

可行性研究阶段给水排水专业 BIM 应用　　表 4-17

功能/需求	BIM 应用	应用描述	信息来源
设计建模	可视化建模	根据给水排水设计参数（气象信息、现状信息、设计参数），建立可研深度模型	ID：1.1.0 ID：1.1.1 ID：1.7.1
供水分析	供水安全	设计的供水路径，是否能够在检修时将影响范围控制在最小，消防管路是否满足环状供水要求	ID：1.7.2
排水分析	排水路由	设计的分流（合流）排水管网，是否以合理方式、最优路由排出，直排部分在受纳水体高水位时是否能顺利排出	ID：1.7.2 ID：1.1.1

给水排水专业可研阶段审核内容主要包括：总体设计方案、供水排水线路、供水安全、排水路由等。校审完毕后，将给水排水模型（ID：1.7 初版）上传至协同共享平台。

协同完毕，将给水排水模型（ID：1.7 终版）上传至协同共享平台，完成本阶段设计工作。给水排水专业可行性研究阶段 BIM 设计流程如图 4-8 所示。

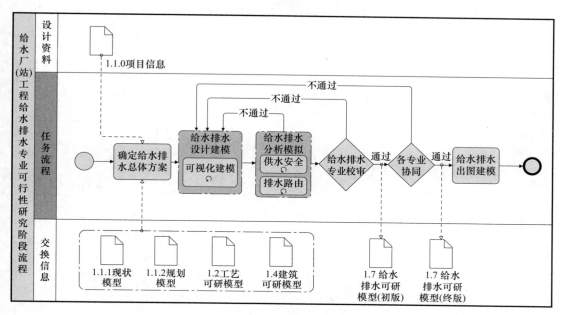

图 4-8　给水排水专业可行性研究阶段 BIM 设计流程

7. 道路专业

道路可研模型（ID：1.8）主要表达道路线位、规模、总体布置、用地等。模型精细度为 LOD1.0，模型单元几何表达精度 G2。

道路专业可行性研究阶段方案设计主要内容为道路起讫点、线位、主线平面、纵断关键节点、横断形式、出入口布置等。可通过平面规划、纵段规划、横断面设计、方案比选等应用辅助方案设计。相关 BIM 应用见表 4-18。

可行性研究阶段道路专业 BIM 应用　　　　　　　　　　　　　　　　　表 4-18

功能/需求	BIM 应用	应用描述	信息来源
道路规划	平面规划	根据场地信息对道路平曲线进行规划，确定出入口、交叉口等数量及位置（即路中线上的桩号），道路是否满足消防转弯半径要求	ID：1.1.1 ID：1.8.2
	纵断规划	根据场地地形确定道路关键节点（交叉点、起终点等）高程	ID：1.1.1 ID：1.8.2
	横断面设计	根据场地整体规划确定道路宽度及车道数	ID：1.1.1 ID：1.8.2
分析模拟	方案比选	对平曲线规划多个方案进行比对，对路线的合理性、经济型及驾驶舒适性进行分析，选取最优方案	ID：1.8.2

道路专业可研阶段审核内容主要包括：道路选线的合理性，用地情况，道路规模及横断面布置，总体方案布置，出入口布置合理性等。校审完毕后，将道路模型（ID：1.8 初

版）上传至协同共享平台。

协同完毕，将道路模型（ID：1.8 终版）上传至协同共享平台，完成本阶段设计工作。道路专业可行性研究阶段 BIM 设计流程如图 4-9 所示。

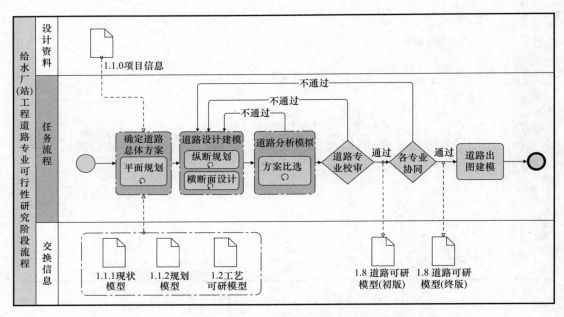

图 4-9　道路专业可行性研究阶段 BIM 设计流程

8. 照明、安防、防雷接地专业

照明、安防、防雷接地专业可研模型（ID：1.9），主要内容：可行性研究阶段可不进行照明设计，主要是确定建构筑物的防雷保护等级，确定防雷接地基本形式；确定安防系统形式等。模型精细度 LOD1.0，模型单元几何表达精度 G2。可通过防雷等级选择与分析、方案比选等应用辅助方案设计。相关 BIM 应用见表 4-19。

可行性研究阶段照明、安防、防雷接地专业 BIM 应用　　　　　　　表 4-19

功能/需求	BIM 应用	应用描述	信息来源
防雷设计	防雷等级选择与分析	提取现状信息，根据项目所在地气象信息、建筑物尺寸及工艺性质确定建构筑物的防雷保护等级，确定防雷接地基本形式	ID：1.1.0 ID：1.1.1 ID：1.4
安防设计	方案比选	提取现状信息以及工艺设备信息通过工艺负荷等级分析及厂区模型布置情况，确定安防系统形式	ID：1.1 ID：1.2

照明、安防、防雷接地专业可研阶段的审核内容包括：防雷、安防系统方案合理性；各供配电设备的用房位置；主要设备、线路选择等。校审完毕后，将照明、安防、防雷接地模型（ID：1.9 初版）上传至协同共享平台。

协同完毕，将照明、安防、防雷接地模型（ID：1.9 终版）上传至协同共享平台，完成本阶段设计工作。照明、安防、防雷接地专业可行性研究阶段 BIM 设计流程如图 4-10 所示。

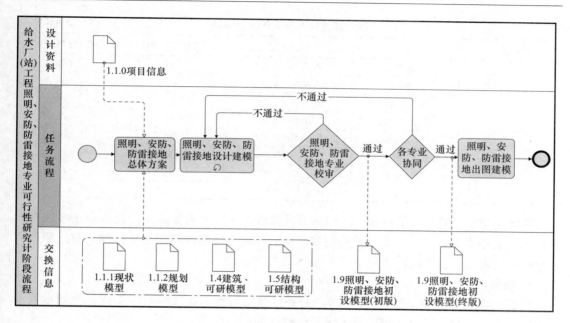

图 4-10　照明、安防、防雷接地专业可行性研究阶段 BIM 设计流程

4.3.3　可行性研究阶段主要设计资料

可行性研究阶段给水厂（站）工程设计资料（ID：1.1）由工艺专业进行收集和提供，主要设计资料由三部分组成，第一部分：工程概况、工程平面总图（工程勘察信息）；第二部分：上阶段各评审报告、环评报告等；周边水体水文资料、水位以及水质等；第三部分：地表地物及地下管线资料及物探报告、规划资料（红线）等。

1. 项目信息

项目信息（ID：1.1.0，见表 4-20）包括给水厂（站）工程项目基本信息、建设说明、技术标准等信息，项目信息不以模型实体的形式出现，是项目级的信息，供项目整体使用。

可行性研究阶段项目信息深度等级　　　　　　　　　　　　　表 4-20

类别	属性组	信息元素	信息深度等级
项目信息	工程项目基本信息	附录 A：表 A-1	N1
	建设说明	附录 A：表 A-2	N1
	技术标准	附录 A：表 A-3	N1

主要技术标准信息包括水厂设计规模，进出水水质、火灾危险等级、耐火等级、使用年限、抗震抗浮和用电负荷等。项目信息的具体信息元素根据可行性研究阶段所需要达到信息等级在附录 A 中查找取用。

2. 现状模型

现状模型（ID：1.1.1，见表 4-21）包括设计项目工程范围内及周边的现状场地地形、现状场地地质、现状地面基础设施。如现状建筑物、构筑物、道路、河道以及林木、农田等现状场地要素的信息。

可行性研究阶段现状模型信息   表 4-21

类别	模型单元	信息元素	信息深度等级	几何表达精度等级
现状模型	场地地形	附录 B：表 B-1	N1	G2
	场地地质	附录 B：表 B-2	N1	G1
	现状建筑物	附录 B：表 B-3	N1	G1
	现状构筑物	附录 B：表 B-4	N1	G1
	现状地面道路	附录 B：表 B-5	N1	G1
	现状河道（湖泊）	附录 B：表 B-10	N1	G1
	现状林木	附录 B：表 B-13	N1	G1
	现状农田	附录 B：表 B-14	N1	G1

现状模型单元的具体信息元素应根据可行性研究阶段所需要达到的信息深度等级在附录 B 相应表格中查找取用。现状模型的模型单元几何表达精度应根据可行性研究阶段所需达到的几何表达精度等级按照附录 T 中表 T-1 规定建模。

3. 规划模型

规划模型（ID：1.1.2，见表 4-22）主要包括规划地形、规划给水工程、规划水系及规划防汛工程等与工程设计相关及影响工程设计的要素信息。

规划模型单元的具体信息元素应根据可行性研究阶段所需要达到的信息等级在附录 C 相应表格中查找取用。规划模型中可视化几何表达精度应根据可行性研究阶段所需达到的几何表达精度等级按照附录 T 中表 T-2 规定建模。

可行性研究阶段规划模型信息   表 4-22

类别	模型单元	信息元素	信息深度等级	几何表达精度等级
规划模型	规划地形	附录 C：表 C-2	N1	G1
	规划给水工程	附录 C：表 C-7	N1	G2
	规划用地	附录 C：表 C-10	N1	G1
	规划水系	附录 C：表 C-11	N1	G1
	规划防汛工程	附录 C：表 C-12	N1	G1

4.3.4 可行性研究阶段设计信息

给水厂（站）工程可行性研究阶段模型由工艺模型（ID：1.2）、电气模型（ID：1.3）、建筑模型（ID：1.4）、结构模型（ID：1.5）、暖通模型（ID：1.6）、给水排水模型（ID：1.7）、道路模型（ID：1.8）及照明、防雷接地、安防模型（ID：1.9）组成，各构（建）筑物根据实际情况其专业配置稍有不同。

可行性研究阶段设计信息又分为设计参数信息和模型单元信息。

设计参数信息主要包含影响功能级模型单元（构筑物级）的尺寸及布局的设计参数，通过设计参数信息可以实现自动建模等应用。

模型单元信息主要包含构件级单元（设备构件）的几何表达精度以及信息深度，通过模型单元信息可以实现设备及构件自动选型等应用。

1. 设计参数信息

设计参数信息（ID：1.N.1，见表 4-23）主要包括可行性研究阶段厂区平面以及各构

（建）筑物所对应专业设计参数信息，设计参数信息可通过附录中对应表格查询其所需达到信息深度等级（Nx）。

可行性研究阶段设计参数信息深度等级　　　　　　　　表 4-23

类别	子类别	信息元素	信息深度
工艺设计参数 ID：1.2.1	厂区平面	附录 D：表 D-2	N1
	地表水取水泵房	附录 D：表 D-3	N1
	沉淀池（絮凝沉淀池）	附录 D：表 D-4	N1
	滤池（V 型滤池）	附录 D：表 D-5	N1
	臭氧接触池（后臭氧接触池）	附录 D：表 D-6	N1
	加药间（加氯加矾间）	附录 D：表 D-7	N1
	清水池	附录 D：表 D-8	N1
	送水泵房	附录 D：表 D-9	N1
电气设计参数 ID：1.3.1	厂区平面	附录 F：表 F-1	N1
	地表水取水泵房	附录 F：表 F-2	N1
	沉淀池（絮凝沉淀池）		N1
	滤池（V 型滤池）		N1
	臭氧接触池（后臭氧接触池）		N1
	加药间（加氯加矾间）		N1
	送水泵房		N1
建筑设计参数 ID：1.4.1	厂区平面	附录 H：表 H-1	N1
	地表水取水泵房	附录 H：表 H-2	N1
	沉淀池（絮凝沉淀池）	附录 H：表 H-3	N1
	滤池（V 型滤池）		N1
	臭氧接触池（后臭氧接触池）		N1
	加药间（加氯加矾间）	附录 H：表 H-2	N1
	送水泵房		N1
结构设计参数 ID：1.5.1	厂区平面	附录 J：表 J-1	N1
	地表水取水泵房	附录 J：表 J-3	N1
	沉淀池（絮凝沉淀池）		N1
	滤池（V 型滤池）		N1
	臭氧接触池（后臭氧接触池）		N1
	加药间（加氯加矾间）	附录 J：表 J-2	N1
	清水池	附录 J：表 J-3	N1
	送水泵房		N1
暖通设计参数 ID：1.6.1	地表水取水泵房	附录 L：表 L-1	N1
	加药间（加氯加矾间）		N1
	送水泵房		N1
给水排水设计参数 ID：1.7.1	厂区平面	附录 N：表 N-1	N1
	地表水取水泵房	附录 N：表 N-2	N1
	加药间（加氯加矾间）		N1
	送水泵房		N1
道路设计参数 ID：1.8.1	厂区平面	附录 P：表 P-1	N1

续表

类别	子类别	信息元素	信息深度
照明、安防、防雷接地设计参数 ID：1.9.1	厂区平面	附录 R：表 R-1	N1
	地表水取水泵房		N1
	沉淀池（絮凝沉淀池）		N1
	滤池（V 型滤池）		N1
	臭氧接触池（后臭氧接触池）		N1
	加药间（加氯加矾间）		N1
	清水池		N1
	送水泵房		N1

2. 模型单元信息

模型单元信息（ID：1.N.2，见表 4-24）主要包括可行性研究阶段厂区平面以及各构（建）筑物所对应专业的模型单元精细度，通过附录中对应表格查询其所需表达模型精细度（LODx）可以进一步得到相应模型单元的几何表达精度等级（Gx）以及信息深度等级（Nx），其中几何表达精度等级（Gx）可通过附录 T 表 T-3～表 T-9 按专业查询。

可行性研究阶段模型单元精细度等级　　　　表 4-24

类别	子类别	模型单元	模型精细度
工艺模型单元 ID：1.2.2	厂区平面	附录 E：表 E-3	LOD1.0
	地表水取水泵房	附录 E：表 E-4	LOD1.0
	沉淀池（絮凝沉淀池）	附录 E：表 E-5	LOD1.0
	滤池（V 型滤池）	附录 E：表 E-6	LOD1.0
	臭氧接触池（后臭氧接触池）	附录 E：表 E-7	LOD1.0
	加药间（加氯加矾间）	附录 E：表 E-8	LOD1.0
	清水池	附录 E：表 E-9	LOD1.0
	送水泵房	附录 E：表 E-10	LOD1.0
电气模型单元 D：1.3.2	厂区平面	附录 G：表 G-1	LOD1.0
	地表水取水泵房	附录 G：表 G-2	LOD1.0
	沉淀池（絮凝沉淀池）		LOD1.0
	滤池（V 型滤池）		LOD1.0
	臭氧接触池（后臭氧接触池）		LOD1.0
	加药间（加氯加矾间）		LOD1.0
	送水泵房		LOD1.0
建筑模型单元 ID：1.4.2	厂区平面	附录 I：表 I-1	LOD1.0
	地表水取水泵房	附录 I：表 I-2	LOD1.0
	沉淀池（絮凝沉淀池）	附录 I：表 I-3	LOD1.0
	滤池（V 型滤池）		LOD1.0
	臭氧接触池（后臭氧接触池）		LOD1.0
	加药间（加氯加矾间）	附录 I：表 I-2	LOD1.0
	送水泵房		LOD1.0

类别	子类别	模型单元	模型精细度
结构模型单元 ID：1.5.2	厂区平面	附录 K：表 K-3	LOD1.0
	地表水取水泵房	附录 K：表 K-4	LOD1.0
	沉淀池（絮凝沉淀池）	附录 K：表 K-5	LOD1.0
	滤池（V 型滤池）	附录 K：表 K-6	LOD1.0
	臭氧接触池（后臭氧接触池）	附录 K：表 K-7	LOD1.0
	加药间（加氯加矾间）	附录 K：表 K-8	LOD1.0
	清水池	附录 K：表 K-9	LOD1.0
	送水泵房	附录 K：表 K-10	LOD1.0
暖通模型单元 ID：1.6.2	地表水取水泵房	附录 M：表 M-1	LOD1.0
	加药间（加氯加矾间）		LOD1.0
	送水泵房		LOD1.0
给水排水模型单元 ID：1.7.2	厂区平面	附录 O：表 O-1	LOD1.0
	地表水取水泵房		LOD1.0
	加药间（加氯加矾间）	附录 O：表 O-2	LOD1.0
	送水泵房		LOD1.0
道路模型单元 ID：1.8.2	厂区平面	附录 Q：表 Q-1	LOD1.0
照明、安防、防雷接地模型单元 ID：1.9.2	厂区平面	附录 S：表 S-1	LOD1.0
	地表水取水泵房		LOD1.0
	沉淀池（絮凝沉淀池）		LOD1.0
	滤池（V 型滤池）		LOD1.0
	臭氧接触池（后臭氧接触池）		LOD1.0
	加药间（加氯加矾间）		LOD1.0
	清水池		LOD1.0
	送水泵房		LOD1.0

4.4 初步设计阶段交换信息

4.4.1 初步设计阶段设计原则

初步设计主要应明确工程规模、建设目的、投资效益、设计原则和标准，深化设计方案，确定拆迁、征地范围和数量。主要用于控制工程投资，满足编制施工图设计、招标及施工准备的要求。

初步设计主要应明确工程规模、建设目的、投资效益、设计原则和标准，深化设计方案，确定拆迁、征地范围和数量。主要用于控制工程投资，满足编制施工图设计、招标及施工准备要求。

（1）初步设计阶段给水厂（站）工程主要是对工程总体方案进行初步设计，根据现状供水概况以及上位规划确定工程规模，并划分近远期规模。

（2）确定中水回用规模，对水质、水压需求进行分析，对水源供水保证进行分析，明确工程占地以及征地拆迁数量。

（3）通过收集工程地质勘测报告等设计资料，对工程进行初步设计，工程初步设计分专业按流程进行设计。除工艺设计外，还应包括建筑设计、结构设计、供暖通风设计、供电设计、仪表及自动控制设计、劳动卫生设计和人员编制设计等。

4.4.2 初步设计阶段设计流程

1. 工艺专业

工艺专业初设模型（ID：2.2）主要表达工艺流程、厂平面及竖向设计、土方平衡、占地面积；同时对单体构筑物的设计参数、尺寸、主要设备选型及布置、药剂消耗进行设计。模型精细度 LOD2.0，模型单元几何表达精度 G2。

初步设计阶段工艺专业首先确定工艺总体设计，可通过土方平衡、竖向分析、构筑物设计、工艺校核以及厂平面分析等应用辅助进行设计。相关 BIM 应用见表 4-25。

初步设计阶段工艺专业 BIM 应用   表 4-25

功能/需求	BIM 应用	备注	信息来源
工艺流程	工艺校核	1. 根据确定工艺流程模型，提取进出水水质，水量等工艺设计参数（构件级）结合设计构筑物尺寸反算其负荷等参数，与规范及大数据进行评估校核； 2. 提取设计工艺模型信息进行仿真模拟，校核其出水水质是否达标	ID：1.2 ID：2.2 ID：2.5.2
厂平面及竖向	厂平面分析	提取设计好厂平布置模型信息，如构（建）筑物位置及尺寸，分析校核构（建）筑物间距是否满足规范要求	ID：2.2.2 ID：2.4.2 ID：2.5.2
	竖向分析	提取单体构筑物及厂平面工艺管线信息（ID：2.2.2），计算各单体构筑物以及连接工艺管水损，辅助竖向设计，同时也可分析出构筑物内部分加压设备（水泵）性能参数，辅助设备选型	ID：2.2.2
	土方平衡	提取设计厂平面信息以及工程地质勘测信息（ID：2.1.1）进行土方平衡过程进行分析，得到清表，填挖，夯实等土方平衡各步骤工程量	ID：2.2.2 ID：2.1.1
构筑物设计	构筑物设计	根据工艺，提取设计参数对构筑物以及构筑物主要设备进行分析计算，并建立初模，辅助设计师进行设计	ID：2.2.1
管线碰撞	碰撞分析	提取初模中管道及土建信息，进行碰撞分析，与建筑和结构专业进行协同碰撞分析分为两种：其一为管线与土建交叉碰撞未预留孔洞；其二为管线与土建平行布置但间距不满足规范或管线敷设间距	ID：2.2.2 ID：2.4.2 ID：2.5.2
工程量统计	工程量统计	提取模型中设备及材料信息，对其进行数量统计，生成工程量单	ID：2.2.2

工艺模型校审主要内容为工艺设计参数，构筑物分组布置，设备管线布置等。可通过工艺校核以及厂平面分析等应用对工艺设计进行分析校审。校审完毕后，将工艺模型（ID：2.2 初版）上传至协同共享平台，供电气、建筑、结构专业参照设计。

各专业初版模型设计完成后，通过碰撞分析进行专业协同。协同完毕，将模型（ID：2.2 终版）上传至协同共享平台，完成本阶段设计工作。工艺专业初步设计阶段 BIM 设计流程如图 4-11 所示。

2. 电气专业

电气专业初设模型（ID：2.3）主要表达电源资料、负荷计算、供配电系统、保护计量及设备选型，同时对自控系统、仪表系统及通信方式进行深化设计。模型精细度

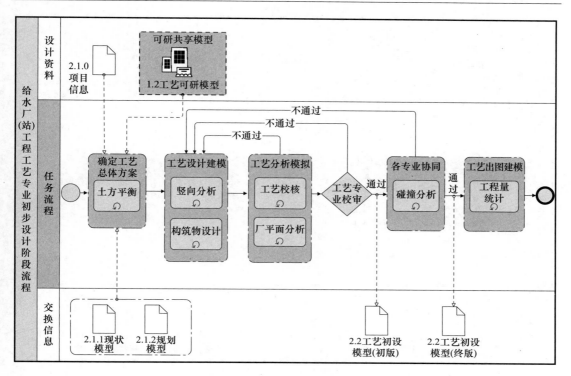

图 4-11 工艺专业初步设计阶段 BIM 设计流程

LOD2.0，模型单元几何表达精度 G2。

电气专业初步设计阶段方案设计主要内容为确定电源位置及电压等级、用电负荷、高低压配电系统、变压器容量及运行方式、控制仪表系统设计的原则和标准，控制系统结构及功能，系统软件、自控仪表的控制内容及功能描述、设备选型、厂区管线布置及弱电系统等。可通过变配电间布局、厂区管线布置以及自控设计等应用辅助进行设计。相关 BIM 应用见表 4-26。

初步设计阶段电气专业 BIM 应用 表 4-26

功能/需求	BIM 应用	备注	信息来源
电气设计	变配电间布局	提取工艺模型中用电设备信息，根据负荷性质及可靠性要求确定高低压配电系统、变压器容量及运行方式，确定变配电间平面布置	ID：2.2
	厂区管线布置	提取工艺模型中用电设备信息，通过厂区负荷分布确定变配电中心位置及厂区电气管沟走向	ID：2.2
	自控设计	提取工艺模型中水质监测仪表以及流量控制设备信息，通过对进出水水质要求分析及水处理工艺流程确定仪表的选择和设置位置，确定自控系统中仪表及设备的控制方式	ID：2.2

电气模型校审主要内容为厂区配电中心设置及厂区管线布置，配电间及控制室，配电系统及自控系统结构，厂内在线水质检测仪表设置，电气消防，节能和环保等。校审完毕后，将电气模型（ID：2.3 初版）上传至协同共享平台，供建筑、结构专业参照设计。

协同完毕，将模型（ID：2.3 终版）上传至协同共享平台，完成本阶段设计工作。电气专业初步设计阶段 BIM 设计流程如图 4-12 所示。

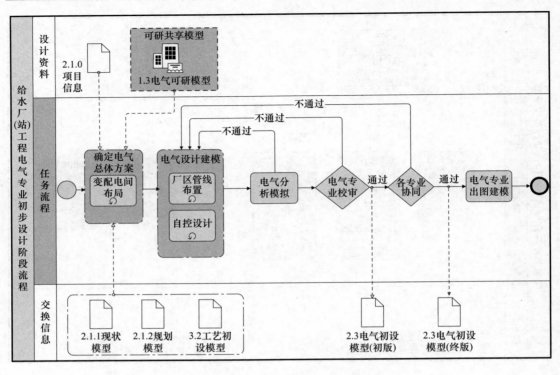

图 4-12　电气专业初步设计阶段 BIM 设计流程

3. 建筑专业

建筑专业初设模型（ID：2.4）主要表达建筑物及构筑物的建筑布局及设计。模型精细度 LOD2.0，模型单元几何表达精度 G2。可通过功能布局、无障碍设计、节能设计以及建筑模拟等应用辅助进行设计。相关 BIM 应用见表 4-27。

初步设计建筑专业阶段 BIM 应用　　　　　　　　　　　　　表 4-27

功能/需求	BIM 应用	备注	信息来源
建（构）筑物设计	功能布局	在工艺条件基础上，对建筑单体进行功能布局，设计建筑单体防火分区、主要出入口位置及交通流线组织	ID：2.2.2
	建筑模拟	对建筑主要构件进行深化，包括墙体构造、屋面做法、门窗造型、内部装修使用的主要建筑材料等，对建筑造型进行进一步完善	ID：2.4.2
	无障碍设计	对基地总体上、建筑单体内的各种无障碍设施进行无障碍设计	ID：2.4
	节能设计	提取建筑模型中构建信息，进行简要的建筑节能设计，对建筑体形系数、窗墙比、屋顶透光部分等主要参数进行确定，明确屋面、外墙、外窗等围护结构的热工性能及节能构造措施	ID：2.4

建筑模型校审主要内容为建筑物的功能布局、结构选型、防火设计、无障碍设计、节能等。校审完毕后，将建筑模型（ID：2.4 初版）上传至协同共享平台，供结构专业参照设计。

协同完毕，将模型（ID：2.4 终版）上传至协同共享平台，完成本阶段设计工作。建筑专业初步设计阶段 BIM 设计流程如图 4-13 所示。

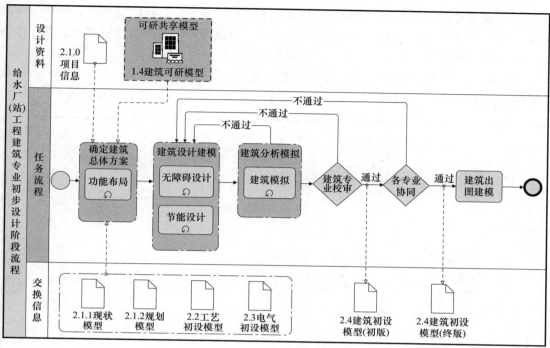

图 4-13　建筑专业初步设计阶段 BIM 设计流程

4. 结构专业

结构初设模型（ID：2.5）主要表达厂区边坡方案、支护方案、构筑物的设计等。模型精细度 LOD2.0，模型单元几何表达精度 G2。

结构专业初步设计阶段方案设计主要内容包括：收集并说明工程所在地的工程地质条件，确定抗震设防烈度，确定结构设计的其他特殊要求，如抗浮、防水、防爆、防震、防腐蚀措施等，主要结构形式，基础形式，建筑材料等。可通过基坑支护以及边坡挡墙、结构设计、结构分析等应用辅助进行设计。相关 BIM 应用见表 4-28。

初步设计阶段结构专业 BIM 应用　　　　　　　　　　　　　　　　表 4-28

功能/需求	BIM 应用	应用描述	信息来源
结构设计	结构设计	通过提取初步设计阶段工艺模型中设计参数，进行参数化驱动，自动生成结构详细模型，辅助设计师进行结构的初步设计工作	ID：2.2.1
结构分析	结构分析	提取已搭建结构模型以及风雪荷载、地下水位、冰冻深度、地震基本烈度、工程地质，对于复杂结构模型，在必要时可以对初设结构模型进行主体结构的有限元分析，检查结构体系的安全性和合理性	ID：2.2.5 ID：2.2.1
场地设计	基坑支护方案、边坡挡墙方案	1. 提取场地地质信息，以及结构模型信息，分析构筑物开挖面积及开挖深度，导入基坑设计软件进行主要支护结构的计算分析，辅助设计师确定基坑支护初步设计，并统计较详细的工程量； 2. 提取场地地质信息，分析场地开挖范围及开挖深度，辅助设计师确定初步的场地环境边坡支挡的初步设计方案，并统计较详细的工程量	ID：2.1.1 ID：2.5
碰撞协同	碰撞分析	提取工艺模型、电气模型以及建筑模型，与已搭建结构模型进行碰撞分析，碰撞分析分为两种：一是检查工艺电气穿墙管线是够预留孔洞，二是检查建筑门窗与结构墙、梁是否存在冲突	ID：2.2 ID：2.3 ID：2.4 ID：2.5

结构模型校审主要内容：结构布置体系的安全性、完整性及经济合理性；结构构件的截面尺寸；设计参数的选用；检查地基处理方案、边坡处理方案、基坑处理方案等。校审完毕后，将结构模型（ID：2.5 初版）上传至协同共享平台，供其他专业参照设计。

利用碰撞分析与其他专业进行协同，协同完毕，将结构模型（ID：2.5 终版）上传至协同共享平台，完成本阶段设计工作。结构专业初步设计阶段 BIM 设计流程如图 4-14 所示。

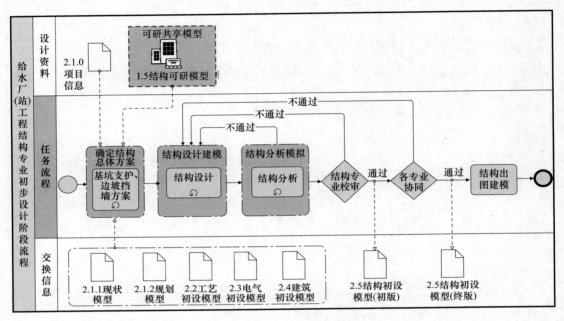

图 4-14　结构专业初步设计阶段 BIM 设计流程

5. 暖通专业

暖通专业初设模型（ID：2.6）主要表达冷热媒参数、通风设计参数、空调（风、水）系统设备配置形式等，对冷热源机房、供暖、通风、空调系统进行深化设计，进行通风分析模拟。模型精细度 LOD2.0，模型单元几何表达精度 G2。可通过空调冷热负荷分析、设备及管线参数分析、可视化建模以及 CFD 分析等应用辅助进行设计。相关 BIM 应用见表 4-29。

初步设计阶段暖通专业 BIM 应用 　　　　　　　　　　　　　　　表 4-29

功能/需求	BIM 应用	应用描述	信息来源
设计建模	空调冷热负荷分析	选用软件的负荷计算功能模块，提取现状信息以及暖通设计参数自动计算空调冷热负荷，使设备的选型及布置更加合理经济	ID：2.1.1 ID：2.6.1
	设备及管线参数设计	设定好设备及管线参数，通过软件进行模拟运行，能够显示各设备的运行状态以及流体在管道中的流速、阻力等，从而确定管径和设备选型	ID：2.6.1
	可视化建模	提取暖通设计参数，建立初设深度模型	ID：1.6 ID：2.6.1
通风分析模拟	CFD 分析	提取暖通模型，通过软件分析各层环路阻力的平衡性和排风均匀性是否满足规范要求，若不满足需调整系统布置形式或截面	ID：2.6
工程量统计	工程量统计	提取模型的设备、主要管道及附件等信息，生成工程量清单表	ID：2.6.2

暖通专业的审核内容包括：供暖、热源、通风、空调系统设备配置形式。校审完毕后，将暖通模型（ID：2.6 初版）上传至协同共享平台。

协同完毕，将暖通模型（ID：2.6 终版）上传至协同共享平台，完成本阶段设计工作。暖通专业初步设计阶段 BIM 设计流程如图 4-15 所示。

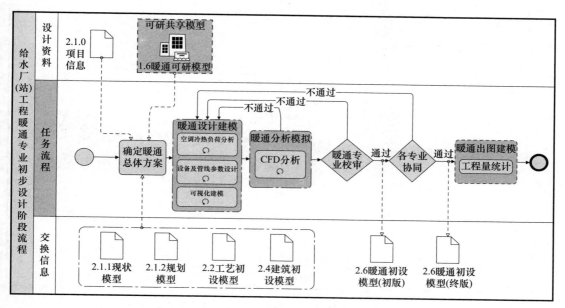

图 4-15　暖通专业初步设计阶段 BIM 设计流程

6. 给水排水专业

给水排水专业初设模型（ID：2.7）主要表达主要设备和干管设计、水力计算、消防设计等。模型精细度 LOD2.0，模型单元几何表达精度 G2。可通过可视化建模，流量、流速、水压分析以及火灾模拟等应用辅助进行设计。相关 BIM 应用见表 4-30。

初步设计阶段给水排水专业 BIM 应用

表 4-30

功能/需求	BIM 应用	应用描述	信息来源
设计建模	可视化建模	提取给水排水设计参数、气象信息、现状信息、设计参数，建立初设深度模型	ID：1.7 ID：2.1.0 ID：2.1.1 ID：2.7.1
水力计算	流量、流速 水压分析	将管线模型导入分析软件，通过用水/排水设备水量，根据计算书计算各管段流量，以规范校核各设计管段流速、水压	ID：1.7.2
消防校核	火灾模拟	将管线模型导入模拟软件，通过模拟室内室外某一点位火灾情况，检验设计消防水量水压及消防点位的布置是否满足要求	ID：1.7.2
工程量统计	工程量统计	提取初设模型中主要设备及材料信息，生成主要设备材料表	ID：1.7.2

给水排水专业初设阶段审核内容包括：消防系统选择、消防系统方案布置、供水系统、排水系统、各系统标准参数、各系统方案等。校审完毕后，将给水排水模型（ID：

2.7 初版）上传至协同共享平台。

协同完毕，将给水排水模型（ID：2.7 终版）上传至协同共享平台，完成本阶段设计工作。给水排水专业初步设计阶段 BIM 设计流程如图 4-16 所示。

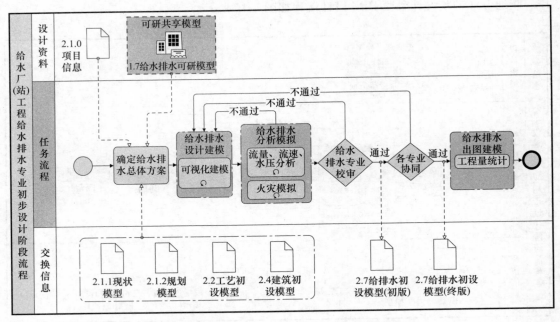

图 4-16 给水排水专业初步设计阶段 BIM 设计流程

7. 道路专业

道路专业初设模型（ID：2.8）主要表达道路平面、纵断设计及横断设计，准确的道路平曲线设计、交口设计、纵断曲线设计及交叉口纵断设计、横断面形式设计及材料的确定。模型精细度 LOD2.0，模型单元几何表达精度 G2。可通过平面规划、纵断规划、横断面设计、驾驶模拟等应用辅助进行方案设计。相关 BIM 应用见表 4-31。

初步设计阶段道路专业 BIM 应用 表 4-31

功能/需求	BIM 应用	应用描述	信息来源
道路设计	平面规划	提取规划道路信息，设计道路路线及平面图，包括道路变宽设计、渠化设计、转弯处超高加宽设计等	ID：1.1.2 ID：2.8.1
	纵断规划	根据场地地形对道路进行纵断设计，包括交叉口纵断设计	ID：1.1.1 ID：2.8.1
	横断面设计	确定各个道路横断面形式及应用材料	ID：2.8.1
虚拟漫游	驾驶模拟	生成简易三维模型，进行驾驶模拟，对道路线形、纵断设计及车道排布的舒适性和安全性进行二次检查，并结合场地状况对道路周边填方、挖方情况进行观测	ID：2.8.1 ID：1.1.1
工程量统计	工程量统计	提取道路模型，计算土方填挖量	ID：2.8.2

初步设计阶段对应的审核内容主要包括：道路总体设计，道路平纵横设计等。校审完毕后，将道路模型（ID：2.8 初版）上传至协同共享平台。

协同完毕，将道路模型（ID：2.8 终版）上传至协同共享平台，完成本阶段设计工作。道路专业初步设计阶段 BIM 设计流程如图 4-17 所示。

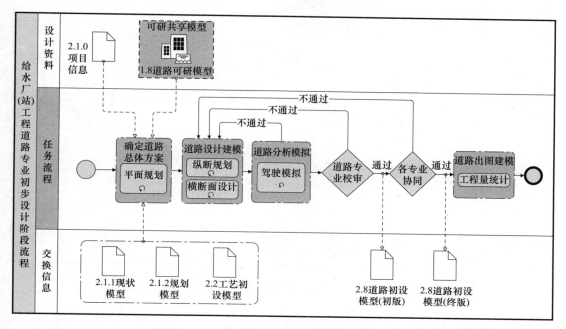

图 4-17 道路专业初步设计阶段 BIM 设计流程

8. 照明、安防、防雷接地专业

照明、安防、防雷接地专业初设模型（ID：2.9）主要表达照明灯具设置，建构筑物及设备的防雷、接地、防爆及等电位联结的形式，火灾报警、门禁、周界防范、广播等系统方案。模型精细度 LOD2.0，模型单元几何表达精度 G2。可通过灯具布置方案、方案比选等应用辅助进行方案设计，相关 BIM 应用见表 4-32。

初步设计阶段照明、安防、防雷接地专业 BIM 应用 表 4-32

功能/需求	BIM 应用	应用描述	信息来源
照明设计	灯具布置方案	提取现状信息，根据建筑物尺寸及用途确定照明灯具设置原则，各建筑物不同类型房间照明照度设计标准	ID：2.1.0 ID：2.1.1 ID：2.4
安防设计	方案比选	提取现状信息以及工艺设备信息通过工艺负荷等级分析及厂区模型布置情况，确定火灾报警、门禁、周界防范、广播等系统方案	ID：2.1 ID：2.2

照明、安防、防雷接地专业的审核内容包括：供电电源及供电方案；用电负荷特点和等级；变配电所的面积和主要电气设备布置；照明、安防、防雷系统安全、可靠、经济、合理、节能、环保等。校审完毕后，将照明、安防、防雷接地模型（ID：2.9 初版）上传至协同共享平台。

协同完毕，将照明、安防、防雷接地模型（ID：2.9 终版）上传至协同共享平台，完成本阶段设计工作。照明、安防、防雷接地专业初步设计阶段 BIM 设计流程如图 4-18 所示。

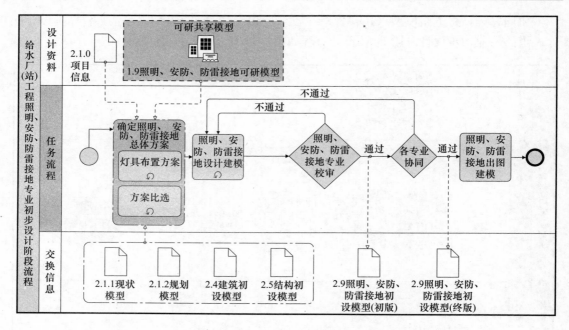

图 4-18　照明、安防、防雷接地专业初步设计阶段 BIM 设计流程

4.4.3　初步设计阶段主要设计资料

初步设计阶段主要设计资料（ID：2.1）与可行性研究阶段一样，由项目信息、现状模型、规划模型三部分组成。设计资料由工艺专业进行收集和提供。

1. 项目信息

项目信息（ID：2.1.0，见表 4-33）包含工程项目基本信息、建设说明和技术标准三个属性组，项目信息在信息模型中不以模型实体的形式出现，是项目级的信息，供项目整体使用。

技术标准包括水厂设计规模，进出水水质、火灾危险等级、耐火等级、使用年限、抗震抗浮和用电负荷等。项目信息的信息元素应根据初设所需要达到信息等级在附录 A 中查找取用。

初步设计阶段项目信息深度等级　　表 4-33

类别	属性组	信息元素	信息深度等级
项目信息	工程项目基本信息	附录 A：表 A-1	N2
	建设说明	附录 A：表 A-2	N2
	技术标准	附录 A：表 A-3	N2

2. 现状模型

初设现状模型（ID：2.1.1，见表 4-34），包含工程地质勘测等场地地形地质模型单元，其信息在信息模型中应储存于模型实体中。现状模型的信息元素应根据初设所需要达到信息等级在附录 B 相应表格中查找取用。现状模型中不同模型单元的几何表达精度应根据初设所需达到的几何表达精度等级在附录 T 中表 T-1 的规定建模。

初步设计阶段现状模型信息　　　　　　表 4-34

类别	模型单元	信息元素	信息深度等级	几何表达精度等级
现状模型	场地地形	附录 B：表 B-1	N2	G2
	场地地质	附录 B：表 B-2	N2	G2
	现状建筑物	附录 B：表 B-3	N2	G2
	现状构筑物	附录 B：表 B-4	N2	G2
	现状地面道路	附录 B：表 B-5	N2	G2
	现状河道（湖泊）	附录 B：表 B-10	N2	G2
	现状林木	附录 B：表 B-13	N2	G1
	现状农田	附录 B：表 B-14	N2	G1

3. 规划模型

初设规划模型（ID：2.1.2，见表 4-35），包含各相关规划模型单元，其信息在信息模型中应储存于模型实体中。规划模型的信息元素应根据初设所需要达到信息等级在附录 C 相应表格中查找取用。规划模型中不同模型单元的几何表达精度应根据初设所需达到的几何表达精度等级在附录 T 中表 T-2 的规定建模。

初步设计阶段规划模型信息　　　　　　表 4-35

类别	模型单元	信息元素	信息深度等级	几何表达精度等级
规划模型	规划地形	附录 C：表 C-2	N2	G2
	规划给水工程	附录 C：表 C-7	N2	G2
	规划用地	附录 C：表 C-10	N2	G1
	规划水系	附录 C：表 C-11	N2	G2
	规划防汛工程	附录 C：表 C-12	N2	G2

4.4.4　初步设计阶段设计信息

给水厂（站）初步设计阶段模型由工艺模型（ID：2.2）、电气模型（ID：2.3）、建筑模型（ID：2.4）、结构模型（ID：2.5）、暖通模型（ID：2.6）、给水排水模型（ID：2.7）、道路模型（ID：2.8）及照明、防雷接地、安防模型（ID：2.9）组成，各构（建）筑物根据实际情况专业配置稍有不同。

初步设计阶段设计信息分为设计参数信息和模型单元信息。

设计参数信息主要包含影响功能级模型单元（构筑物级）的尺寸及布局的设计参数，通过设计参数信息可以实现自动建模等应用。

模型单元信息主要包含构件级单元（设备构件）的几何表达精度以及信息深度，通过模型单元信息可以实现设备及构件自动选型等应用。

1. 设计参数信息

设计参数信息（ID：2.N.1，见表 4-36）主要包括初步设计阶段厂区平面以及各构（建）筑物所对应专业设计参数信息，设计参数信息可通过附录中对应表格查询其所需达到信息深度等级（Nx）。

初步设计阶段设计参数信息深度等级　　　　　　　　　　表 4-36

类别	子类别	信息元素	信息深度
工艺设计参数 ID：2.2.1	厂区平面	附录 D：表 D-2	N2
	地表水取水泵房	附录 D：表 D-3	N2
	沉淀池（絮凝沉淀池）	附录 D：表 D-4	N2
	滤池（V 型滤池）	附录 D：表 D-5	N2
	臭氧接触池（后臭氧接触池）	附录 D：表 D-6	N2
	加药间（加氯加矾间）	附录 D：表 D-7	N2
	清水池	附录 D：表 D-8	N2
	送水泵房	附录 D：表 D-9	N2
电气设计参数 ID：2.3.1	厂区平面	附录 F：表 F-1	N2
	地表水取水泵房	附录 F：表 F-2	N2
	沉淀池（絮凝沉淀池）		N2
	滤池（V 型滤池）		N2
	臭氧接触池（后臭氧接触池）		N2
	加药间（加氯加矾间）		N2
	送水泵房		N2
建筑设计参数 ID：2.4.1	厂区平面	附录 H：表 H-1	N2
	地表水取水泵房	附录 H：表 H-2	N2
	沉淀池（絮凝沉淀池）	附录 H：表 H-3	N2
	滤池（V 型滤池）		N2
	臭氧接触池（后臭氧接触池）		N2
	加药间（加氯加矾间）	附录 H：表 H-2	N2
	送水泵房		N2
结构设计参数 ID：2.5.1	厂区平面	附录 J：表 J-1	N2
	地表水取水泵房	附录 J：表 J-3	N2
	沉淀池（絮凝沉淀池）		N2
	滤池（V 型滤池）		N2
	臭氧接触池（后臭氧接触池）		N2
	加药间（加氯加矾间）	附录 J：表 J-2	N2
	清水池	附录 J：表 J-3	N2
	送水泵房		N2
暖通设计参数 ID：2.6.1	地表水取水泵房	附录 L：表 L-1	N2
	加药间（加氯加矾间）		N2
	送水泵房		N2
给水排水设计参数 ID：2.7.1	厂区平面	附录 N：表 N-1	N2
	地表水取水泵房	附录 N：表 N-2	N2
	加药间（加氯加矾间）		N2
	送水泵房		N2
道路设计参数 ID：2.8.1	厂区平面	附录 P：表 P-1	N2

续表

类别	子类别	信息元素	信息深度
照明、安防、防雷接地设计参数 ID：2.9.1	厂区平面	附录 R：表 R-1	N2
	地表水取水泵房		N2
	沉淀池（絮凝沉淀池）		N2
	滤池（V 型滤池）		N2
	臭氧接触池（后臭氧接触池）		N2
	加药间（加氯加矾间）		N2
	清水池		N2
	送水泵房		N2

2. 模型单元信息

模型单元信息（ID：2.N.2，见表 4-37）主要包括初步设计阶段厂区平面以及各构（建）筑物所对应专业的模型单元精细度，通过附录中对应表格查询其所需表达模型精细度（LODx）可以进一步得到相应的几何表达精度等级（Gx）以及信息深度等级（Nx），其中几何表达精度等级（Gx）可通过附录 T 表 T-3～表 T-9 按专业查询。

初步设计阶段模型单元精细度等级　　　　　　　　　　表 4-37

类别	子类别	模型单元	模型精细度
工艺模型单元 ID：2.2.2	厂区平面	附录 E：表 E-3	LOD2.0
	地表水取水泵房	附录 E：表 E-4	LOD2.0
	沉淀池（絮凝沉淀池）	附录 E：表 E-5	LOD2.0
	滤池（V 型滤池）	附录 E：表 E-6	LOD2.0
	臭氧接触池（后臭氧接触池）	附录 E：表 E-7	LOD2.0
	加药间（加氯加矾间）	附录 E：表 E-8	LOD2.0
	清水池	附录 E：表 E-9	LOD2.0
	送水泵房	附录 E：表 E-10	LOD2.0
电气模型单元 ID：2.3.2	厂区	附录 G：表 G-1	LOD2.0
	地表水取水泵房	附录 G：表 G-2	LOD2.0
	沉淀池（絮凝沉淀池）		LOD2.0
	滤池（V 型滤池）		LOD2.0
	臭氧接触池（后臭氧接触池）		LOD2.0
	加药间（加氯加矾间）		LOD2.0
	送水泵房		LOD2.0
建筑模型单元 ID：2.4.2	厂区	附录 I：表 I-1	LOD2.0
	地表水取水泵房	附录 I：表 I-2	LOD2.0
	沉淀池（絮凝沉淀池）		LOD2.0
	滤池（V 型滤池）	附录 I：表 I-3	LOD2.0
	臭氧接触池（后臭氧接触池）		LOD2.0
	加药间（加氯加矾间）	附录 I：表 I-2	LOD2.0
	送水泵房		LOD2.0

类别	子类别	模型单元	模型精细度
结构模型单元 ID：2.5.2	厂区平面	附录 K：表 K-3	LOD2.0
	地表水取水泵房	附录 K：表 K-4	LOD2.0
	沉淀池（絮凝沉淀池）	附录 K：表 K-5	LOD2.0
	滤池（Ⅴ型滤池）	附录 K：表 K-6	LOD2.0
	臭氧接触池（后臭氧接触池）	附录 K：表 K-7	LOD2.0
	加药间（加氯加矾间）	附录 K：表 K-8	LOD2.0
	清水池	附录 K：表 K-9	LOD2.0
	送水泵房	附录 K：表 K-10	LOD2.0
暖通模型单元 ID：2.6.2	地表水取水泵房	附录 M：表 M-1	LOD2.0
	加药间（加氯加矾间）		LOD2.0
	送水泵房		LOD2.0
给水排水模型单元 ID：2.7.2	厂区平面	附录 O：表 O-1	LOD2.0
	地表水取水泵房		LOD2.0
	加药间（加氯加矾间）	附录 O：表 O-2	LOD2.0
	送水泵房		LOD2.0
道路模型单元 ID：2.8.2	厂区平面	附录 Q：表 Q-1	LOD2.0
照明、安防、防雷接地模型单元 ID：2.9.2	厂区平面	附录 S：表 S-1	LOD2.0
	地表水取水泵房		LOD2.0
	沉淀池（絮凝沉淀池）		LOD2.0
	滤池（Ⅴ型滤池）		LOD2.0
	臭氧接触池（后臭氧接触池）		LOD2.0
	加药间（加氯加矾间）		LOD2.0
	清水池		LOD2.0
	送水泵房		LOD2.0

4.5　施工图阶段交换信息

4.5.1　施工图阶段设计原则

施工图设计应根据批准的初步设计进行编制，其设计文件应能满足施工招标、施工安装、材料设备订货、非标设备制作、加工及编制施工图预算的要求。

（1）施工图阶段给水厂（站）工程主要是对工程进行详细设计，对厂平面及单体构（建）筑物的位置尺寸进行精准确定。

（2）对构筑物中的设备及构件在初步设计阶段基础上进行深化，对于管线管沟尺寸和走向进行精确设计，对附属设施及设备亦进行具体设计。其深度应满足土建施工、设备与管道安装、构件加工、施工预算编制的要求。

（3）施工图设计分专业按流程进行设计。

4.5.2　施工图阶段设计流程

1. 工艺专业

工艺专业施工图模型（ID：3.2）主要表达单体构筑物的精准位置和尺寸，包含各功能分区的尺寸设计；同时对设备的布置和安装、运行、维修进行分析和设计，详细描述设备的具体性能参数、材质等信息；管道的尺寸、材质、走向、占位、连接进行精准设计，管道附件的衔接和搭配进行详细设计；工艺材料的尺寸、排列布置详细表达。模型精细度LOD3.0，模型单元几何表达精度 G3。

施工图阶段工艺专业设计，可通过设备模拟等应用辅助进行设计。相关 BIM 应用见表 4-38。

施工图阶段工艺专业 BIM 应用　　　　　　　　　　　　　　表 4-38

功能/需求	BIM 应用	备注	信息来源
构筑物设计	设备模拟	提取模型信息，对设备的进场、安装、维修进行方案模拟，看构筑物设计是否合理，预留检修孔洞以及净空是否满足要求	ID：1.2 ID：2.2.1 ID：2.5.2 ID：2.2
管线碰撞	碰撞分析	提取模型中管道及土建信息，进行碰撞分析，与建筑和结构专业进行协同。碰撞分析分为两种：其一为管线与土建交叉碰撞未预留孔洞；其二为管线与土建平行布置但间距不满足管线敷设间距	ID：2.2.2 ID：2.4.2 ID：2.5.2
	管线碰撞	提取模型中管道信息，进行碰撞分析，实现管道零碰撞。碰撞分析分为两种：其一为管线与管线交叉碰撞，需要设置弯头或调整走向避免碰撞；其二为管线与管线间距不满足规范或不满足施工要求	ID：2.2.2
工程量统计	工程量统计	提取工艺模型中设备、管道及附件、工艺材料信息，对其进行数量统计，生成工程量单	ID：2.2.2 ID：2.1.1
指导施工	虚拟漫游	1. 提取模型信息，生成三维可视化模型，进行虚拟漫游，施工单位可更加理解设计意图，指导施工及设备安装，减少失误； 2. 结合 VR 技术，施工过程中进行远程多方（施工、设计、业主、监理、审计等）协同沟通，提高施工过程中沟通效率，使设计变更或施工联系更加高效	ID：2.2.1

工艺模型校审主要内容为工艺设计参数，设备选型，设备管线布置，设备吊装孔洞预留。校审完毕后，将工艺模型（ID：3.2初版）上传至协同共享平台，供电气、建筑、结构专业参照设计。

各专业初版模型设计完成后，通过碰撞分析以及管线碰撞进行专业协同。协同完毕，将模型（ID：3.2终版）上传至协同共享平台，完成本阶段设计工作。工艺专业施工图阶段 BIM 设计流程如图 4-19 所示。

2. 电气专业

电气专业施工图模型（ID：3.3）主要表达电气及控制系统施工图纸，包括变配电系统图，控制原理图，设备平（剖）面布置图，管线走向图及设备材料表等。模型精细度LOD3.0，模型单元几何表达精度 G3。可通过电气设备及管线布置等应用辅助进行设计。相关 BIM 应用见表 4-39。

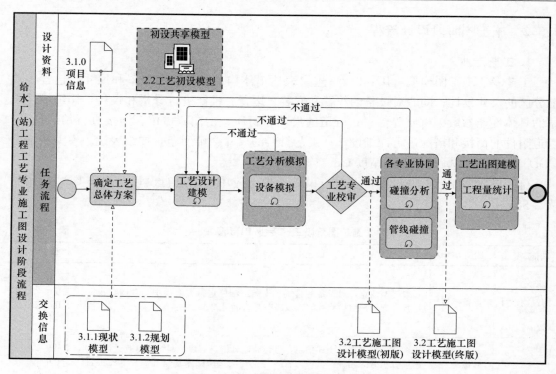

图 4-19　工艺专业施工图阶段 BIM 设计流程

施工图阶段电气专业 BIM 应用　　　　　　表 4-39

功能/需求	BIM 应用	备注	信息来源
电气设计	电气设备及管线布置	提取模型信息，对建筑物的构建、安装、维修进行方案模拟，看设计是否合理，预留检修孔洞以及净空是否满足要求，是否与结构梁柱有碰撞，是否满足各专业的设备需求	ID：3.3 ID：3.4 ID：3.5
管线碰撞	碰撞分析	提取模型中管道及土建信息，进行碰撞分析，与建筑和工艺专业进行协同。碰撞分析分为两种：其一为管线与土建交叉碰撞未预留孔洞；其二为管线与土建平行布置但间距不满足管线敷设间距	ID：3.2 ID：3.3 ID：3.4 ID：3.5
工程量统计	工程量统计	提取模型内部电气及控制系统设备、管线及支架等信息，生成电气工程设备表	ID：3.3
指导施工	虚拟漫游	1. 提取模型信息，生成三维可视化模型，进行虚拟漫游，施工单位可更加理解设计意图，指导施工及设备安装，减少失误； 2. 结合 VR 技术，施工过程中进行远程多方（施工、设计、业主、监理、审计等）协同沟通，提高施工过程中沟通效率，使设计变更或施工联系更加高效	ID：3.2 ID：3.3 ID：3.4 ID：3.5

　　电气模型校审主要内容为线路保护开关及电缆规格选择，管线走向及布置方式，电气设备布置等。校审完毕后，将电气模型（ID：3.3 初版）上传至协同共享平台，供建筑、结构专业参照设计。

　　通过碰撞分析进行专业协同。协同完毕，将模型（ID：3.3 终版）上传至协同共享平台，完成本阶段设计工作。电气专业施工图阶段 BIM 设计流程如图 4-20 所示。

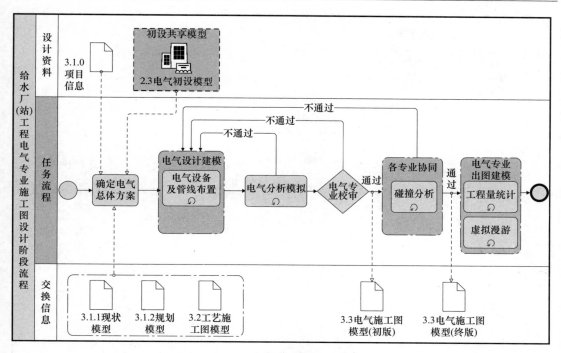

图 4-20　电气专业施工图阶段 BIM 设计流程

3. 建筑专业

建筑专业施工图模型（ID：3.3）主要表达单体建（构）筑物的精准位置和尺寸，包含各功能分区的尺寸设计；同时对建筑单体各构建构造做法进行明确，统计工程量，并指导施工。模型精细度 LOD3.0，模型单元几何表达精度 G3。可通过建筑模拟等应用辅助进行设计。相关 BIM 应用见表 4-40。

表 4-40

施工图阶段建筑专业 BIM 应用

功能/需求	BIM 应用	备注	信息来源
建（构）筑物设计	建筑模拟	1. 提取模型信息，对建筑物的构建、安装、维修进行方案模拟，看设计是否合理，预留检修孔洞以及净空是否满足要求，是否与结构梁柱有碰撞，是否满足各专业的设备需求； 2. 进一步完善建筑模型信息，包括建筑墙体构造做法、外部及内部装修、门窗型材等，完全模拟最后建筑实体	ID：3.4.2
工程量统计	工程量统计	提取模型内部门窗信息，生成门窗表	ID：3.4.2
指导施工	虚拟漫游	1. 提取模型信息，生成三维可视化模型，进行虚拟漫游，施工单位可更加理解设计意图，指导施工及设备安装，减少失误； 2. 结合 VR 技术，施工过程中进行远程多方（施工、设计、业主、监理、审计等）协同沟通，提高施工过程中沟通效率，使设计变更或施工联系更加高效	ID：3.2 ID：3.3 ID：3.4 ID：3.5

建筑模型校审主要内容为建（构）筑物的功能布局、门窗设置、装修做法等。校审完毕后，将建筑模型（ID：3.4 初版）上传至协同共享平台，供结构专业参照设计。

协同完毕，将模型（ID：3.4 终版）上传至协同共享平台，完成本阶段设计工作。建筑专业施工图阶段 BIM 设计流程如图 4-21 所示。

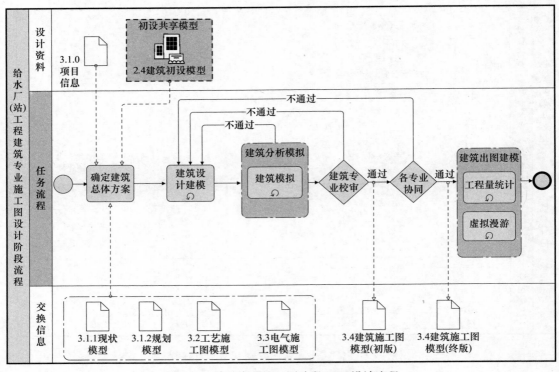

图 4-21　建筑专业施工图阶段 BIM 设计流程

4. 结构专业

结构施工图模型（ID：3.5）主要表达厂区边坡方案、支护方案、构筑物的设计等。模型精细度 LOD3.0，模型单元几何表达精度 G3。

结构专业施工图阶段设计主要内容包括：在结构初设模型（ID：2.5）的基础上进行细化，调整梁、柱、支撑结构等构件的截面尺寸，进行有限元分析，并完成配筋设计。可通过基坑支护以及边坡挡墙、结构配筋、结构分析等应用辅助进行设计。相关 BIM 应用见表 4-41。

施工图阶段结构专业 BIM 应用 表 4-41

功能/需求	BIM 应用	应用描述	信息来源
结构分析	结构分析	提取已搭建结构模型以及风雪荷载、地下水位、冰冻深度、地震基本烈度、工程地质，进行有限元分析，检查结构体系的安全性和合理性	ID：2.3.5 ID：2.3.1
	结构配筋	结构模型进行有限元分析后，提取有限元分析结果作为条件，根据规范要求进行自动配筋。根据结构计算的结果优化结构构件尺寸	ID：3.5
场地设计	基坑支护方案、边坡挡墙方案	1. 提取场地地质信息以及结构模型信息，分析构筑物开挖面积及开挖深度，导入基坑设计软件进行支护结构的计算分析，辅助设计师确定基坑支护施工图设计，并统计较详细的工程量； 2. 提取场地地质信息，分析场地开挖范围及开挖深度，将相关条件数据导入边坡挡墙设计软件进行分析，根据分析结果，辅助设计师确定场地环境边坡支挡的施工图设计，并统计较详细的工程量	ID：3.1.1 ID：3.5
碰撞协同	碰撞分析	提取工艺模型、电气模型以及建筑模型，与已搭建结构模型进行碰撞分析，碰撞分析分为两种：一是检查工艺电气穿墙管线是否预留孔洞，二是检查建筑门窗与结构墙、梁是否存在冲突	ID：3.2 ID：3.3 ID：3.4 ID：3.5

结构模型校审主要内容：结构布置体系，结构构件的截面尺寸，边坡挡墙、基坑支护等。校审完毕后，将结构模型（ID：3.5初版）上传至协同共享平台，供其他专业参照设计。

利用碰撞分析与其他专业进行协同，协同完毕，将结构模型（ID：3.5终版）上传至协同共享平台，完成本阶段设计工作。结构施工图阶段BIM设计流程如图4-22所示。

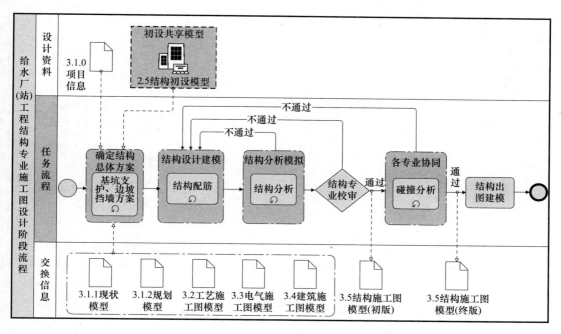

图4-22 结构专业施工图阶段BIM设计流程

5. 暖通专业

暖通专业施工图模型（ID：3.6）主要表达设备及管线布置，系统工艺流程图，管线系统图及设备材料表等。模型精细度LOD3.0，模型单元几何表达精度G3。可通过设备及管线参数设计、可视化建模以及CFD分析等应用辅助进行设计。相关BIM应用见表4-42。

施工图阶段暖通专业BIM应用 表4-42

功能/需求	BIM应用	备注	信息来源
设计建模	设备及管线参数设计	设定好设备及管线参数，通过软件进行模拟运行，优化管线路由，保证系统正常运行	ID：3.6.1
	可视化建模	提取初步设计暖通模型及设计参数，建立施工图深度模型	ID：2.6 ID：3.6.1
通风分析模拟	CFD分析	提取暖通模型，通过软件分析各层环路阻力的平衡性和排风均匀性是否满足规范要求，若不满足需调整系统布置形式或截面	ID：3.6
出图	管道轴测图	以管道轴测图取代以往的管道系统图，更直观地表达出管道的位置及走向	ID：3.6.2
工程量统计	工程量统计	提取模型的设备、管道及附件等信息，生成工程量清单表	ID：3.6.2

暖通专业的审核内容包括：供暖、热源、通风、空调系统设备配置、布置，节能、环保。校审完毕后，将暖通模型（ID：3.6 初版）上传至协同共享平台。

协同完毕，将暖通模型（ID：3.6 终版）上传至协同共享平台，完成本阶段设计工作。暖通专业施工图阶段 BIM 设计流程如图 4-23 所示。

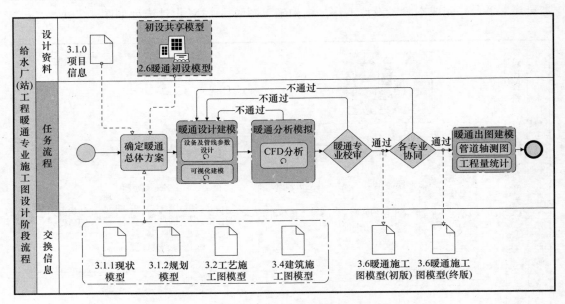

图 4-23　暖通专业施工图阶段 BIM 设计流程

6. 给水排水专业

给水排水专业施工图模型（ID：3.7）主要表达主要设备和干管设计、水力计算、消防设计等。模型精细度 LOD3.0，模型单元几何表达精度 G3。可通过可视化建模，流量、流速、水压分析以及火灾模拟等应用辅助进行设计。相关 BIM 应用见表 4-43。

施工图阶段给水排水专业 BIM 应用　　　　　　　　　　　　　表 4-43

功能/需求	BIM 应用	应用描述	信息来源
设计建模	可视化建模	提取给水排水模型、气象信息、现状信息、设计参数，建立施工图深度模型	ID：2.7 ID：3.1.0 ID：3.1.1 ID：3.7.1
水力计算	流量、流速、水压分析	将模型导入分析软件，通过用水/排水设备水量，根据计算书计算各管段流量，以规范校核各设计管段流速、水压	ID：3.7.2
消防校核	火灾模拟	将给水排水模型导入模拟软件，通过模拟室内室外某一点位火灾情况，检验设计消防水量水压及消防点位的布置是否满足要求	ID：3.7.2
出图	轴测系统图	将给水排水模型存为 3D 文档，添加标注，作为施工图系统图使用	ID：3.7.2
工程量统计	工程量统计	提取初设模型中所有设备及材料信息，生成施工图深度设备材料表	ID：3.7.2

给水排水专业施工图阶段审核内容包括：消防系统选择、消防系统方案布置、供水系统、排水系统、各系统标准参数、各系统方案等。校审完毕后，将给水排水模型（ID：3.7 初版）上传至协同共享平台。

协同完毕，将给水排水模型（ID：3.7终版）上传至协同共享平台，完成本阶段设计工作。给水排水专业施工图阶段 BIM 设计流程如图 4-24 所示。

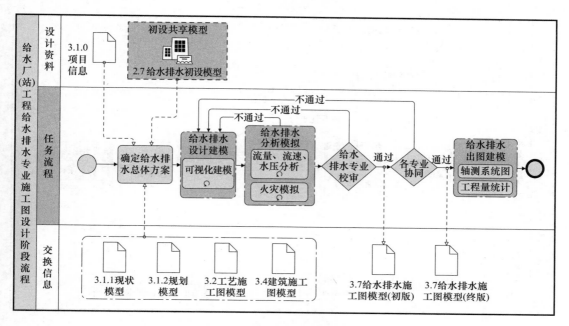

图 4-24　给水排水专业施工图阶段 BIM 设计流程

7. 道路专业

道路专业施工图模型（ID：3.6）主要表达道路平面、纵断设计及横断设计，准确的道路平曲线设计、交口设计、纵断曲线设计及交叉口纵断设计、横断面形式设计及材料的确定。模型精细度 LOD3.0，模型单元几何表达精度 G3。可通过道路模型、交通规划、虚拟漫游等应用辅助进行方案设计。相关 BIM 应用见表 4-44。

施工图阶段道路专业 BIM 应用　表 4-44

功能/需求	BIM 应用	应用描述	信息来源
道路线性规划	道路模型	提取道路模型信息，对道路附属设施（隔离带、防护栏、防撞桩、绿化带、消防栓、路灯等）进行布设	ID：3.8.1
	交通规划	对道路标志标线及标志牌等进行布设	ID：3.8.1
指导施工	虚拟漫游	1. 提取道路模型信息，生成三维可视化模型，进行虚拟漫游，驾驶模拟，施工单位可更加理解设计意图，指导施工及设备安装，减少失误； 2. 结合 VR 技术，施工过程中进行远程多方（施工、设计、业主、监理、审计等）协同沟通，提高施工过程中沟通效率，使设计变更或施工联系更加高效	ID：3.8
工程量统计	工程量统计	提取道路模型内信息，计算附属设施构件种类、个数、所用材料工程量	ID：3.8.2

道路专业施工图阶段的审核内容主要包括：道路总体设计，道路平纵横设计等。校审完毕后，将道路模型（ID：3.8初版）上传至协同共享平台。

协同完毕，将道路模型（ID：3.8 终版）上传至协同共享平台，完成本阶段设计工作。道路专业施工图阶段 BIM 设计流程如图 4-25 所示。

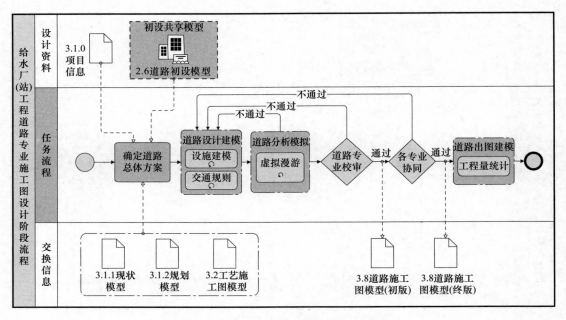

图 4-25　道路专业施工图阶段 BIM 设计流程

8. 照明、安防、防雷接地专业

照明、安防、防雷接地专业专业施工图模型（ID：3.9）主要表达各建筑物的照明灯具及照明管缆布置；厂区及各构筑物照明灯具、管缆布置；防雷接地；安防布置及设备材料表等。模型精细度 LOD3.0，模型单元几何表达精度 G3。可通过灯具及照明管线布置等应用辅助进行方案设计，相关 BIM 应用见表 4-45。

施工图阶段照明、安防、防雷接地专业专业 BIM 应用　　　　　　表 4-45

功能/需求	BIM 应用	备注	信息来源
照明设计	灯具及照明管线布置	提取模型信息，根据建筑物尺寸及用途确定照明灯具形式及布置，根据建筑物不同类型房间照明照度设计标准，计算出灯具功率。根据建筑物模型及配电柜位置确定照明管线走向	ID：3.4 ID：3.9
工程量统计	工程量统计	提取模型内部照明灯具及管线、防雷接地布置、安防系统布置等信息，生成各专业工程设备表	ID：3.9.2
指导施工	虚拟漫游	1. 提取模型信息，生成三维可视化模型，进行虚拟漫游，施工单位可更加理解设计意图，指导施工及设备安装，减少失误； 2. 结合 VR 技术，施工过程中进行远程多方（施工、设计、业主、监理、审计等）协同沟通，提高施工过程中沟通效率，使设计变更或施工联系更加高效	ID：3.9

照明、安防、防雷接地专业的审核内容包括：建构筑物供配电、照明的功能需求；电缆敷设和材料的选择等。校审完毕后，将照明、安防、防雷接地模型（ID：3.9 初版）上传至协同共享平台。

协同完毕，将照明、安防、防雷接地模型（ID：3.9终版）上传至协同共享平台，完成本阶段设计工作。照明、安防、防雷接地专业施工图阶段 BIM 设计流程如图 4-26 所示。

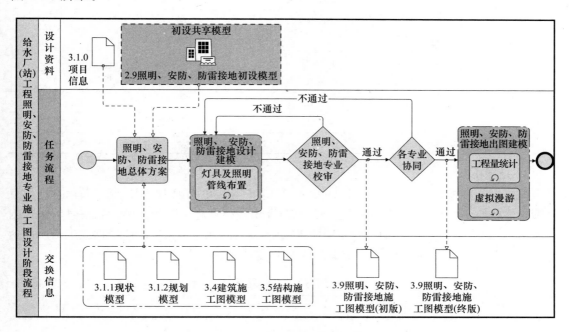

图 4-26　照明、安防、防雷接地专业施工图阶段 BIM 设计流程

4.5.3　施工图阶段主要设计资料

施工图阶段主要设计资料（ID：3.1）与可行性研究阶段和初设阶段一样，由项目信息、现状模型、规划模型三部分组成。

1. 项目信息

项目信息（ID：3.1.0，见表 4-46）包含工程项目基本信息、建设说明和技术标准三个属性组，项目信息在信息模型中不以模型实体的形式出现，是项目级的信息，供项目整体使用。项目信息的信息元素应根据施工图所需要达到信息等级在附录 A 中查找取用。

施工图阶段项目级信息深度等级　　　　　　　　　　表 4-46

类别	属性组	信息元素	信息深度等级
项目信息	工程项目基本信息	附录 A；表 A-1	N3
	建设说明	附录 A；表 A-2	N3
	技术标准	附录 A；表 A-3	N3

2. 现状模型

施工图现状模型（ID：3.1.1，见表 4-47），包含工程地质详细勘测等场地地形地质模型单元，其信息在信息模型中应储存于模型实体中。现状模型的信息元素应根据施工图所需要达到信息等级在附录 B 相应表格中查找取用。现状模型中不同模型单元的几何表达精度应根据施工图所需达到的几何表达精度等级在附录 T 中表 T-1 的规定建模。

施工图阶段现状模型信息　　　　　　　　　　　表 4-47

类别	模型单元	信息元素	信息深度等级	几何表达精度等级
现状模型	场地地形	附录 B：表 B-1	N3	G3
	场地地质	附录 B：表 B-2	N3	G3
	现状建筑物	附录 B：表 B-3	N3	G2
	现状构筑物	附录 B：表 B-4	N3	G2
	现状地面道路	附录 B：表 B-5	N3	G2
	现状河道（湖泊）	附录 B：表 B-10	N3	G2
	现状林木	附录 B：表 B-13	N3	G1
	现状农田	附录 B：表 B-14	N3	G1

3. 规划模型

施工图规划模型（ID：3.1.2，见表 4-48），包含各相关规划模型单元，其信息在信息模型中应储存于模型实体中。规划模型的信息元素应根据施工图所需要达到信息等级在附录 C 相应表格中查找取用。规划模型中不同模型单元的几何表达精度应根据施工图所需达到的几何表达精度等级在附录 M 中表 M-2 的规定建模。

施工图阶段规划模型信息　　　　　　　　　　　表 4-48

类别	模型三元	信息元素	信息深度等级	几何表达精度等级
规划模型	规划地形	附录 C：表 C-2	N3	G3
	规划给水工程	附录 C：表 C-7	N3	G3
	规划用地	附录 C：表 C-10	N3	G1
	规划水系	附录 C：表 C-11	N3	G2
	规划防汛工程	附录 C：表 C-12	N3	G2

4.5.4　施工图阶段设计信息

给水厂（站）施工图阶段模型由工艺模型（ID：3.2）、电气模型（ID：3.3）、建筑模型（ID：3.4）、结构模型（ID：3.5）、暖通模型（ID：3.6）、给水排水模型（ID：3.7）、道路模型（ID：3.8）及照明、防雷接地、安防模型（ID：3.9）组成，各构（建）筑物根据实际情况其专业配置稍有不同。

施工图阶段设计信息分为设计参数信息和模型单元信息。

设计参数主要包含影响功能级模型单元（构筑物级）的尺寸及布局的设计参数，通过设计参数信息可以实现自动建模等应用。

模型单元信息主要包含构件级单元（设备构件）的几何表达精度以及信息深度，通过模型单元信息可以实现设备及构件自动选型等应用。

1. 设计参数信息

设计参数信息（ID：3.N.1，见表 4-49）主要包括初步设计阶段厂区平面以及各构（建）筑物所对应专业设计参数信息，设计参数信息可通过附录中对应表格查询其所需达到信息深度等级（Nx）。

施工图阶段设计参数信息深度等级 表 4-49

类别	子类别	信息单元	信息深度
工艺设计参数 ID：3.2.1	厂区平面	附录 D：表 D-2	N3
	地表水取水泵房	附录 D：表 D-3	N3
	沉淀池（絮凝沉淀池）	附录 D：表 D-4	N3
	滤池（V 型滤池）	附录 D：表 D-5	N3
	臭氧接触池（后臭氧接触池）	附录 D：表 D-6	N3
	加药间（加氯加矾间）	附录 D：表 D-7	N3
	清水池	附录 D：表 D-8	N3
	送水泵房	附录 D：表 D-9	N3
电气设计参数 ID：3.3.1	厂区	附录 F：表 F-1	N3
	地表水取水泵房	附录 F：表 F-2	N3
	沉淀池（絮凝沉淀池）		N3
	滤池（V 型滤池）		N3
	臭氧接触池（后臭氧接触池）		N3
	加药间（加氯加矾间）		N3
	送水泵房		N3
建筑设计参数 ID：3.4.1	厂区	附录 H：表 H-1	N3
	地表水取水泵房	附录 H：表 H-2	N3
	沉淀池（絮凝沉淀池）	附录 H：表 H-3	N3
	滤池（V 型滤池）		N3
	臭氧接触池（后臭氧接触池）		N3
	加药间（加氯加矾间）	附录 H：表 H-2	N3
	送水泵房		N3
结构设计参数 ID：3.5.1	厂区平面	附录 J：表 J-1	N3
	地表水取水泵房	附录 J：表 J-3	N3
	沉淀池（絮凝沉淀池）		N3
	滤池（V 型滤池）		N3
	臭氧接触池（后臭氧接触池）		N3
	加药间（加氯加矾间）	附录 J：表 J-2	N3
	清水池	附录 J：表 J-3	N3
	送水泵房		N3
暖通设计参数 ID：3.6.1	地表水取水泵房	附录 L：表 L-1	N3
	加药间（加氯加矾间）		N3
	送水泵房		N3
给水排水设计参数 ID：3.7.1	厂区平面	附录 N：表 N-1	N3
	地表水取水泵房	附录 N：表 N-2	N3
	加药间（加氯加矾间）		N3
	送水泵房		N3

类别	子类别	信息单元	信息深度
道路设计参数 ID：3.8.1	厂区平面	附录 P：表 P-1	N3
照明、安防、防雷接地设计参数 ID：3.9.1	厂区平面	附录 R：表 R-1	N3
	地表水取水泵房		N3
	沉淀池（絮凝沉淀池）		N3
	滤池（V 型滤池）		N3
	臭氧接触池（后臭氧接触池）		N3
	加药间（加氯加矾间）		N3
	清水池		N3
	送水泵房		N3

2. 模型单元信息

模型单元信息（ID：3.N.2，见表 4-50）主要包括施工图阶段厂区平面以及各构（建）筑物所对应专业的模型单元精细度，通过附录中对应表格查询其所需达模型精细度（LODx）可以进一步得到相应的几何表达精度等级（Gx）以及信息深度等级（Nx），其中几何表达精度等级（Gx）可通过附录 T 表 T-3～表 T-9 按专业查询。

施工图阶段模型单元精细度等级　　　　　　　　　　　表 4-50

类别	子类别	模型单元	模型精细度
工艺模型单元 ID：3.2.2	厂区平面	附录 E：表 E-3	LOD3.0
	地表水取水泵房	附录 E：表 E-4	LOD3.0
	沉淀池（絮凝沉淀池）	附录 E：表 E-5	LOD3.0
	滤池（V 型滤池）	附录 E：表 E-6	LOD3.0
	臭氧接触池（后臭氧接触池）	附录 E：表 E-7	LOD3.0
	加药间（加氯加矾间）	附录 E：表 E-8	LOD3.0
	清水池	附录 E：表 E-9	LOD3.0
	送水泵房	附录 E：表 E-10	LOD3.0
电气模型单元 ID：3.3.2	厂区	附录 G：表 G-1	LOD3.0
	地表水取水泵房	附录 G：表 G-2	LOD3.0
	沉淀池（絮凝沉淀池）		LOD3.0
	滤池（V 型滤池）		LOD3.0
	臭氧接触池（后臭氧接触池）		LOD3.0
	加药间（加氯加矾间）		LOD3.0
	送水泵房		LOD3.0
建筑模型单元 ID：3.4.2	厂区	附录 I：表 I-1	LOD3.0
	地表水取水泵房	附录 I：表 I-2	LOD3.0
	沉淀池（絮凝沉淀池）	附录 I：表 I-3	LOD3.0
	滤池（V 型滤池）		LOD3.0
	臭氧接触池（后臭氧接触池）		LOD3.0
	加药间（加氯加矾间）	附录 I：表 I-2	LOD3.0
	送水泵房		LOD3.0

续表

类别	子类别	模型单元	模型精细度
结构模型单元 ID：3.5.2	厂区平面	附录K：表K-3	LOD3.0
	地表水取水泵房	附录K：表K-4	LOD3.0
	沉淀池（絮凝沉淀池）	附录K：表K-5	LOD3.0
	滤池（V型滤池）	附录K：表K-6	LOD3.0
	臭氧接触池（后臭氧接触池）	附录K：表K-7	LOD3.0
	加药间（加氯加矾间）	附录K：表K-8	LOD3.0
	清水池	附录K：表K-9	LOD3.0
	送水泵房	附录K：表K-10	LOD3.0
暖通模型单元 ID：3.6.2	地表水取水泵房	附录M：表M-1	LOD3.0
	加药间（加氯加矾间）		LOD3.0
	送水泵房		LOD3.0
给水排水模型单元 ID：3.7.2	厂区平面	附录O：表O-1	LOD3.0
	地表水取水泵房	附录O：表O-2	LOD3.0
	加药间（加氯加矾间）		LOD3.0
	送水泵房		LOD3.0
道路模型单元 ID：3.8.2	厂区平面	附录Q：表Q-1	LOD3.0
照明、安防、防雷 接地模型单元 ID：3.9.2	厂区平面	附录S：表S-1	LOD3.0
	地表水取水泵房		LOD3.0
	沉淀池（絮凝沉淀池）		LOD3.0
	滤池（V型滤池）		LOD3.0
	臭氧接触池（后臭氧接触池）		LOD3.0
	加药间（加氯加矾间）		LOD3.0
	清水池		LOD3.0
	送水泵房		LOD3.0

4.6 BIM 应用信息交换模板

为了方便、准确提供 BIM 应用信息，采用 BIM 应用信息交换模板方式提取相关信息，交换模板确定了 BIM 在应用过程中所需要的全部信息，为不同参与方利用信息交换提供一致、准确、完整信息环境。

4.6.1 施工图阶段工艺专业主要设备工程量统计

施工图阶段工程量统计，是常见的 BIM 应用之一，给水厂（站）项目中，设备种类多样，数量庞大，往往占据工程投资较大比重，传统工程量统计是在二维图纸中人工或利用辅助插件进行统计，人为因素干扰较大，统计数量精准度难以控制，利用 BIM 技术直接提取已校核模型中设备信息，可以快速准确的得到工程量单。

进行工程量统计应用时，工艺专业主要设备需要提取信息见表 4-51。

施工图阶段工艺专业主要设备工程量表统计信息交换模板   表 4-51

设备构件	信息交换模板	应用
管道及附件	表 4-52	工程量统计
阀门	表 4-53	工程量统计
水泵	表 4-54	工程量统计

施工图设计阶段工艺专业管道及附件工程量统计元素信息交换模板   表 4-52

模型单元	几何精度	信息字段	参数类型	单位/描述	信息来源
管道、附件（三通、四通、接头、弯头、法兰、套管）	G3	名称	文字	—	ID：3.2
		编号	数值	—	
		公称直径	数值	mm	
		管壁厚度	数值	mm	
		材质	文字	文字	
		压力等级	数值	MPa	
		数值	数值	m	

施工图设计阶段工艺专业阀门工程量统计元素信息交换模板   表 4-53

模型单元	几何精度	信息字段	参数类型	单位/描述	信息来源
阀门（止回阀、蝶阀、闸阀、排泥阀、呼吸阀、球阀、套筒阀、刀闸阀）	G3	名称	文字	—	ID：3.2
		编号	数值	—	
		扬程	高度	m	
		功率	功率	kW	
		流量	流量	m³/h	
		压力等级	压强	MPa	
		材质	文字	文字	
		重量	质量	kg	
		数量	数值	个	

施工图设计阶段工艺专业水泵工程量统计元素信息交换模板   表 4-54

模型单元	几何精度	信息字段	参数类型	单位/描述	信息来源
泵（清水泵、潜水轴流泵、潜污泵、提砂泵、污泥泵、加药泵）	G3	名称	文字	—	ID：3.2
		编号	数值	—	
		扬程	高度	m	
		功率	功率	kW	
		流量	流量	m³/h	
		压力等级	压强	MPa	
		材质	文字	文字	
		重量	质量	kg	
		数量	数值	个	

4.6.2 初步设计阶段可视化展示

传统初步设计阶段，各专业均进行设计出图，设计理念基本通过二维图纸表达，专业与专业之间的设计理念无法精准传递，导致传统二维设计中经常出现各专业间配合出现纰漏，影响设计质量以及设计效率。利用 BIM 三维可视化技术，可以将各专业设计理念进行三维协同，通过可视化展示各专业可更直观、更清晰地了解其他专业的设计意图，提高工作质量以及工作效率。

初步设计阶段进行可视化展示应用时，各类设备构件应提取信息见表 4-55。

初步设计阶段构件可视化信息交换模板　　　　　　表 4-55

设备及构件	信息交换模板	应用
管道及附件	表 4-56	可视化展示
阀门	表 4-57	可视化展示
水泵	表 4-58	可视化展示
土建通用构件	表 4-59	可视化展示

初步设计阶段工艺专业管道及附件可视化应用元素信息交换模板　　　　表 4-56

模型单元	几何精度	信息字段	参数类型	单位/描述	信息来源
管道、附件（三通、四通、接头、弯头、法兰、套管）	G2	名称	文字	—	ID：2.2
		编号	数值	—	
		构筑物	数值	—	
		位置	三维坐标	X，Y，Z	
		公称直径	长度	mm	
		管线走向	三维坐标组	—	
		管壁厚度	厚度	mm	
		保温层厚度	厚度	mm	
		材质	文字	不锈钢/碳钢/PE	
		专业	文字	工艺/给排水/暖通	
		系统	文字	—	
		子系统	文字	—	

初步设计阶段工艺专业阀门可视化应用元素信息交换模板　　　　表 4-57

模型单元	几何精度	信息字段	参数类型	单位/描述	信息来源
阀门（止回阀、蝶阀、闸阀、排泥阀、呼吸阀、球阀、套筒阀、刀闸阀）	G2	名称	文字	—	ID：2.2
		编号	数值	—	
		构筑物	文字	—	
		位置	三维坐标	X，Y，Z	
		几何信息	长度	mm	
		公称直径	长度	mm	
		材质	文字	不锈钢/碳钢/PE	
		专业	文字	工艺/给排水/暖通	
		系统	文字	—	
		子系统	文字	—	

初步设计阶段工艺专业水泵可视化应用元素信息交换模板　　表 4-58

模型单元	几何精度	信息字段	参数类型	单位/描述	信息来源
泵（清水泵、潜水轴流泵、潜污泵、提砂泵、污泥泵、加药泵）	G2	名称	文字	—	ID：2.2
		编号	数值	—	
		构筑物	文字	—	
		位置	三维坐标	$X,\ Y,\ Z$	
		几何信息	长度	mm	
		材质	文字	不锈钢/碳钢	
		专业	文字	工艺/给排水/暖通	
		系统	文字	—	
		子系统	文字	—	

初步设计阶段土建通用构件可视化应用元素信息交换模板　　表 4-59

模型单元	几何精度	信息字段	参数类型	单位/描述	信息来源
土建通用构件（梁、板、柱、墙、门、窗、楼梯）	G2	名称	文字	—	ID：2.4 ID：2.5
		编号	数值	—	
		构筑物	文字	—	
		位置	三维坐标	$X,\ Y,\ Z$	
		几何信息	长度	mm	
		建筑材料	文字	砖/混凝土/合金	
		防腐蚀层做法	文字	—	
		专业	文字	工艺/给排水/暖通	
		系统	文字	—	
		子系统	文字	—	

4.6.3　施工图阶段工艺专业碰撞检查

传统施工图阶段，工艺图纸需要对构筑物内管线走向及布置进行详细表达，给水厂（站）工程构筑物众多，工艺繁多，管线错综复杂，由于传统二维图纸信息承载能力有限，设计师往往需要花费大量时间精力进行校核，避免管线设备发生碰撞。利用 BIM 技术可以进行自动碰撞检查，生成日记，自动进行管线综合设计，实现零碰撞。

施工图阶段进行工艺专业碰撞检查应用时，各类设备构件应提取信息见表 4-60。

施工图阶段工艺专业碰撞检查信息交换模板　　表 4-60

设备构件	信息交换模板	应用
管道及附件	表 4-61	碰撞检查
阀门	表 4-62	碰撞检查
水泵		碰撞检查
土建通用构件	表 4-63	碰撞检查

施工图设计阶段工艺专业管道及附件碰撞检查元素信息交换模板　　　表 4-61

模型单元	几何精度	信息字段	参数类型	单位/描述	信息来源
管道、附件（三通、四通、接头、弯头、法兰、套管）	G3	名称	文字	—	ID：3.2
		编号	数值	—	
		系统	文字	—	
		位置	三维坐标	X，Y，Z	
		距离	长度	m，mm	
		所属人	文字	—	
		专业	文字	—	

施工图设计阶段工艺专业设备碰撞检查元素信息交换模板　　　表 4-62

模型单元	几何精度	信息字段	参数类型	单位/描述	信息来源
工艺设备	G3	名称	文字	—	ID：3.2
		编号	数值	—	
		系统	文字	—	
		位置	三维坐标	X，Y，Z	
		距离	长度	m，mm	
		所属人	文字	—	
		专业	文字	—	

施工图设计阶段土建专业构件碰撞检查元素信息交换模板　　　表 4-63

模型单元	几何精度	信息字段	参数类型	单位/描述	信息来源
土建构件	G3	名称	文字	—	ID：3.4 ID：3.5
		编号	数值	—	
		位置	三维坐标	X，Y，Z	
		距离	数值	m，mm	
		所属人	文字	—	
		专业	文字	—	

4.7　给水厂（站）工程 BIM 应用案例

4.7.1　案例总体概况（见表 4-64）

湖北省谷城县水厂 EPC 项目 BIM 应用总体概况　　　表 4-64

内容	描述
设计单位	中国市政工程中南设计研究总院有限公司
软件平台	欧特克
使用软件	Revit，Navisworks Manage，Ecotect Analysis，Inventor，3ds Max，TSRevitFor2014
应用阶段	方案阶段、施工图设计阶段、施工阶段

4.7.2　工程概况

谷城原有简易水厂两座，2002 年在城区东南部新建第三水厂，供水能力为 4 万 m^3/d，目前已满负荷运行，且水厂处于城市下游、制水工艺落后，供水存在一定安全隐患。因此，需在汉江干流上游，采用最先进净水工艺，新建谷城水厂。

谷城水厂位于湖北省襄阳市谷城县尖角村，服务人口近期 2015 年、远期 2020 年分别为 28 万和 40 万人，服务范围为谷城县中心城区、城北新区和子胥新城。谷城水厂设计总规模为 15 万 m^3/d，总占地面积为 $60750m^2$。项目总体模型如图 4-27 所示。

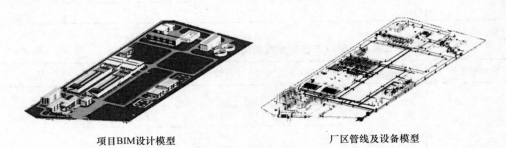

项目BIM设计模型　　　　　　　　　　厂区管线及设备模型

图 4-27　总体模型

4.7.3　应用分析

项目 BIM 应用点见表 4-65，从工程量统计、可视化展示及碰撞分析三个方面重点介绍 BIM 技术在此项目中的应用。

谷城水厂 EPC 项目 BIM 应用一览表　　　　　　　　　　表 4-65

序号	阶段	应用点	具体内容	应用价值
1	初步设计	可视化展示	利用 BIM 三维可视化特性展现项目构筑物设计模型	可视化评审
2	施工图设计	碰撞分析	所有管线在同一个三维空间中进行管位可行性及平纵碰撞分析，并进行优化	精细化设计
3		工程量统计	在 Revit 中对项目各构筑物进行工程量统计	精准统计工程量

4.7.4　施工图设计阶段工程量统计

目前，国内工程量统计多是使用基于 CAD 平台开发的算量软件来实现。然而，不论是基于二维 CAD 或是基于三维 CAD 软件进行的工程量统计，其共同前提都必须要重新建立模型。虽然这些软件都具备对 CAD 设计文件的识别能力，可以提高计算效率，但识别预设了很多苛刻条件，若要符合工程量统计规范的规定，则需经过很多人工调整。此外，由于设计文件与算量文件不相关联，任何设计上的变更都需要手工录入和调整，这显然会影响工程量统计的质量和效率。另外，从目前基于 CAD 平台的算量软件应用情况来看，这些软件对不规则或复杂的几何形体计算能力偏弱，甚至无法计算。

相较于 CAD 算量软件，BIM 软件在工程量统计方面具有显著优势。BIM 软件通过建立 3D 关联数据库，可以准确、快速计算并提取工程量，提高工程量统计的精度和效率。BIM 遵循面向对象的参数化建模方法，利用模型的参数化特点，在表单域设置所需条件对构件的工程信息进行筛选，并利用软件自带表单统计功能完成相关构件的工程量统计。而且，BIM 模型能实现即时算量，即设计完成或修改，算量随之完成或修改。随着工程推进、项目参与方的增加，最初的要求可能会发生调整和改变，工程变更随之发生，BIM 模型算量的即时性大幅度减少变更算量的响应时间，提高工程算量效率。

（1）构件交付几何深度（图 4-28）

图 4-28　构件交付几何深度

（2）构件交付信息深度（图 4-29）

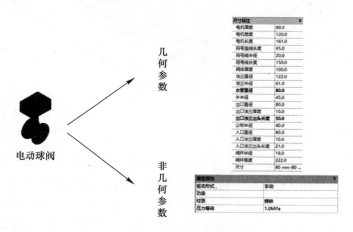

图 4-29　构件交付信息深度

（3）工程量统计表交付成果示例

根据施工图设计阶段工艺专业阀门工程量统计元素信息交换模板，通过在软件中筛选构件相应信息，形成各构件工程量统计清单以及阀门明细表，如图 4-30 所示。

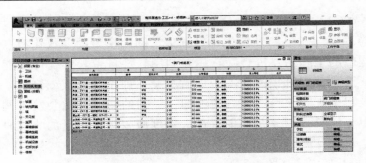

图 4-30　工程量统计表交付成果

4.7.5　初步设计阶段可视化展示

可视化是传统 CAD 设计方式与 BIM 最为显著的区别。基于 BIM 的可视化能改善沟通环境，提高项目的观赏度及阅读能力，再配合 VR 等技术可以实现虚拟现实的演示，增加业主或相关人员的真实体验感。

根据初步设计阶段工艺专业管道及附件可视化应用元素信息交换模板，在软件中输入构件相应信息，绘制管道及附件可视化模型，提交基于该模型的室内外效果图、场景漫游、交互式实时漫游虚拟现实系统及对应的展示视频文件等可视化成果，滤池可视化展示如图 4-31 所示。

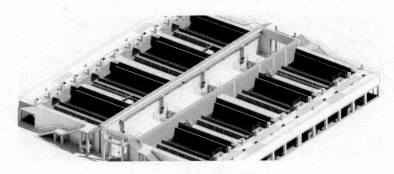

图 4-31　滤池可视化展示

4.7.6　碰撞分析

碰撞分析目前在 BIM 技术中担任着非常重要的角色。通常市政给水排水项目中不同专业、不同系统之间会有各种管线交错穿插，在传统设计过程中很容易将各管线交叠处重复绘制，从而影响到施工实施和成本。通常情况下，设计人员会在施工前对管线作碰撞分析，但图纸具有的局面性不能全面反映各种状况，造成一些管线碰撞问题的发生。为避免上述问题，利用 BIM 技术的可视化功能进行管线碰撞分析，能及时发现设计漏洞并反馈给设计人员，提早解决未来将要发生的问题，提高效率，减少浪费。

BIM 设计采取协同工作模式，各专业在同一模型文件中进行设计。模型创建阶段完成后，使用碰撞检测工具发现碰撞，生成碰撞检测报告，对设计中产生的非合理碰撞通过交互软件进行批注，并发送该信息到相关责任人，相关责任人受到批注信息后，可迅速定位到碰撞点，进行修改反馈工作。

碰撞分析过程示例，如图 4-32 所示。

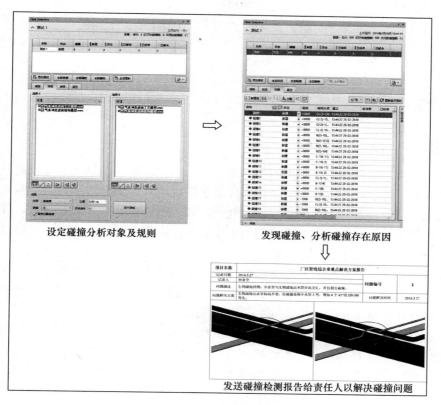

图 4-32　碰撞分析

第5章 排水厂（站）工程

5.1 概述

5.1.1 排水厂（站）工程的概念

排水厂（站）是从污染源排出的污（废）水，因含污染物总量或浓度较高，达不到排放标准要求或不符合环境容量要求，从而降低水环境质量，故必须经过人工强化处理的场所。排水厂（站）一般分为城市集中污水处理厂和各污染源分散污水处理站，处理后排入水体或城市管道。有时为了回收循环利用废水资源，需要提高处理后出水水质时则需建设污水回用或循环利用排水处理厂（站）。

排水处理厂（站）的处理工艺流程是由各种常用的或特殊的水处理方法优化组合而成的，包括各种物理法、化学法和生物法，要求技术先进，经济合理。设计时必须贯彻当前国家的各项建设方针和政策。从处理深度上，排水处理厂（站）可能是一级、二级、三级处理。

排水厂（站）设计包括各种构筑物和附属建筑物设计、管道的平面和高程设计并进行道路、绿化、管道综合、厂区给水排水、污泥处置及处理系统管理自动化等设计，以保证污水处理厂达到设计要求，并满足运行管理方便、运行费用节约等需要。

5.1.2 工程特点

相对于给水排水管网工程的线性特点，排水处理厂（站）具有面的特点，通常是在一个块状区域内，布局了各种处理单元构筑物，连通各处理构筑物之间的管、渠及其他管线，辅助建筑物，道路以及绿地等。具有以下几个特点：

（1）建设费用与运行费用较低；

（2）占地面积小，不影响环境卫生；

（3）便于运行管理，节省管理人员；

（4）能够保证污水的处理效果。

排水厂（站）只要建设和运营管理得当，完全可以保证处理效果。

5.1.3 设计特点

排水厂（站）工程项目传统 CAD 设计过程与给水厂（站）类似，从立项开始，历经规划设计、工程施工、竣工验收到交付使用，是一个漫长而又复杂的过程，其设计过程中涉及工艺、电气、建筑、结构、暖通、给水排水、道路、照明、安防、防雷接地等多个专业共同完成。传统 CAD 设计流程中，由于各专业各自为战，逐级传递，某一专业图纸的变更修改难以及时反馈到其他专业，往往造成最终图纸的不一致，甚至返工情况的发生。

将 BIM 技术运用在项目的可研、初设、施工图设计过程中可以大大提高设计效率和质量。借助 BIM 服务器，各专业可在同一项目中协同工作，实时变更，从而消除各专业间沟通的隔膜，避免图纸不一致情况的出现。同时，应用 BIM 技术，可研阶段可以利用模型的可视化优势支撑方案比选，同时总体方案确定后可以进行厂区虚拟漫游，优化方案设计；初设阶段可以利用可研阶段的模型继续深化，进行材料及设备工程量统计；施工图阶段可以利用初步设计阶段的模型进行各专业施工图设计，进行管线碰撞分析、材料及设备工程量统计、生成施工图图纸。施工图模型还可用于后期施工指导和项目建成后的运行管理。

设计模型的内容上，本书中将排水厂（站）工程分为工艺系统、电气系统、建筑系统、结构系统、暖通系统、给水排水系统、道路系统、照明、安防、防雷接地系统共八大系统，大系统下又分为一级系统、二级系统和三级系统。例如工艺系统的一级系统为工艺管线、工艺设备和工艺材料三个部分；在二级系统中，工艺管线分为工艺水管、工艺泥管、工艺药管、工艺气管；三级系统则在二级系统基础上进一步细分，例如工艺水管分为管线、管道附件和支架，后面章节将会进行详细介绍。

在国内的污水厂（站）工程设计过程中，已有多个项目应用了 BIM 技术。例如中国市政工程华北设计研究总院有限公司运用 ArchiCAD 等软件完成了昆山市北区污水处理厂三期扩建工程的 BIM 施工图设计，并开发了工艺构筑物参数化建模插件，通过建立模型模拟现场情况并完成大数据的整合，进行多专业协调并贯穿各个环节。

通过项目设计应用，充分说明 BIM 是一种全新的设计方式，不仅能满足市政设计的需求，还能通过现代化的协同设计理念为业主提供高质量、规范化、清晰化、具体化的设计产品。

5.1.4　污水厂主要工艺流程及构筑物

按照污水处理后的功能要求，污水处理分为达标排放和再生回用处理两类，按处理程度一般划分为三级。

1. 一级处理

一级处理的任务主要是去除污水中悬浮或漂浮状态的固体，多采用物理方法去除，其主要处理单元见表 5-1。

污水厂（站）一级处理构筑物　　　　　　　　　　　　表 5-1

处理级别	主要处理单元	构筑物举例
一级处理	格栅	粗格栅、中格栅、细格栅
	沉砂池	平流式沉砂池、曝气沉砂池、钟式沉砂池
	沉淀池	平流式沉淀池、辐流式沉淀池、竖流式沉淀池、斜板（管）沉淀池

2. 二级处理

二级处理的任务主要是去除水中呈胶体和溶解状态的有机污染物质（BOD、COD 等），以及能使水体富营养化的氮磷等可溶性无机污染物。二级处理以一级处理单元作为预处理，主单元主要采用生物处理的方法，一般分为生物膜法和活性污泥法两大类，除此外还有厌氧处理和自然生物处理等，其主要生物处理单元见表 5-2。

污水厂（站）二级处理构筑物　　　　　　　　　　　　表 5-2

处理级别	主要处理单元	构筑物举例
二级处理	生物膜法	生物滤池、生物转盘、生物接触氧化池、生物流化床
	活性污泥法	曝气生物反应池（推流式、完全混合式）、SBR 池、氧化沟、AB 法、膜生物反应器
	厌氧生化法	普通厌氧消化池、UASB、厌氧生物滤池、厌氧接触消化池、厌氧流化床等
	自然生物处理	稳定塘（氧化塘、生物塘）、土地处理法

3. 三级处理

三级处理的任务，是进一步去除一级、二级处理未能去除的污染物质，包括难降解有机物以及可导致水体富营养化的氮磷等可溶性无机物等。三级处理是对二级处理的补充处理，主要方法有生物脱氮除磷法、混凝沉淀法、砂滤法、活性炭吸附法、离子交换法、电渗析法和膜法等。其主要处理单元见表 5-3。

深度处理是三级处理的同义语，不同之处在于，深度处理是以污水回收、再生利用为目的。

污水厂（站）三级（深度）处理构筑物　　　表 5-3

处理级别	主要处理单元	构筑物举例
三级处理	去除有机物	混凝沉淀池、V 型滤池、活性炭吸附池、臭氧氧化池等
	脱氮除磷	$A_N O$、$A_P O$、$A^2 O$ 池等
	消毒	加氯加药间、臭氧消毒池、紫外消毒渠
深度处理	去除溶解性有机物	混凝沉淀池、V 型滤池、活性炭吸附池、臭氧氧化池等
	去除溶解性无机盐	电渗析、离子交换、膜处理（微滤、超滤、纳滤、反渗透等）

4. 污泥处理处置

污水厂二级处理过程中，产生了大量污泥，其富含水分、有机物、病原菌及重金属等，必须进行处理和处置，以防止造成二次污染。其主要处理单元见表 5-4。

污泥处理处置构筑物　　　表 5-4

处理级别	主要处理单元	构筑物举例
污泥处理处置	污泥浓缩	重力浓缩池、机械浓缩池
	污泥消化	厌氧消化池、好氧消化池
	污泥脱水	污泥脱水机房（压滤、离心、真空、干燥）
	污泥利用与处置	堆肥场、卫生填埋场、焚烧炉等

5.2　模型系统

5.2.1　排水厂（站）工程系统

排水厂（站）工程各专业系统设定：

（1）第一级应按功能系统进行分类，排水厂（站）工程按功能可拆分为工艺系统、土建系统、电气系统及其他系统等。

（2）第二级分类应在第一级的基础上细分，可按结构、系统、组件（由构件组成）等进行分类，排水厂（站）工程工艺系统可分为工艺设备、工艺管线、工艺材料等；土建系统可分为沉淀池、滤池、臭氧接触池、加药间、清水池、出水泵房等；电气系统可分为供电设备、仪表及自控设备等；其他系统可分为暖通系统、照明系统、防雷落地、道路系统等。

（3）第三级分类应在第二级的基础上继续细分，以构件为单位进行分类。

（4）第四级分类应在第三级的基础上继续细分，以零件为单位进行分类。

模型单元是信息输入、交付和管理的基本对象。在各设计阶段使用不同的模型单元等级，排水厂（站）工程模型单元划分原则同给水厂（站）工程，见表 4-2。排水厂（站）工程模型单元组成关系如图 5-1 所示。

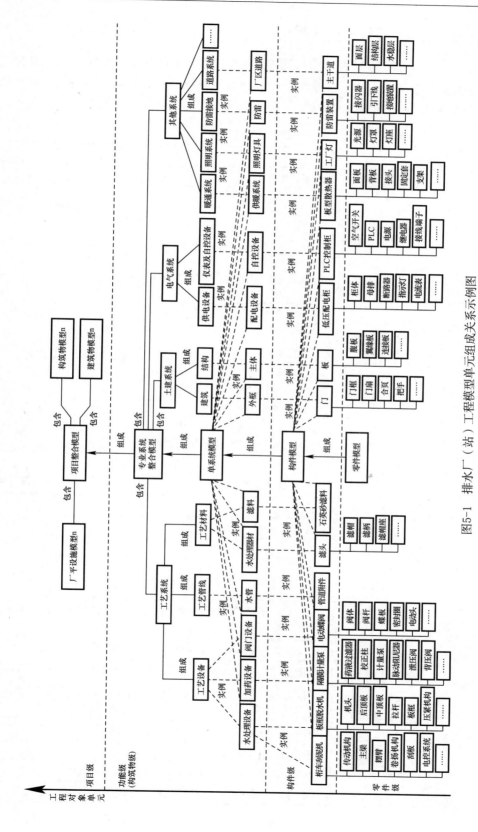

图5-1 排水厂（站）工程模型单元组成关系示例图

5.2.2 排水厂（站）工程系统分类

按照国家《建筑信息模型设计交付标准》（报批稿）中的规定，模型单元的建立、传输、交付和解读应包含模型单元的系统分类。项目级系统由厂区平面以及各构（建）物组成，厂区平面及构（建）物又由各功能级专业系统单元组成，项目系统组成见表5-5。

工程项目系统组成　　　　　　　　　　　　　　　　表5-5

项目级单元	功能级单元	备注
厂区平面	工艺系统	工艺系统分类见表5-6
	电气系统	电气系统分类见表5-7
	土建系统	建筑系统分类见表5-8 结构系统分类见表5-9
	其他系统	暖通系统分类见表5-10 给水排水系统分类见表5-11 道路系统分类见表5-12 照明、安防、防雷接地系统分类见表5-13
构（建）筑物1~n	工艺系统	工艺系统分类见表5-6
	电气系统	电气系统分类见表5-7
	土建系统	建筑系统分类见表5-8 结构系统分类见表5-9
	其他系统	暖通系统分类见表5-10 给水排水系统分类见表5-11 照明、安防、防雷接地系统分类见表5-13

工艺系统分类　　　　　　　　　　　　　　　　表5-6

一级系统	二级系统	设备构件
工艺管线	工艺水管	管线、管道附件、支架
	工艺泥管	同上
	工艺药管	同上
	工艺气管	同上
工艺设备	水处理设备	过滤设备、污泥脱水和干化装置、滗水设备、排泥与沉砂设备、固液分离设备、混合设备
	曝气设备	鼓风机、空压机、转盘、表曝机、曝气头、曝气管
	加药设备	溶药设备、投加设备、计量泵、药物储存设备、紫外消毒设备、臭氧发生器
	阀门设备	蝶阀、球阀、止回阀、旋塞阀、减压阀、排泥阀、进排气阀、流量控制阀、水锤消除装置、倒流防止器、钢制闸门、启闭机、叠梁闸
	泵	离心泵、潜污泵、污泥螺杆泵、轴流泵、混流泵
	起重设备	电动葫芦、龙门吊、行吊
工艺材料	水处理器材	沉淀分离器材、絮凝集水器材、滤池配水器材、曝气器
	滤料、填料及投料	石英砂滤料、无烟煤滤料、陶瓷滤料、沸石滤料、活性炭、填料

电气系统分类

表 5-7

一级系统	二级系统	设备构件
缆线及桥架	缆线	电力电缆、控制电缆、电缆接头
	缆线支撑系统	电缆槽盒、支架、套管
电气设备	配电设备	高压柜、低压柜、变压器、直流屏、控制箱、软启动柜、变频器柜、应急电源、电容柜
	自控设备	PLC 柜、管理计算机、服务器、监视器、网络交换机、UPS、仪表、软件系统
	安防设备	监控摄像头、录像机、网络交换机、管理计算机、电子围栏系统、门禁系统、报警系统

建筑系统分类

表 5-8

一级系统	二级系统	构件
建（构）筑物	墙体	基层墙体、找平层、外墙防水层、保温层、粘结或连接层、饰面层
	门窗	框体、主体
	楼梯、台阶	垫层、基层楼梯、面层
	栏杆	基层栏杆、面层
	屋面	找坡层、保温隔热层、找平层、防水层、隔离层、隔汽层、保护层
	雨棚	基层雨棚、面层
	散水	面层、基层散水、垫层、素土夯实
	坡道	面层、基层坡道、垫层、素土夯实
	楼地面	地基、垫层、填充层、隔离层、找坡层、防水层、防油层、结合层、面层
	踢脚	找平层、基层处理、粘结或连接层、饰面层
	顶棚	结合层、基层处理、饰面层

结构系统分类

表 5-9

一级系统	二级系统	构件
构（建）筑物	底板	垫层、底板混凝土结构、底板钢筋、找坡、防腐涂层、粉刷
	壁板	壁板混凝土结构、壁板钢筋、防腐涂层、粉刷
	顶（楼）板	顶（楼）板混凝土结构、顶（楼）板钢筋、找坡、防腐涂层、粉刷
	矩形混凝土梁	梁混凝土结构、梁钢筋、粉刷
	T（工）形混凝土梁	翼缘板、腹板、梁钢筋、粉刷
	钢梁	翼缘板、腹板
	混凝土柱	柱混凝土结构、柱钢筋、粉刷
	孔洞	孔洞定位点、孔洞形状、尺寸
地基基础	预制桩	桩身混凝土、桩钢筋、桩顶构造、接桩构造、灌芯混凝土
	灌注桩	桩身混凝土、桩钢筋、声测管
	挖孔桩	桩身混凝土、桩钢筋、护壁、声测管
	承台	承台混凝土、承台钢筋、垫层
	复合地基	桩体（水泥土桩、碎石桩、CFG 桩、刚形桩）、褥垫层
	换填垫层	砂石垫层
	强夯地基	夯实土体

续表

一级系统	二级系统	构件
边坡挡墙	挡土墙	墙身、墙身钢筋、压顶、泄水孔、基础
	边坡	护面结构层、绿化、马道
基坑	基坑	支护桩、止水帷幕、冠梁、腰梁、内支撑、坑内土体加固、排水沟、集水坑、降水井

暖通系统分类　　　　　　　　　表 5-10

一级系统	二级系统	设备构件
供暖系统	末端设备	散热器、暖风机、电热器、附件、支架
	供暖管道	管道、管件、支架
	阀门及附件	平衡阀、球阀、截止阀、自动排气阀、压力表、温度计、除污器、保温
热源系统	设备	热泵机组、冷水机组、换热器、循环水泵、水处理设备、定压补水装置、软化水箱、分集水器
	阀门及附件	蝶阀、止回阀、球阀、压力表、温度计、热量表、自动排气阀、保温
通风系统	通风设备	通风机、消声器、排风罩、防虫网
	管道及附件	镀锌钢板风管、玻璃钢风管、管件、支吊架
	阀门	防火阀、止回阀、通风百叶
空调系统	设备	VRV 空调、分体空调、风机盘管
	管道及附件	空调水管、空调风管、管件、支吊架
	阀门	防火阀、蝶阀、风量调节阀、平衡阀、电动两通阀、球阀
防排烟系统	设备	防烟风机、排烟风机、消声器、防虫网
	管道及附件	防排烟管道、管件、支吊架
	阀门	排烟防火阀、防火阀、排烟口、加压送风口

给水排水系统分类　　　　　　　表 5-11

一级系统	二级系统	设备构件
给水系统	设备	水龙头、淋浴器、热水器
	管道及附件	给水管道、弯头、三通、四通、异径管
	阀门	截止阀、止回阀、倒流防止器
消防系统	设备	消防水箱、稳压泵、消火栓、消防水泵、水泵接合器
	管道及附件	消防管道、弯头、三通、四通、异径管
	阀门	蝶阀、液位阀、止回阀、倒流防止器
排水系统	设备	大便器、小便器、洗脸盆、污水盆、盥洗池
	管道及附件	排水管道、弯头、斜三通、斜四通、异径管、地漏、检查口、清扫口、伸缩节、通风帽

道路系统分类　　　　　　　　　表 5-12

一级系统	二级系统	构件
厂外道路	主干路	面层、基层、垫层、人行道铺装
厂区道路	主干路	面层、基层、垫层、人行道铺装
	次干路	面层、基层、垫层、人行道铺装

照明、安防、防雷接地系统分类　　表 5-13

一级系统	二级系统	设备构件
照明系统	照明灯具	工作照明灯具、室外照明灯具、应急照明灯具
	插座及面板	空调插座、工作插座、开关
	配电及控制	照明配电箱、电线及套管
防雷接地系统	防雷装置	接闪带、接闪杆、引下线、等电位联结箱
	接地装置	基础钢筋网、水平接地极、垂直接地极、接地连接板、接地干线

5.3 可行性研究阶段交换信息

5.3.1 可行性研究阶段设计原则

可行性研究阶段应遵循国家有关环境保护法律、法规、污染物排放标准和地方标准；遵循城镇总体规划、水污染防治和环境规划要求，以近期为主，充分考虑远期的发展。

可行性研究阶段的主要任务是对工程项目有关的各个方面进行深入综合论证，为项目的建设提供科学依据，保证建设项目在技术上先进、可行，在经济上合理，并具有良好的社会与环境效益。其主要内容包括：可行性研究阶段设计依据、原则和范围；污水水量和水质论证；设计城市排水系统工程方案；比选污水厂厂址论证、污水处理工艺方案及尾水排放方案；工程投资估算；工程效益分析及工程进度安排；相关图纸等。

5.3.2 可行性研究阶段设计流程

1. 工艺专业

工艺可研模型（ID：1.2）主要表达厂区范围、规模、总体布置、用地等。模型精细度 LOD1.0，模型单元几何表达精度 G2。

工艺专业可行性研究阶段方案设计主要内容为确定排水厂规模、厂址、工艺流程以及厂平面布置，同时对单体构筑物的工艺参数、净空尺寸、工艺设备、工艺系统进行设计，可通过环境分析以及工艺分析等应用辅助进行方案设计。相关 BIM 应用见表 5-14。

可行性研究阶段工艺专业 BIM 应用　　表 5-14

功能/需求	BIM 应用	应用描述	信息来源
厂址选择	环境分析	1. 通过提取厂址附近气象信息进行日照分析； 2. 通过提取设计资料中现状信息及规划信息对水厂的征地拆迁、噪声、水源及水土等内容进行分析和评估	ID：1.1.0 ID：1.1.1 ID：1.1.2
工艺流程	工艺分析	提取项目信息（如：规模、进出水质、工艺流程等），智能匹配工艺方案并建模，生成工艺分析报告，辅助设计	ID：1.1.0
	工艺校核	1. 根据进出水质、规模等工艺设计参数（功能级），结合构筑物尺寸反算水力负荷等参数，评估是否符合设计及规范要求； 2. 提取设计工艺模型信息进行仿真模拟，校核其出水水质是否达标	ID：1.2.1 ID：1.5.2 ID：1.2

功能/需求	BIM 应用	应用描述	信息来源
厂平面布置	厂平面分析	提取厂平面布置模型信息，如：构（建）筑物位置、尺寸，分析校核构（建）筑物间距是否满足规范要求	ID：1.4.2 ID：1.5.2
	虚拟漫游	提取厂平面及单体构筑物模型，进行三维可视化展示及虚拟漫游，利于方案比选并可优化方案，供决策使用	ID：1.2.2 ID：1.4.2 ID：1.5.2

工艺模型校审主要内容为：工艺选取，工艺流程衔接以及工艺厂平布置。可通过工艺校核以及厂平面分析等应用对工艺设计进行分析校审，校审完毕后，将工艺模型（ID：1.2初版）上传至协同共享平台，供电气、建筑、结构专业参照设计。

各专业初版模型设计完成后，进行专业协同，专业协同主要通过虚拟漫游检查各专业设计理念是否存在冲突。协同完毕，将模型（ID：1.2终版）上传至协同共享平台，完成本阶段设计工作。工艺专业可行性研究阶段 BIM 设计流程如图 5-2 所示。

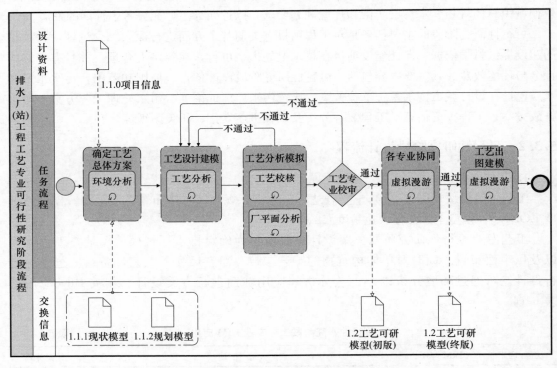

图 5-2 工艺专业可行性研究阶段 BIM 设计流程

2. 电气专业

电气可研模型（ID：1.3）主要表达厂区配电间布置等。模型精细度 LOD1.0，模型单元几何表达精度 G2。

电气专业可行性研究阶段方案设计主要内容为确定排水厂供电电源、负荷等级、供配电系统以及变配电布置及厂区电缆通道形式，同时对自控系统、仪表系统及通信方式进行设计。可通过电量分析以及配电、自控系统分析等应用辅助进行方案设计。相关 BIM 应用见表 5-15。

可行性研究阶段电气专业 BIM 应用 表 5-15

功能/需求	BIM 应用	应用描述	信息来源
电气系统设计	配电系统分析	提取现状信息以及工艺设备信息通过工艺负荷等级分析及附近电网情况，确定变配电系统形式	ID：1.1.0 ID：1.2
	自控系统分析	提取现状信息以及工艺设备信息通过工艺负荷等级分析及厂区模型布置情况，确定自控系统形式	ID：1.1.0 ID：1.2
用电负荷计算	电量分析	根据工艺设备用电功率、主备用率、需要系数等计算工程用电负荷，进行电量分析	ID：1.2

电气模型校审主要内容为电源容量及电压等级，配电系统及控制系统，配电变压器容量选择，主要设备选型。校审完毕后，将电气模型（ID：1.3 初版）上传至协同共享平台，供建筑、结构专业参照设计。

协同完毕，将模型（ID：1.3 终版）上传至协同共享平台，完成本阶段设计工作。电气专业可行性研究阶段 BIM 设计流程如图 5-3 所示。

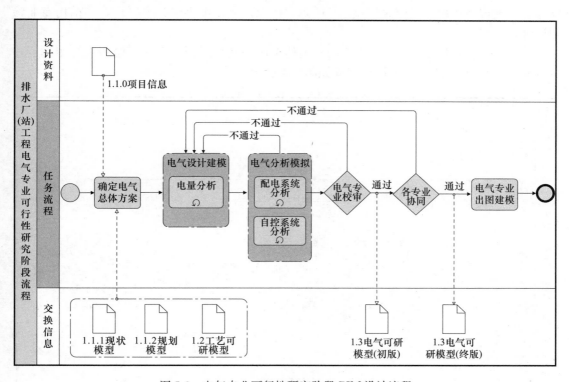

图 5-3 电气专业可行性研究阶段 BIM 设计流程

3. 建筑专业

建筑可研模型（ID：1.4）主要表达厂区建筑物布置、厂区整体风格及厂区绿化等。模型精细度 LOD1.0，模型单元几何表达精度 G2。

建筑专业可行性研究阶段方案设计主要内容为确定建筑风格、建筑造型以及厂区经济基数指标。可通过高度控制、防火设计以及环境分析等应用辅助进行方案设计。相关 BIM 应用见表 5-16。

可行性研究阶段建筑专业 BIM 应用   表 5-16

功能/需求	BIM 应用	应用描述	信息来源
建（构）筑物设计	高度控制	通过模型构建，表达建筑、构筑物的控制高度（包括最高和最低高度限制）	ID：1.1.2
	环境分析	1. 通过对建筑单体进行三维建模，进行方案对比，确定建筑立面做法、门窗造型及立面的主要材质色彩，进行环境营造和环境分析； 2. 模拟建筑与城市关系，建筑群体和建筑单体的空间处理	ID：1.4.2 ID：1.4.2
	防火设计	建筑防火设计，包括总体消防、建筑单体防火分区、安全疏散等设计原则	ID：1.4
经济技术指标	面积统计	提取已设计厂平布置模型信息，统计经济技术指标包括总用地面积、总建筑面积、占地面积、道路面积、绿化面积、停车泊位数，计算厂区容积率、建筑密度、绿化率等指标	ID：1.1.2

建筑模型校审主要内容为建筑风格、建筑高度、厂区布置、防火设计以及经济技术指标标等。校审完毕后，将建筑模型（ID：1.4 初版）上传至协同共享平台，供结构专业参照设计。

协同完毕，将模型（ID：1.4 终版）上传至协同共享平台，完成本阶段设计工作。建筑专业可行性研究阶段 BIM 设计流程如图 5-4 所示。

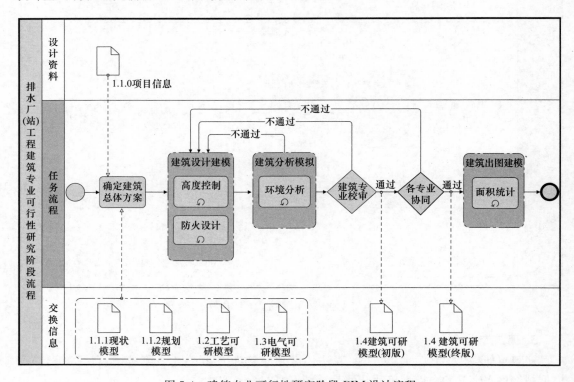

图 5-4 建筑专业可行性研究阶段 BIM 设计流程

4. 结构专业

结构可研模型（ID：1.5）主要表达厂区边坡方案、支护方案、构筑物的设计等。模型精细度 LOD1.0，模型单元几何表达精度 G2。

在可行性研究阶段，结构专业的主要任务是明确整个工程的基本设计标准、设计参数，并针对影响工程可行性和投资的结构形式、地基基础、环境边坡等相关内容确定方案。可通过结构设计、基坑支护以及边坡挡墙等应用辅助进行方案设计。相关 BIM 应用见表 5-17。

可行性研究阶段结构专业 BIM 应用   表 5-17

功能/需求	BIM 应用	应用描述	信息来源
结构设计	结构设计	1. 通过提取工艺模型中设计参数，进行参数化驱动，自动生成结构雏形，辅助设计师设计； 2. 确定并记录主要结构设计参数、设计方案，传递到后续初设环节。	ID：1.2.1
场地设计	基坑支护方案、边坡挡墙方案	1. 提取场地地质信息，以及结构模型信息，分析构筑物开挖面积及开挖深度，辅助设计师确定初步的基坑支护方案； 2. 提取场地地质信息，分析场地开挖范围及开挖深度，辅助设计师确定初步的场地环境边坡的支挡方案	ID：1.1.1 ID：1.5

结构模型校审主要内容：所采用的结构方案；主要的结构构件尺寸；地基处理方案、边坡处理方案以及基坑处理方案。校审完毕后，将结构模型（ID：1.5 初版）上传至协同共享平台，供其他专业参照设计。

协同完毕，将结构模型（ID：1.5 终版）上传至协同共享平台，完成本阶段设计工作。结构专业可行性研究阶段 BIM 设计流程如图 5-5 所示。

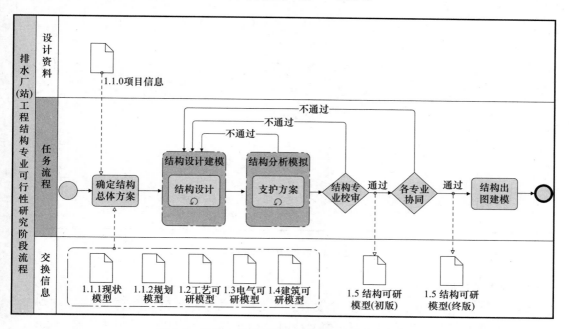

图 5-5 结构专业可行性研究阶段 BIM 设计流程

5. 暖通专业

暖通可研模型（ID：1.6）主要表达冷热源系统形式、供暖及空调末端形式、通风系统布置形式等。模型精细度 LOD1.0，模型单元几何表达精度 G2。

暖通专业可行性研究阶段方案设计主要内容为确定冷热源系统形式、室内外设计参数、负荷估算、供暖及空调末端形式、通风系统选用及布置形式等。可通过可视化建模、CFD 分析等应用辅助进行方案设计。相关 BIM 应用见表 5-18。

可行性研究阶段暖通专业 BIM 应用 表 5-18

功能/需求	BIM 应用	应用描述	信息来源
设计建模	可视化建模	提取暖通设计参数（包含气象信息、现状信息、设计参数），建立可研深度模型	ID：1.1.0 ID：1.1.1 ID：1.6.1
通风分析	CFD 分析	提取建筑模型以及暖通模型，进行 CFD 分析，帮助了解真实环境下的自然通风等信息，优化通风系统的布置形式	ID：1.4.2 ID：1.6.2

暖通专业的审核内容包括：空调负荷估算量是否满足要求；冷热源系统形式、供暖及空调末端形式以及通风系统布置是否合理。校审完毕后，将暖通模型（ID：1.6 初版）上传至协同共享平台。

协同完毕，将暖通模型（ID：1.6 终版）上传至协同共享平台，完成本阶段设计工作。暖通专业可行性研究阶段 BIM 设计流程如图 5-6 所示。

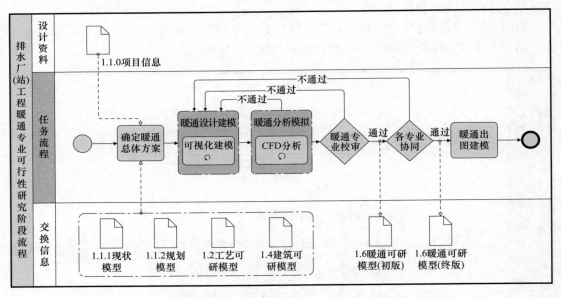

图 5-6　暖通专业可行性研究阶段 BIM 设计流程

6. 给水排水专业

给水排水可研模型（ID：1.7）主要表达确定给水排水总体设计方案，确定给水水源、供水方式、排水体制、排放出路等。模型精细度 LOD1.0，模型单元几何表达精度 G2。

给水排水专业可行性研究阶段方案设计主要内容为确定给水水源、供水方式、排水体制、排放出路等。可通过可视化建模、供水安全以及排水路由等应用辅助进行方案设计。相关 BIM 应用见表 5-19。

可行性研究阶段给水排水专业 BIM 应用 表 5-19

功能/需求	BIM 应用	应用描述	信息来源
设计建模	可视化建模	根据给水排水设计参数（气象信息、现状信息、设计参数），建立可研深度模型	ID：1.1.0 ID：1.1.1 ID：1.7.1
供水分析	供水安全	设计的供水路径，是否能够在检修时将影响范围控制在最小，消防管路是否满足环状供水要求	ID：1.7.2
排水分析	排水路由	设计的分流（合流）排水管网，是否以合理方式、最优路由排出，直排部分在受纳水体高水位时是否能顺利排出	ID：1.7.2 ID：1.1.1

给水排水专业可研阶段审核内容主要包括：总体设计方案，供水排水线路，供水安全，排水路由等。校审完毕后，将给水排水模型（ID：1.7 初版）上传至协同共享平台。

协同完毕，将给水排水模型（ID：1.7 终版）上传至协同共享平台，完成本阶段设计工作。给水排水专业可行性研究阶段 BIM 设计流程如图 5-7 所示。

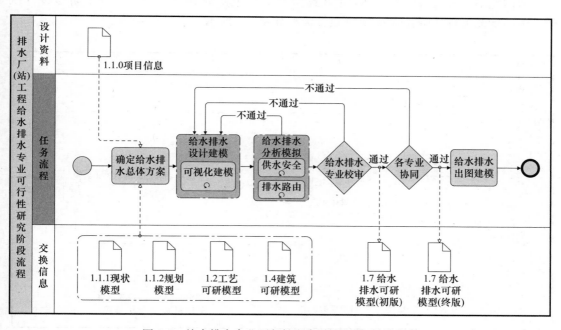

图 5-7 给水排水专业可行性研究阶段 BIM 设计流程

7. 道路专业

道路可研模型（ID：1.8）主要表达道路线位、规模、总体布置、用地等。模型精细度 LOD1.0，模型单元几何表达精度 G2。

道路专业可行性研究阶段方案设计主要内容为道路起讫点、线位、主线平面、纵断关键节点、横断形式，出入口布置等。可通过平面规划、纵断规划、横断面设计、方案比选等应用辅助进行方案设计。相关 BIM 应用见表 5-20。

可行性研究阶段道路专业 BIM 应用　　　　　　　　　　　　　　表 5-20

功能/需求	BIM 应用	应用描述	信息来源
道路规划	平面规划	根据场地信息对道路平曲线进行规划，确定出入口、交叉口等数量及位置（即路中线上的桩号），道路是否满足消防转弯半径要求	ID：1.1.1 ID：1.8.2
	纵断规划	根据场地地形确定道路关键节点（交叉点、起终点等）高程	ID：1.1.1 ID：1.8.2
	横断面设计	根据场地整体规划确定道路宽度及车道数	ID：1.1.1 ID：1.8.2
分析模拟	方案比选	对平曲线规划多个方案进行比对，对路线的合理性、经济型及驾驶舒适性进行分析，选取最优方案	ID：1.8.2

　　道路专业可研阶段审核内容主要包括：道路选线的合理性，用地情况，道路规模及横断面布置，总体方案布置，出入口布置合理性等。校审完毕后，将道路模型（ID：1.8 初版）上传至协同共享平台。

　　协同完毕，将道路模型（ID：1.8 终版）上传至协同共享平台，完成本阶段设计工作。道路专业可行性研究阶段 BIM 设计流程如图 5-8 所示。

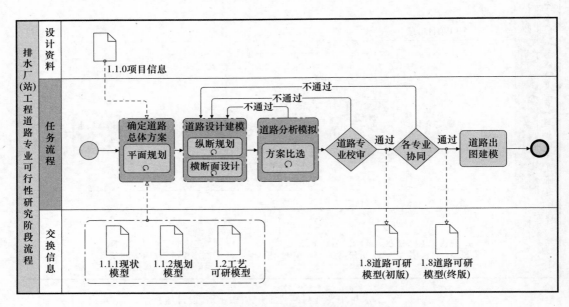

图 5-8　道路专业可行性研究阶段 BIM 设计流程

8. 照明、安防、防雷接地专业

　　照明、安防、防雷接地专业可研模型（ID：1.9），主要内容：可行性研究阶段可不进行照明设计，主要是确定建构筑物的防雷保护等级，确定防雷接地基本形式；确定安防系统形式等。模型精细度 LOD1.0，模型单元几何表达精度 G2。可通过防雷等级选择与分析、方案比选等应用辅助进行方案设计。相关 BIM 应用见表 5-21。

可行性研究阶段照明、安防、防雷接地专业 BIM 应用　　　表 5-21

功能/需求	BIM 应用	应用描述	信息来源
防雷设计	防雷等级选择与分析	提取现状信息，根据项目所在地气象信息、建筑物尺寸及工艺性质确定建（构）筑物的防雷保护等级，确定防雷接地基本形式	ID：1.1.0 ID：1.1.1 ID：1.4
安防设计	方案比选	提取现状信息以及工艺设备信息通过工艺负荷等级分析及厂区模型布置情况，确定安防系统形式	ID：1.1 ID：1.2

　　照明、安防、防雷接地专业可研阶段的审核内容包括：防雷、安防系统方案合理性、各供配电设备的用房位置，主要设备、线路选择等。校审完毕后，将照明、安防、防雷接地模型（ID：1.9 初版）上传至协同共享平台。

　　协同完毕，将照明、安防、防雷接地模型（ID：1.9 终版）上传至协同共享平台，完成本阶段设计工作。照明、安防、防雷接地专业可行性研究阶段 BIM 设计流程如图 5-9所示。

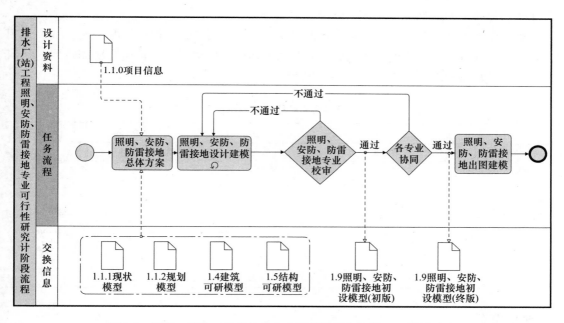

图 5-9　照明、安防、防雷接地专业可行性研究阶段 BIM 设计流程

5.3.3　可行性研究阶段主要设计资料

　　可行性研究阶段排水厂（站）工程设计资料（ID：1.1）由工艺专业进行收集和提供，主要设计资料由三部分组成，第一部分：工程概况、工程平面总图（工程勘察信息）；第二部分：上阶段各评审报告、环评报告等；周边水体水文资料：水位以及水质等；第三部分：地表地物及地下管线资料及物探报告、规划资料（红线）等。

　　1. 项目信息

　　项目信息（ID：1.1.0，见表 5-22）包括排水厂（站）工程工程项目基本信息、建设说明、技术标准等信息，项目信息不以模型实体的形式出现，是项目级的信息，供项目整体使用。

主要技术标准信息包括排水厂（站）设计规模，进出水水质、火灾危险等级、耐火等级、使用年限、抗震抗浮和用电负荷等。项目信息的具体信息元素根据可行性研究阶段所需要达到信息等级在附录 A 中查找取用。

可行性研究阶段项目信息深度等级   表 5-22

类别	属性组	信息元素	信息等级
项目信息 ID：1.1.0	工程项目基本信息	附录 A：表 A-1	N1
	建设说明	附录 A：表 A-2	N1
	技术标准	附录 A：表 A-3	N1

2. 现状模型

现状模型（ID：1.1.1，见表 5-23）包括设计项目工程范围内及周边的现状场地地形、现状场地地质、现状地面基础设施。如现状建筑物、构筑物、道路、河道以及林木、农田等现状场地要素的信息。

现状模型单元的具体信息元素应根据可行性研究所需要达到信息深度等级在附录 B 相应表格中查找取用。现状模型的模型单元几何表达精度应根据可行性研究所需达到的几何表达精度等级按照附录 T 中表 T-1 规定建模。

可行性研究阶段现状模型信息   表 5-23

类别	模型元素	信息元素	信息等级	几何精度
现状模型 ID：1.1.1	场地地形	附录 B：表 B-1	N1	G1
	场地地质	附录 B：表 B-2	N1	G1
	现状建筑物	附录 B：表 B-3	N1	G1
	现状构筑物	附录 B：表 B-4	N1	G1
	现状地面道路	附录 B：表 B-5	N1	G1
	现状河道（湖泊）	附录 B：表 B-10	N1	G1
	现状林木	附录 B：表 B-13	N1	G1
	现状农田	附录 B：表 B-14	N1	G1

3. 规划模型

规划模型（ID：1.1.2，见表 5-24）主要包括规划地形、规划给水工程、规划水系及规划防汛工程等与工程设计相关及影响工程设计的要素信息。

可行性研究阶段规划模型信息   表 5-24

类别	模型元素	信息元素	信息等级	几何精度
规划模型 ID：1.1.2	规划地形	附录 C：表 C-2	N1	G1
	规划污水工程	附录 C：表 C-8	N1	G1
	规划用地	附录 C：表 C-10	N1	G1
	规划水系	附录 C：表 C-11	N1	G1
	规划防汛工程	附录 C：表 C-12	N1	G1

规划模型单元的具体信息元素应根据可行性研究阶段所需要达到信息等级在附录C相应表格中查找取用。规划模型中可视化几何表达精度应根据可行性研究阶段所需达到的几何表达精度等级按照附录T中表T-2规定建模。

5.3.4 可行性研究阶段设计信息

排水厂（站）工程可行性研究阶段模型由工艺模型（ID：1.2）、电气模型（ID：1.3）、建筑模型（ID：1.4）、结构模型（ID：1.5）、暖通模型（ID：1.6）、给水排水模型（ID：1.7）、道路模型（ID：1.8）及照明、防雷接地、安防模型（ID：1.9）组成，各构（建）筑物根据实际情况其专业配置稍有不同。

可行性研究阶段设计信息又分为设计参数信息和模型单元信息。

设计参数主要包含影响功能级模型单元（构筑物级）的尺寸及布局的设计参数，通过设计参数信息可以实现自动建模等应用。

模型单元信息主要包含构件级单元（设备构件）的几何表达精度以及信息深度，通过模型单元信息可以实现设备及构件自动选型等应用。

1. 设计参数信息

设计参数信息（ID：1.N.1，见表5-25）主要包括可行性研究阶段厂区平面以及各构（建）筑物在所对应专业上的设计参数信息，设计参数信息可通过附录中对应表格查询其所需达到的信息深度等级（Nx）。

可行性研究阶段设计参数信息 表 5-25

类别	子类别	信息元素	信息深度
工艺设计参数 ID：1.2.1	厂区平面	附录D：表D-2	N1
	合流泵站	附录D：表D-10	N1
	粗格栅及进水泵房	附录D：表D-11	N1
	细格栅及曝气沉砂池	附录D：表D-12	N1
	A^2/O生化池	附录D：表D-13	N1
	二沉池	附录D：表D-14	N1
	高效沉淀池	附录D：表D-15	N1
	污泥浓缩池	附录D：表D-16	N1
	污泥脱水车间	附录D：表D-17	N1
电气设计参数 ID：1.3.1	厂区平面	附录F：表F-1	N1
	合流泵站	附录F：表F-2	N1
	粗格栅及进水泵房	附录F：表F-2	N1
	细格栅及曝气沉砂池	附录F：表F-2	N1
	A^2/O生化池	附录F：表F-2	N1
	二沉池	附录F：表F-2	N1
	高效沉淀池	附录F：表F-2	N1
	污泥浓缩池	附录F：表F-2	N1
	污泥脱水车间	附录F：表F-2	N1

类别	子类别	信息元素	信息深度
建筑设计参数 ID：1.4.1	厂区平面	附录 H：表 H-1	N1
	合流泵站	附录 H：表 H-2	N1
	粗格栅及进水泵房	附录 H：表 H-2	N1
	细格栅及曝气沉砂池	附录 H：表 H-2	N1
	高效沉淀池	附录 H：表 H-3	N1
	污泥浓缩池	附录 H：表 H-3	N1
	污泥脱水车间	附录 H：表 H-2	N1
结构设计参数 ID：1.5.1	厂区平面	附录 J：表 J-1	N1
	合流泵站	附录 J：表 J-2	N1
	粗格栅及进水泵房	附录 J：表 J-2	N1
	细格栅及曝气沉砂池	附录 J：表 J-2	N1
	A^2/O 生化池	附录 J：表 J-3	N1
	二沉池	附录 J：表 J-3	N1
	高效沉淀池	附录 J：表 J-3	N1
	污泥浓缩池	附录 J：表 J-3	N1
	污泥脱水车间	附录 J：表 J-2	N1
暖通设计参数 ID：1.6.1	合流泵站	附录 L：表 L-1	N1
	粗格栅及进水泵房	附录 L：表 L-1	N1
	细格栅及曝气沉砂池	附录 L：表 L-1	N1
	污泥脱水车间	附录 L：表 L-1	N1
给水排水设计参数 ID：1.7.1	厂区平面	附录 N：表 N-1	N1
	合流泵站	附录 N：表 N-2	N1
	粗格栅及进水泵房	附录 N：表 N-2	N1
	细格栅及曝气沉砂池	附录 N：表 N-2	N1
	污泥脱水车间	附录 N：表 N-2	N1
道路设计参数 ID：1.8.1	厂区平面	附录 P：表 P-1	N1
照明、安防、防雷接地设计参数 ID：1.9.1	厂区平面	附录 R：表 R-1	N1
	合流泵站	附录 R：表 R-1	N1
	粗格栅及进水泵房	附录 R：表 R-1	N1
	细格栅及曝气沉砂池	附录 R：表 R-1	N1
	A^2/O 生化池	附录 R：表 R-1	N1
	二沉池	附录 R：表 R-1	N1
	高效沉淀池	附录 R：表 R-1	N1
	污泥浓缩池	附录 R：表 R-1	N1
	污泥脱水车间	附录 R：表 R-1	N1

2. 模型单元信息

可行性研究阶段模型单元信息（ID：1.N.2，见表 5-26）储存于功能级模型实体中，主要包括厂区平面、各构（建）筑物所对应专业的模型单元信息及模型精细度（LODx.0），通过对应附录中表格，可查询到相应的几何表达精度等级（Gx）和信息深度等级（Nx），其中几何表达精度等级（Gx）内容可通过附录 T 表 T-3～表 T-9 按专业查询。

可行性研究阶段模型单元精细度等级　　　　　　　　　　　表 5-26

类别	子类别	模型单元	模型精细度
工艺模型元素 ID：1.2.2	厂区平面	附录 E：表 E-3	LOD1.0
	合流泵站	附录 E：表 E-11	LOD1.0
	粗格栅及进水泵房	附录 E：表 E-12	LOD1.0
	细格栅及曝气沉砂池	附录 E：表 E-13	LOD1.0
	A^2/O 生化池	附录 E：表 E-14	LOD1.0
	二沉池	附录 E：表 E-15	LOD1.0
	高效沉淀池	附录 E：表 E-16	LOD1.0
	污泥浓缩池	附录 E：表 E-17	LOD1.0
	污泥脱水车间	附录 E：表 E-18	LOD1.0
电气模型元素 ID：1.3.2	厂区平面	附录 G：表 G-1	LOD1.0
	合流泵站	附录 G：表 G-2	LOD1.0
	粗格栅及进水泵房	附录 G：表 G-2	LOD1.0
	细格栅及曝气沉砂池	附录 G：表 G-2	LOD1.0
	A^2/O 生化池	附录 G：表 G-2	LOD1.0
	二沉池	附录 G：表 G-2	LOD1.0
	高效沉淀池	附录 G：表 G-2	LOD1.0
	污泥浓缩池	附录 G：表 G-2	LOD1.0
	污泥脱水车间	附录 G：表 G-2	LOD1.0
建筑模型元素 ID：1.4.2	厂区平面	附录 I：表 I-1	LOD1.0
	合流泵站	附录 I：表 I-2	LOD1.0
	粗格栅及进水泵房	附录 I：表 I-2	LOD1.0
	细格栅及曝气沉砂池	附录 I：表 I-2	LOD1.0
	高效沉淀池	附录 I：表 I-3	LOD1.0
	污泥浓缩池	附录 I：表 I-3	LOD1.0
	污泥脱水车间	附录 I：表 I-2	LOD1.0
结构模型元素 ID：1.5.2	厂区平面	附录 K：表 K-3	LOD1.0
	合流泵站	附录 K：表 K-11	LOD1.0
	粗格栅及进水泵房	附录 K：表 K-12	LOD1.0
	细格栅及曝气沉砂池	附录 K：表 K-13	LOD1.0
	A^2/O 生化池	附录 K：表 K-14	LOD1.0
	二沉池	附录 K：表 K-15	LOD1.0
	高效沉淀池	附录 K：表 K-16	LOD1.0
	污泥浓缩池	附录 K：表 K-17	LOD1.0
	污泥脱水车间	附录 K：表 K-18	LOD1.0
暖通模型元素 ID：1.6.2	合流泵站	附录 M：表 M-1	LOD1.0
	粗格栅及进水泵房	附录 M：表 M-1	LOD1.0
	细格栅及曝气沉砂池	附录 M：表 M-1	LOD1.0
	污泥脱水车间	附录 M：表 M-1	LOD1.0
给水排水模型元素 ID：1.7.2	厂区平面	附录 O：表 O-1	LOD1.0
	合流泵站	附录 O：表 O-2	LOD1.0
	粗格栅及进水泵房	附录 O：表 O-2	LOD1.0
	细格栅及曝气沉砂池	附录 O：表 O-2	LOD1.0
	污泥脱水车间	附录 O：表 O-2	LOD1.0

续表

类别	子类别	模型单元	模型精细度
道路模型元素 ID：1.8.2	厂区平面	附录 Q：表 Q-1	LOD1.0
照明、安防、防雷 接地模型元素 ID：1.9.2	厂区平面	附录 S：表 S-1	LOD1.0
	合流泵站	附录 S：表 S-1	LOD1.0
	粗格栅及进水泵房	附录 S：表 S-1	LOD1.0
	细格栅及曝气沉砂池	附录 S：表 S-1	LOD1.0
	A^2/O 生化池	附录 S：表 S-1	LOD1.0
	二沉池	附录 S：表 S-1	LOD1.0
	高效沉淀池	附录 S：表 S-1	LOD1.0
	污泥浓缩池	附录 S：表 S-1	LOD1.0
	污泥脱水车间	附录 S：表 S-1	LOD1.0

5.4 初步设计阶段交换信息

5.4.1 初步设计阶段设计原则

（1）初步设计应在可行性研究报告批准后进行。

（2）设计深度应能满足审批、投资控制、施工准备和设备订购的要求。

（3）合理确定工程建设规模、厂址位置及总体布置，使工程建设与城镇的发展相协调。

（4）采用技术先进成熟、高效节能、管理简单、运行灵活、稳妥可靠的处理工艺，以确保污水处理效果。确定工艺流程，并对各处理设施进行计算及设备选型，保证设计参数的可靠性。

（5）设计应全面，除工艺设计外，还应包括建筑设计、结构设计、供暖通风设计、供电设计、仪表及自动控制设计、劳动卫生设计和人员编制设计等。

5.4.2 初步设计阶段设计流程

1. 工艺专业

工艺专业初设计模型（ID：2.2）主要表达工艺流程、厂平面及竖向设计、土方平衡、占地面积；同时对单体构筑物的设计参数、尺寸、主要设备选型及布置、药剂消耗进行设计。模型精细度 LOD2.0，模型单元几何表达精度 G2。

初步设计阶段工艺专业首先确定工艺总体设计，可通过土方平衡、竖向分析、构筑物设计、工艺校核以及厂平面分析等应用辅助进行设计。相关 BIM 应用见表 5-27。

初步设计阶段工艺专业 BIM 应用   表 5-27

功能/需求	BIM 应用	备注	信息来源
土方平衡	土方平衡	提取厂区平面及地形、地址信息进行土方平衡分析，统计清表，填挖，夯实等过程的工程量	ID：2.2.1 ID：2.1.1
设计建模	构筑物设计	根据工艺设计参数信息对构筑物、主要设备进行分析计算后，建立初模，有效辅助设计	ID：2.2.1

功能/需求	BIM 应用	备注	信息来源
设计建模	竖向分析	1. 提取工艺模型元素信息，计算各单体构筑物及工艺连接管水损，利于竖向设计； 2. 分析构筑物中部分加压设备（如：水泵）的性能参数，辅助设备选型	ID：2.2.2
分析模拟	工艺校核	1. 根据进出水质水量等工艺设计参数信息（构件级）结合构筑物模型尺寸核算负荷等参数，并与规范、大数据进行评估校核； 2. 提取设计工艺设计信息进行仿真模拟，校核其出水水质是否达标	ID：2.2.1 ID：2.5.2 ID：2.2
	厂平面分析	提取厂平布置中的模型信息，如构（建）筑物位置及尺寸，分析校核构（建）筑物间距是否满足规范要求	ID：2.2.2 ID：2.4.2 ID：2.5.2
专业协同	碰撞分析	提取初模中管道及土建信息进行碰撞分析，出具碰撞检测报告，并与建筑、结构专业协同修改	ID：2.2.2 ID：2.4.2 ID：2.5.2
出图	工程量统计	提取模型中设备及材料信息进行数量统计，生成工程量单	ID：2.2.2

工艺模型校审主要内容为工艺设计参数，构筑物分组布置，设备管线布置等。可通过工艺校核以及厂平面分析等应用对工艺设计进行分析校审。校审完毕后，将工艺模型（ID：2.2 初版）上传至协同共享平台，供电气、建筑、结构专业参照设计。

各专业初版模型设计完成后，通过碰撞分析进行专业协同。协同完毕，将模型（ID：2.2 终版）上传至协同共享平台，完成本阶段设计工作。工艺专业初步设计阶段 BIM 设计流程如图 5-10 所示。

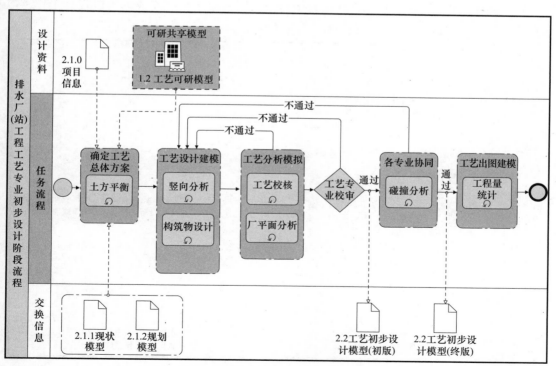

图 5-10　工艺专业初步设计阶段 BIM 设计流程

2. 电气专业

电气专业初设模型（ID：2.3）主要表达电源资料、负荷计算、供配电系统、保护计量及设备选型，同时对自控系统、仪表系统及通信方式进行深化设计。模型精细度LOD2.0，模型单元几何表达精度 G2。

电气专业初步设计阶段方案设计主要内容为确定电源位置及电压等级、用电负荷、高低压配电系统、变压器容量及运行方式、控制仪表系统设计的原则和标准，控制系统结构及功能，系统软件、自控仪表的控制内容及功能描述、设备选型、厂区管线布置及弱电系统等。可通过变配电间布局、厂区管线布置以及自控设计等应用辅助进行设计。相关 BIM应用见表 5-28。

初步设计阶段电气专业 BIM 应用 表 5-28

功能/需求	BIM 应用	备注	信息来源
电气设计	变配电间布局	提取工艺模型中用电设备信息，根据负荷性质及可靠性要求确定高低压配电系统、变压器容量及运行方式，确定变配电间平面布置	ID：2.2
	厂区管线布置	提取工艺模型中用电设备信息，通过厂区负荷分布确定变配电中心位置及厂区电气管沟走向	ID：2.2
	自控设计	提取工艺模型中水质监测仪表以及流量控制设备信息，通过对进出水水质要求分析及水处理工艺流程确定仪表的选择和设置位置，确定自控系统中仪表及设备的控制方式	ID：2.2

电气模型校审主要内容为厂区配电中心设置及厂区管线布置，配电间及控制室，配电系统及自控系统结构，厂内在线水质检测仪表设置，电气消防、节能和环保等。校审完毕后，将电气模型（ID：2.3 初版）上传至协同共享平台，供建筑、结构专业参照设计。

协同完毕，将模型（ID：2.3 终版）上传至协同共享平台，完成本阶段设计工作。电气专业初步设计阶段 BIM 设计流程如图 5-11 所示。

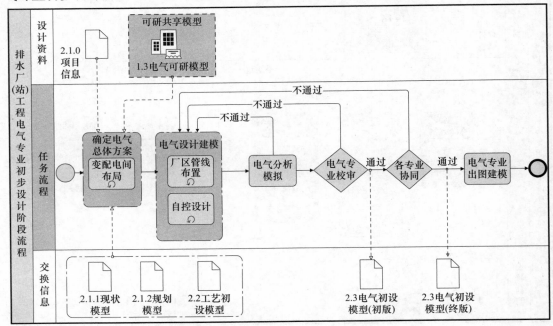

图 5-11 电气专业初步设计阶段 BIM 设计流程

3. 建筑专业

建筑专业初设模型（ID：2.4）主要表达建筑物及构筑物的建筑布局及设计。模型精细度LOD2.0，模型单元几何表达精度G2。可通过功能布局、无障碍设计、节能设计以及建筑模拟等应用辅助进行设计。相关BIM应用见表5-29。

初步设计阶段建筑专业BIM应用 表5-29

功能/需求	BIM应用	备注	信息来源
建（构）筑物设计	功能布局	在工艺条件基础上，对建筑单体进行功能布局，设计建筑单体防火分区、主要出入口位置及交通流线组织	ID：2.2.2
	建筑模拟	对建筑主要构件进行深化，包括墙体构造、屋面做法、门窗造型、内部装修使用的主要建筑材料等，对建筑造型进行进一步完善	ID：2.4.2
	无障碍设计	对基地总体上、建筑单体内的各种无障碍设施进行无障碍设计	ID：2.4
	节能设计	提取建筑模型中构件信息，进行简要的建筑节能设计，对建筑体形系数、窗墙比、屋顶透光部分等主要参数进行确定，明确屋面、外墙、外窗等围护结构的热工性能及节能构造措施	ID：2.4

建筑模型校审主要内容为建筑物的功能布局、结构选型、防火设计、无障碍设计、节能等。校审完毕后，将建筑模型（ID：2.4初版）上传至协同共享平台，供结构专业参照设计。

协同完毕，将模型（ID：2.4终版）上传至协同共享平台，完成本阶段设计工作。建筑专业初步设计阶段BIM设计流程如图5-12所示。

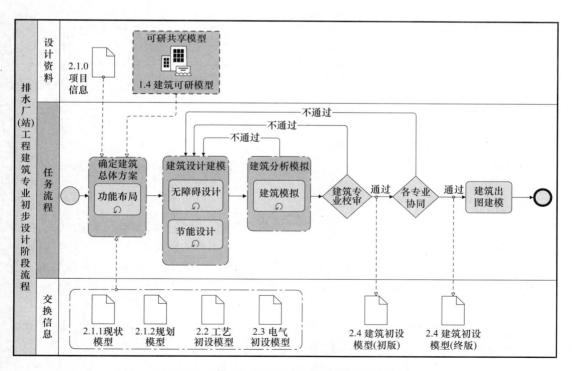

图5-12 建筑专业初步设计阶段BIM设计流程

4. 结构专业

结构初设模型（ID：2.5）主要表达厂区边坡方案，支护方案，构筑物的设计等。模型精细度 LOD1.0，模型单元几何表达精度 G2。

结构专业初步设计阶段方案设计主要内容包括：收集并说明工程所在地的工程地质条件，确定抗震设防烈度，确定结构设计的其他特殊要求，如抗浮、防水、防爆、防震、防腐蚀措施等，主要结构形式，基础形式，建筑材料等。可通过基坑支护以及边坡挡墙、结构设计、结构分析等应用辅助进行设计。相关 BIM 应用见表 5-30。

初步设计阶段结构专业 BIM 应用　　　　　　　　　　　　　表 5-30

功能/需求	BIM 应用	应用描述	信息来源
结构设计	结构设计	通过提取初步设计阶段工艺模型中设计参数，进行参数化驱动，自动生成结构详细模型，辅助设计师进行结构的初步设计工作	ID：2.2.1
结构分析	结构分析	提取已搭建结构模型以及风雪荷载、地下水位、冰冻深度、地震基本烈度、工程地质，对于复杂结构模型，在必要时可以对初设结构模型进行主体结构的有限元分析，检查结构体系的安全性和合理性	ID：2.2.5 ID：2.2.1
场地设计	基坑支护方案、边坡挡墙方案	1. 提取场地地质信息，以及结构模型信息，分析构筑物开挖面积及开挖深度，导入基坑设计软件进行主要支护结构的计算分析，辅助设计师确定基坑支护初步设计，并统计较详细的工程量； 2. 提取场地地质信息，分析场地开挖范围及开挖深度，辅助设计师确定初步的场地环境边坡支挡的初步设计方案，并统计较详细的工程量	ID：2.1.1 ID：2.5
碰撞协同	碰撞分析	提取工艺模型、电气模型以及建筑模型，与已搭建结构模型进行碰撞分析，碰撞分析分为两种：一是检查工艺电气穿墙管线是否预留孔洞，二是检查建筑门窗与结构墙、梁是否存在冲突	ID：2.2 ID：2.3 ID：2.4 ID：2.5

结构模型校审主要内容：结构布置体系的安全性、完整性及经济合理性；结构构件的截面尺寸；设计参数的选用；检查地基处理方案、边坡处理方案、基坑处理方案等。校审完毕后，将结构模型（ID：2.5 初版）上传至协同共享平台，供其他专业参照设计。

利用碰撞分析与其他专业进行协同，协同完毕，将结构模型（ID：2.5 终版）上传至协同共享平台，完成本阶段设计工作。结构专业初步设计阶段 BIM 设计流程如图 5-13 所示。

5. 暖通专业

暖通专业初设模型（ID：2.6）主要表达冷热媒参数、通风设计参数、空调（风、水）系统设备配置形式等，对冷热源机房、供暖、通风、空调系统进行深化设计，进行通风分析模拟。模型精细度 LOD2.0，模型单元几何表达精度 G2。可通过空调冷热负荷分析、设备及管线参数分析、可视化建模以及 CFD 分析等应用辅助进行设计。相关 BIM 应用见表 5-31。

暖通专业的审核内容包括：供暖、热源、通风、空调系统设备配置形式。校审完毕后，将暖通模型（ID：2.6 初版）上传至协同共享平台。

协同完毕，将暖通模型（ID：2.6 终版）上传至协同共享平台，完成本阶段设计工作。暖通专业初步设计阶段 BIM 设计流程如图 5-14 所示。

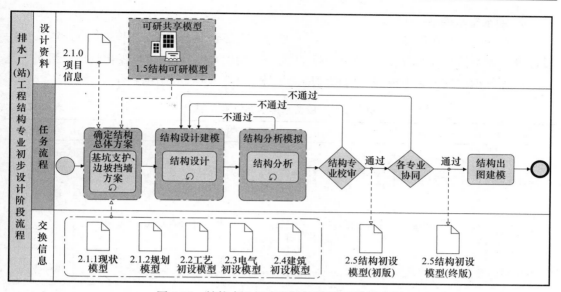

图 5-13　结构专业初步设计阶段 BIM 设计流程

初步设计阶段暖通专业 BIM 应用

表 5-31

功能/需求	BIM 应用	应用描述	信息来源
设计建模	空调冷热负荷分析	选用软件的负荷计算功能模块，提取现状信息以及暖通设计参数自动计算空调冷热负荷，使设备的选型及布置更加合理经济	ID：2.1.1 ID：2.6.1
	设备及管线参数设计	设定好设备及管线参数，通过软件进行模拟运行，能够显示各设备的运行状态以及流体在管道中的流速、阻力等，从而确定管径和设备选型	ID：2.6.1
	可视化建模	提取暖通设计参数，建立初设深度模型	ID：1.6 ID：2.6.1
通风分析模拟	CFD 分析	提取暖通模型，通过软件分析各层环路阻力的平衡性和排风均匀性是否满足规范要求，若不满足需调整系统布置形式或截面	ID：2.6
工程量统计	工程量统计	提取模型的设备、主要管道及附件等信息，生成主要设备材料表	ID：2.6.2

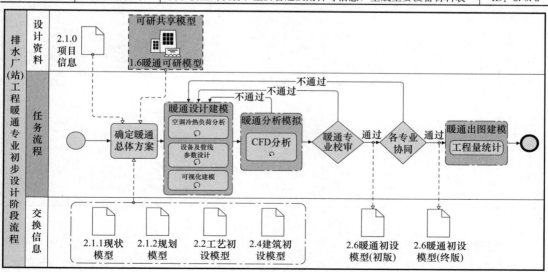

图 5-14　暖通专业初步设计阶段 BIM 设计流程

6. 给水排水专业

给水排水专业初设模型（ID：2.7）主要表达主要设备和干管设计、水力计算、消防设计等。模型精细度 LOD2.0，模型单元几何表达精度 G2。可通过可视化建模，流量、流速、水压分析以及火灾模拟等应用辅助进行设计。相关 BIM 应用见表 5-32。

初步设计阶段给水排水专业 BIM 应用 　　　　表 5-32

功能/需求	BIM 应用	应用描述	信息来源
设计建模	可视化建模	提取给水排水设计参数、气象信息、现状信息、设计参数，建立初设深度模型	ID：1.7 ID：2.1.0 ID：2.1.1 ID：2.7.1
水力计算	流量、流速、水压分析	将管线模型导入分析软件，通过用水/排水设备水量，根据计算书计算各管段流量，以规范校核各设计管段流速、水压	ID：2.7.2
消防校核	火灾模拟	将管线模型导入模拟软件，通过模拟室内室外某一点位火灾情况，检验设计消防水量水压及消防点位的布置是否满足要求	ID：2.7.2
工程量统计	工程量统计	提取初设模型中主要设备及材料信息，生成主要设备材料表	ID：2.7.2

给水排水专业初设阶段审核内容包括：消防系统选择、消防系统方案布置、供水系统、排水系统、各系统标准参数、各系统方案等。校审完毕后，将给水排水模型（ID：2.7初版）上传至协同共享平台。

协同完毕，将给水排水模型（ID：2.7终版）上传至协同共享平台，完成本阶段设计工作。给水排水专业初步设计阶段 BIM 设计流程如图 5-15 所示。

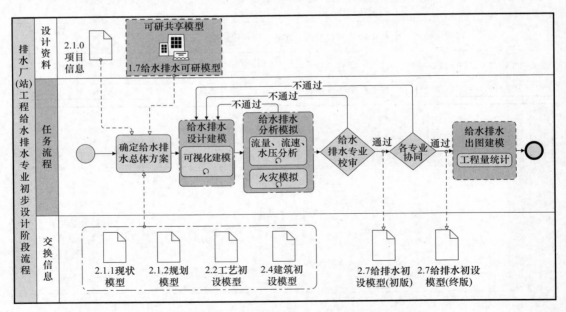

图 5-15　给水排水专业初步设计阶段 BIM 设计流程

7. 道路专业

道路专业初设模型（ID：2.8）主要表达道路平面、纵断设计及横断设计，准确的道路平曲线设计、交口设计、纵断曲线设计及交叉口纵断设计、横断面形式设计及材料的确定。模型精细度 LOD2.0，模型单元几何表达精度 G2。可通过平面规划、纵断规划、横断面设计、驾驶模拟等应用辅助进行方案设计。相关 BIM 应用见表 5-33。

初步设计阶段道路专业 BIM 应用 表 5-33

功能/需求	BIM 应用	应用描述	信息来源
道路设计	平面规划	提取道路规划信息，设计道路路线及平面图，包括道路变宽设计、渠化设计、转弯处超高加宽设计等	ID：1.1.2 ID：2.8.1
	纵断规划	根据场地地形对道路进行纵断设计，包括交叉口纵断设计等	ID：1.1.1 ID：2.8.1
	横断面设计	确定各个道路横断面形式及应用材料	ID：2.8.1
虚拟漫游	驾驶模拟	生成简易三维模型，进行驾驶模拟，对道路线形、纵断设计及车道排布的舒适性和安全性进行二次检查，并结合场地状况对道路周边填方、挖方情况进行观测	ID：2.8.1 ID：1.1.1
工程量统计	工程量统计	提取道路模型，计算土方填挖量	ID：2.8.2

初步设计阶段对应的审核内容主要包括：道路总体设计，道路平纵横设计等。校审完毕后，将道路模型（ID：2.8 初版）上传至协同共享平台。

协同完毕，将道路模型（ID：2.8 终版）上传至协同共享平台，完成本阶段设计工作。道路专业初步设计阶段 BIM 设计流程如图 5-16 所示。

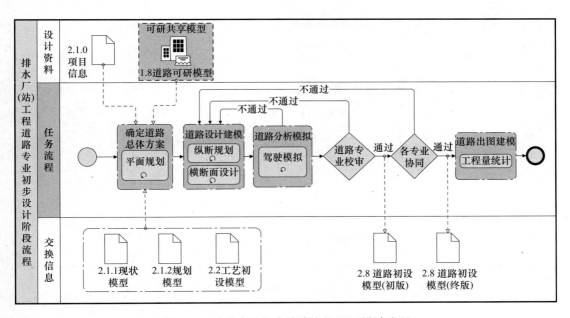

图 5-16 道路专业初步设计阶段 BIM 设计流程

8. 照明、安防、防雷接地专业

照明、安防、防雷接地专业初设模型（ID：2.9）主要表达照明灯具设置，建构筑物及设备的防雷、接地、防爆及等电位联结的形式，火灾报警、门禁、周界防范、广播等系统方案。模型精细度 LOD2.0，模型单元几何表达精度 G2。可通过灯具布置方案、方案比选等应用辅助进行方案设计，相关 BIM 应用见表 5-34。

初步设计阶段照明、安防、防雷接地专业 BIM 应用　　　　　表 5-34

功能/需求	BIM 应用	应用描述	信息来源
照明设计	灯具布置方案	提取现状信息，根据建筑物尺寸及用途确定照明灯具设置原则，各建筑物不同类型房间照明照度设计标准	ID：2.1.0 ID：2.1.1 ID：2.4
安防设计	方案比选	提取现状信息以及工艺设备信息，通过工艺负荷等级分析及厂区模型布置情况，确定火灾报警、门禁、周界防范、广播等系统方案	ID：2.1 ID：2.2

　　照明、安防、防雷接地专业的审核内容包括：供电电源及供电方案；用电负荷特点和等级；变配电所的面积和主要电气设备布置；照明、安防、防雷系统安全、可靠、经济、合理、节能、环保等。校审完毕后，将照明、安防、防雷接地模型（ID：2.9 初版）上传至协同共享平台。

　　协同完毕，将照明、安防、防雷接地模型（ID：2.9 终版）上传至协同共享平台，完成本阶段设计工作。照明、安防、防雷接地专业初步设计阶段 BIM 设计流程如图 5-17 所示。

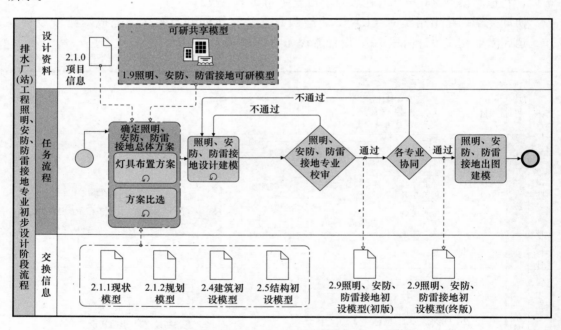

图 5-17　照明、安防、防雷接地专业初步设计阶段 BIM 设计流程

5.4.3　初步设计阶段主要设计资料

　　初步设计阶段主要设计资料（ID：2.1）与可行性研究阶段一样，由项目信息、现状模型、规划模型三部分组成。设计资料由工艺专业进行收集和提供。

1. 项目信息

　　项目信息（ID：2.1.0，见表 5-35）包含工程项目基本信息、建设说明和技术标准三个属性组，项目信息在信息模型中不以模型实体的形式出现，是项目级的信息，供项目整体使用。

技术标准包括排水厂（站）设计规模，进出水水质、火灾危险等级、耐火等级、使用年限、抗震抗浮和用电负荷等。项目信息的信息元素应根据初设所需要达到信息等级在附录 A 中查找取用。

初步设计阶段项目信息深度等级　　表 5-35

类别	属性组	信息元素	信息等级
项目信息	工程项目基本信息	附录 A：表 A-1	N2
	建设说明	附录 A：表 A-2	N2
	技术标准	附录 A：表 A-3	N2

2. 现状模型

初设现状模型（ID：2.1.1，见表 5-36），包含工程地质勘测等场地地形地质模型单元，其信息在信息模型中应储存于模型实体中。现状模型的信息元素应根据初设所需要达到信息等级在附录 B 相应表格中查找取用。现状模型中不同模型单元的几何表达精度应根据初设所需达到的几何表达精度等级在附录 T 中表 T-1 的规定建模。

初步设计阶段现状模型信息　　表 5-36

类别	模型单元	信息元素	信息等级	几何精度
现状模型	场地地形	附录 B：表 B-1	N2	G1
	场地地质	附录 B：表 B-2	N2	G1
	现状建筑物	附录 B：表 B-3	N2	G1
	现状构筑物	附录 B：表 B-4	N2	G1
	现状地面道路	附录 B：表 B-5	N2	G1
	现状河道（湖泊）	附录 B：表 B-10	N2	G1
	现状林木	附录 B：表 B-13	N2	G1
	现状农田	附录 B：表 B-14	N2	G1

3. 规划模型

初设规划模型（ID：2.1.2，见表 5-37），包含各相关规划模型单元，其信息在信息模型中应储存于模型实体中。规划模型的信息元素应根据初设所需要达到信息等级在附录 C 相应表格中查找取用。规划模型中不同模型单元的几何表达精度应根据初设所需达到的几何表达精度等级在附录 T 中表 T-2 的规定建模。

初步设计阶段规划模型信息　　表 5-37

类别	模型元素	信息元素	信息等级	几何精度
规划模型	规划地形	附录 C：表 C-2	N2	G1
	规划污水工程	附录 C：表 C-8	N2	G1
	规划用地	附录 C：表 C-10	N2	G1
	规划水系	附录 C：表 C-11	N2	G1
	规划防汛工程	附录 C：表 C-12	N2	G1

5.4.4　初步设计阶段设计信息

排水厂（站）初步设计阶段模型由工艺模型（ID：2.2）、电气模型（ID：2.3）、建筑模型（ID：2.4）、结构模型（ID：2.5）、暖通模型（ID：2.6）、给水排水模型（ID：2.7）、道路模型（ID：2.8）及照明、防雷接地、安防模型（ID：2.9）组成，各构（建）筑物根据实际情况专业配置稍有不同。

初步设计阶段设计信息分为设计参数信息和模型单元信息。

设计参数主要包含影响功能级模型单元（构筑物级）的尺寸及布局的设计参数，通过设计参数信息可以实现自动建模等应用。

模型单元信息主要包含构件级单元（设备构件）的几何表达精度以及信息深度，通过模型单元信息可以实现设备及构件自动选型等应用。

1. 设计参数信息

设计参数信息（ID：2.N.1，见表5-38）主要包括初步设计阶段厂区平面以及各构（建）筑物在所对应专业上的设计参数信息，设计参数信息可通过附录中对应表格查询其所需达到的信息深度等级（Nx）。

初步设计阶段设计参数信息　　　　　　　　　　表 5-38

类别	子类别	信息元素	信息深度
工艺设计参数 ID：2.2.1	厂区平面	附录 D：表 D-2	N2
	合流泵站	附录 D：表 D-10	N2
	粗格栅及进水泵房	附录 D：表 D-11	N2
	细格栅及曝气沉砂池	附录 D：表 D-12	N2
	A^2/O生化池	附录 D：表 D-13	N2
	二沉池	附录 D：表 D-14	N2
	高效沉淀池	附录 D：表 D-15	N2
	污泥浓缩池	附录 D：表 D-16	N2
	污泥脱水车间	附录 D：表 D-17	N2
电气设计参数 ID：2.3.1	厂区平面	附录 F：表 F-1	N2
	合流泵站	附录 F：表 F-2	N2
	粗格栅及进水泵房	附录 F：表 F-2	N2
	细格栅及曝气沉砂池	附录 F：表 F-2	N2
	A^2/O生化池	附录 F：表 F-2	N2
	二沉池	附录 F：表 F-2	N2
	高效沉淀池	附录 F：表 F-2	N2
	污泥浓缩池	附录 F：表 F-2	N2
	污泥脱水车间	附录 F：表 F-2	N2
建筑设计参数 ID：2.4.1	厂区平面	附录 H：表 H-1	N2
	合流泵站	附录 H：表 H-2	N2
	粗格栅及进水泵房	附录 H：表 H-2	N2
	细格栅及曝气沉砂池	附录 H：表 H-2	N2
	高效沉淀池	附录 H：表 H-3	N2
	污泥浓缩池	附录 H：表 H-3	N2
	污泥脱水车间	附录 H：表 H-2	N2

类别	子类别	信息元素	信息深度
结构设计参数 ID：2.5.1	厂区平面	附录J：表J-1	N2
	合流泵站	附录J：表J-2	N2
	粗格栅及进水泵房	附录J：表J-2	N2
	细格栅及曝气沉砂池	附录J：表J-2	N2
	A²/O生化池	附录J：表J-3	N2
	二沉池	附录J：表J-3	N2
	高效沉淀池	附录J：表J-3	N2
	污泥浓缩池	附录J：表J-3	N2
	污泥脱水车间	附录J：表J-2	N2
暖通设计参数 ID：2.6.1	合流泵站	附录L：表L-1	N2
	粗格栅及进水泵房	附录L：表L-1	N2
	细格栅及曝气沉砂池	附录L：表L-1	N2
	污泥脱水车间	附录L：表L-1	N2
给水排水设计参数 ID：2.7.1	厂区平面	附录N：表N-1	N2
	合流泵站	附录N：表N-2	N2
	粗格栅及进水泵房	附录N：表N-2	N2
	细格栅及曝气沉砂池	附录N：表N-2	N2
	污泥脱水车间	附录N：表N-2	N2
道路设计参数 ID：2.8.1	厂区平面	附录P：表P-1	N2
照明、安防、防雷接地设计参数 ID：2.9.1	厂区平面	附录R：表R-1	N2
	合流泵站	附录R：表R-1	N2
	粗格栅及进水泵房	附录R：表R-1	N2
	细格栅及曝气沉砂池	附录R：表R-1	N2
	A²/O生化池	附录R：表R-1	N2
	二沉池	附录R：表R-1	N2
	高效沉淀池	附录R：表R-1	N2
	污泥浓缩池	附录R：表R-1	N2
	污泥脱水车间	附录R：表R-1	N2

2. 模型单元信息

初步设计阶段模型单元信息（ID：2.N.2，见表5-39）储存于构件级模型实体中，主要包括初步设计阶段厂区平面、各构（建）筑物所对应专业的模型单元信息及模型精细度（LODx.0），通过对应附录中表格，可查询到相应的几何表达精度等级（Gx）和信息深度等级（Nx），其中几何表达精度等级（Gx）内容可通过附录T表T-3～表T-9按专业查询。

初步设计阶段模型单元精细度等级　　　　　　　　　表5-39

类别	子类别	模型单元	模型精细度
工艺模型元素 ID：2.2.2	厂区平面	附录E：表E-3	LOD2.0
	合流泵站	附录E：表E-11	LOD2.0
	粗格栅及进水泵房	附录E：表E-12	LOD2.0
	细格栅及曝气沉砂池	附录E：表E-13	LOD2.0

类别	子类别	模型单元	模型精细度
工艺模型元素 ID：2.2.2	A²/O生化池	附录 E：表 E-14	LOD2.0
	二沉池	附录 E：表 E-15	LOD2.0
	高效沉淀池	附录 E：表 E-16	LOD2.0
	污泥浓缩池	附录 E：表 E-17	LOD2.0
	污泥脱水车间	附录 E：表 E-18	LOD2.0
电气模型元素 ID：2.3.2	厂区平面	附录 G：表 G-1	LOD2.0
	合流泵站	附录 G：表 G-2	LOD2.0
	粗格栅及进水泵房	附录 G：表 G-2	LOD2.0
	细格栅及曝气沉砂池	附录 G：表 G-2	LOD2.0
	A²/O生化池	附录 G：表 G-2	LOD2.0
	二沉池	附录 G：表 G-2	LOD2.0
	高效沉淀池	附录 G：表 G-2	LOD2.0
	污泥浓缩池	附录 G：表 G-2	LOD2.0
	污泥脱水车间	附录 G：表 G-2	LOD2.0
建筑模型元素 ID：2.4.2	厂区平面	附录 I：表 I-1	LOD2.0
	合流泵站	附录 I：表 I-2	LOD2.0
	粗格栅及进水泵房	附录 I：表 I-2	LOD2.0
	细格栅及曝气沉砂池	附录 I：表 I-2	LOD2.0
	高效沉淀池	附录 I：表 I-3	LOD2.0
	污泥浓缩池	附录 I：表 I-3	LOD2.0
	污泥脱水车间	附录 I：表 I-2	LOD2.0
结构模型元素 ID：2.5.2	厂区平面	附录 K：表 K-3	LOD2.0
	合流泵站	附录 K：表 K-11	LOD2.0
	粗格栅及进水泵房	附录 K：表 K-12	LOD2.0
	细格栅及曝气沉砂池	附录 K：表 K-13	LOD2.0
	A²/O生化池	附录 K：表 K-14	LOD2.0
	二沉池	附录 K：表 K-15	LOD2.0
	高效沉淀池	附录 K：表 K-16	LOD2.0
	污泥浓缩池	附录 K：表 K-17	LOD2.0
	污泥脱水车间	附录 K：表 K-18	LOD2.0
暖通模型元素 ID：2.6.2	合流泵站	附录 M：表 M-1	LOD2.0
	粗格栅及进水泵房	附录 M：表 M-1	LOD2.0
	细格栅及曝气沉砂池	附录 M：表 M-1	LOD2.0
	污泥脱水车间	附录 M：表 M-1	LOD2.0
给水排水模型元素 ID：2.7.2	厂区平面	附录 O：表 O-1	LOD2.0
	合流泵站	附录 O：表 O-2	LOD2.0
	粗格栅及进水泵房	附录 O：表 O-2	LOD2.0
	细格栅及曝气沉砂池	附录 O：表 O-2	LOD2.0
	污泥脱水车间	附录 O：表 O-2	LOD2.0
道路模型元素 ID：2.8.2	厂区平面	附录 Q：表 Q-1	LOD2.0

续表

类别	子类别	信息元素	模型精细度
照明、安防、防雷接地模型元素 ID：2.9.2	厂区平面	附录 S：表 S-1	LOD2.0
	合流泵站	附录 S：表 S-1	LOD2.0
	粗格栅及进水泵房	附录 S：表 S-1	LOD2.0
	细格栅及曝气沉砂池	附录 S：表 S-1	LOD2.0
	A^2/O 生化池	附录 S：表 S-1	LOD2.0
	二沉池	附录 S：表 S-1	LOD2.0
	高效沉淀池	附录 S：表 S-1	LOD2.0
	污泥浓缩池	附录 S：表 S-1	LOD2.0
	污泥脱水车间	附录 S：表 S-1	LOD2.0

5.5　施工图阶段交换信息

5.5.1　施工图阶段设计原则

（1）施工图设计应在初步设计批准后进行；

（2）施工图设计是将初步设计精确具体化，其深度应满足土建施工、设备与管道安装、构件加工、施工预算编制的要求；

（3）应进行污水处理厂总平面布置与高程布置、各处理构筑物的平面和竖向设计，并精确表达所有构筑物的各个节点构造、尺寸。

5.5.2　施工图阶段设计流程

1. 工艺专业

工艺专业施工图阶段模型（ID：3.2）主要表达单体构筑物的精准位置和尺寸，包含各功能分区的尺寸设计；同时对设备的布置和安装、运行、维修进行分析和设计，详细描述设备的具体性能参数、材质等信息；管道的尺寸、材质、走向、占位、连接进行精准设计，管道附件的衔接和搭配进行详细设计；工艺材料的尺寸，排列布置详细表达。模型精细度 LOD3.0，模型单元几何表达精度 G3。

施工图阶段工艺专业设计，可通过设备模拟等应用辅助进行设计。相关 BIM 应用见表 5-40。

施工图阶段工艺专业 BIM 应用　　　　　　　　　　表 5-40

过程/需求	BIM 应用	备注	信息来源
设计建模	设备模拟	提取模型元素信息，对设备进场、安装、维修等进行方案模拟，判断构筑物设计、预留检修孔、净空是否满足要求	ID：3.2.1 ID：3.2.2 ID：3.4.2 ID：3.5.2
	碰撞分析	1. 提取施工图模型中管道及土建信息进行碰撞分析，出具碰撞检测报告，与建筑、结构专业协同修改； 2. 提取模型中管道信息，进行碰撞检查，及时修改，实现管道零碰撞	ID：3.2.2 ID：3.4.2 ID：3.5.2

续表

过程/需求	BIM 应用	备注	信息来源
算量	工程量统计	提取工艺模型中设备、管道及附件、工艺材料信息统计后生成工程量清单	ID：3.2.2
指导施工	虚拟漫游	提取模型元素信息，生成三维可视化模型，在漫游过程中，有助于施工单位更好理解设计意图，指导施工	ID：3.2.2

工艺模型校审主要内容为工艺设计参数，设备选型，设备管线布置，设备吊装孔洞预留。校审完毕后，将工艺模型（ID：3.2 初版）上传至协同共享平台，供电气、建筑、结构专业参照设计。

各专业初版模型设计完成后，通过碰撞分析以及管线碰撞进行专业协同。协同完毕，将模型（ID：3.2 终版）上传至协同共享平台，完成本阶段设计工作。工艺专业施工图阶段 BIM 设计流程如图 5-18 所示。

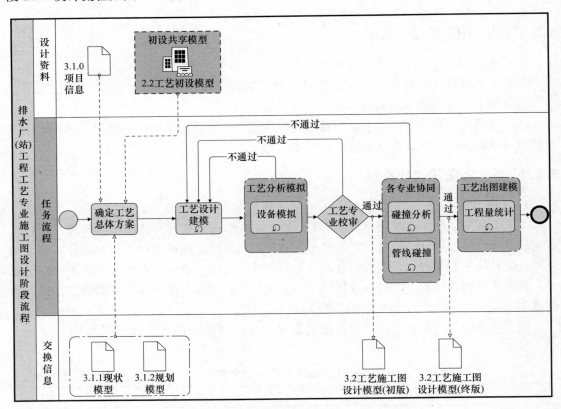

图 5-18　工艺专业施工图阶段 BIM 设计流程

2. 电气专业

电气专业施工图模型（ID：3.3）主要表达电气及控制系统施工图纸，包括变配电系统图，控制原理图，设备平（剖）面布置图，管线走向图及设备材料表等。模型精细度 LOD3.0，模型单元几何表达精度 G3。可通过电气设备及管线布置等应用辅助进行设计。相关 BIM 应用见表 5-41。

施工图阶段电气专业 BIM 应用　　　　　　　表 5-41

功能/需求	BIM 应用	备注	信息来源
电气设计	电气设备及管线布置	提取模型信息，对建筑物的构建、安装、维修进行方案模拟，看设计是否合理，预留检修孔洞以及净空是否满足要求，是否与结构梁柱有碰撞，是否满足各专业的设备需求。	ID：3.3 ID：3.4 ID：3.5
管线碰撞	碰撞分析	提取模型中管道及土建信息，进行碰撞分析，与建筑和工艺专业进行协同。碰撞分析分为两种：其一为管线与土建交叉碰撞未预留孔洞；其二为管线与土建平行布置但间距不满足管线敷设间距	ID：3.2 ID：3.3 ID：3.4 ID：3.5
工程量统计	工程量统计	提取模型内部电气及控制系统设备、管线及支架等信息，生成电气工程设备表	ID：3.3
指导施工	虚拟漫游	1. 提取模型信息，生成三维可视化模型，进行虚拟漫游，施工单位可更加理解设计意图，指导施工及设备安装，减少失误； 2. 结合 VR 技术，施工过程中进行远程多方（施工、设计、业主、监理、审计等）协同沟通，提高施工过程中沟通效率，使设计变更或施工联系更加高效	ID：3.2 ID：3.3 ID：3.4 ID：3.5

电气模型校审主要内容为线路保护开关及电缆规格选择，管线走向及布置方式，电气设备布置等。校审完毕后，将电气模型（ID：3.3 初版）上传至协同共享平台，供建筑、结构专业参照设计。

通过碰撞分析进行专业协同。协同完毕，将模型（ID：3.3 终版）上传至协同共享平台，完成本阶段设计工作。电气专业施工图阶段 BIM 设计流程如图 5-19 所示。

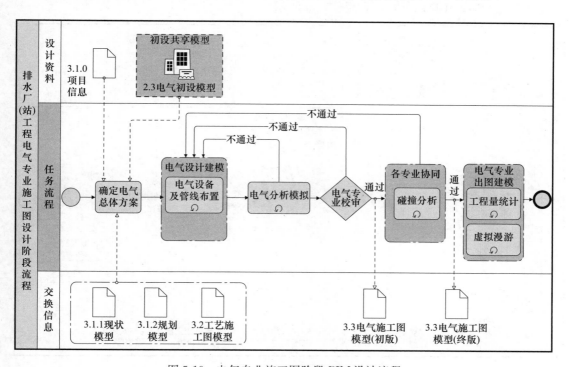

图 5-19　电气专业施工图阶段 BIM 设计流程

3. 建筑专业

建筑专业施工图模型（ID：3.4）主要表达单体建（构）筑物的精准位置和尺寸，包含各功能分区的尺寸设计；同时对建筑单体各构建构造做法进行明确，统计工程量，并指导施工。模型精细度 LOD3.0，模型单元几何表达精度 G3。可通过建筑模拟等应用辅助进行设计。相关 BIM 应用见表 5-42。

施工图阶段建筑专业 BIM 应用   表 5-42

功能/需求	BIM 应用	备注	信息来源
建（构）筑物设计	建筑模拟	1. 提取模型信息，对建筑物的构建、安装、维修进行方案模拟，看设计是否合理，预留检修孔洞以及净空是否满足要求，是否与结构梁柱有碰撞，是否满足各专业的设备需求； 2. 进一步完善建筑模型信息，包括建筑墙体构造做法、外部及内部装修、门窗型材等，完全模拟最后建筑实体	ID：3.4.2
工程量统计	工程量统计	提取模型内部门窗信息，生成门窗表	ID：3.4.2
指导施工	虚拟漫游	1. 提取模型信息，生成三维可视化模型，进行虚拟漫游，施工单位可更加理解设计意图，指导施工及设备安装，减少失误； 2. 结合 VR 技术，施工过程中进行远程多方（施工、设计、业主、监理、审计等）协同沟通，提高施工过程中沟通效率，使设计变更或施工联系更加高效	ID：3.2 ID：3.3 ID：3.4 ID：3.5

建筑模型校审主要内容为建（构）筑物的功能布局、门窗设置、装修做法等。校审完毕后，将建筑模型（ID：3.4 初版）上传至协同共享平台，供结构专业参照设计。

协同完毕，将模型（ID：3.4 终版）上传至协同共享平台，完成本阶段设计工作。建筑专业施工图阶段 BIM 设计流程如图 5-20 所示。

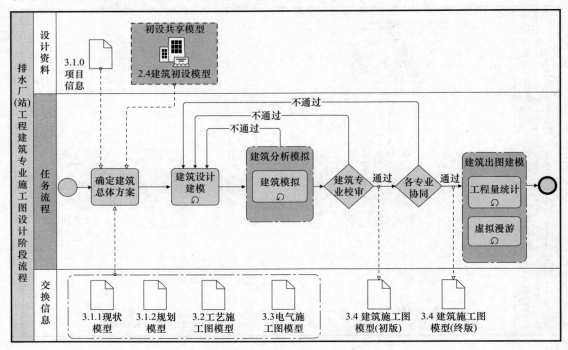

图 5-20　建筑专业施工图阶段 BIM 设计流程

4. 结构专业

结构施工图模型（ID：3.5）主要表达厂区边坡方案，支护方案，构筑物的设计等。模型精细度 LOD3.0，模型单元几何表达精度 G3。

结构专业施工图阶段设计主要内容包括：在结构初设模型（ID：2.5）的基础上进行细化，调整梁、柱、支撑结构等构件的截面尺寸并完成配筋设计，进行有限元分析，并完成配筋。可通过基坑支护以及边坡挡墙、结构配筋、结构分析等应用辅助进行设计。相关 BIM 应用见表 5-43。

施工图阶段结构专业 BIM 应用

表 5-43

功能/需求	BIM 应用	应用描述	信息来源
结构分析	结构分析	提取已搭建结构模型以及风雪荷载、地下水位、冰冻深度、地震基本烈度、工程地质，进行有限元分析，检查结构体系的安全性和合理性	ID：2.3.5 ID：2.3.1
	结构配筋	结构模型进行有限元分析后，提取有限元分析结果作为条件，根据规范要求进行配筋设计。根据结构计算的结果优化结构构件尺寸	
场地设计	基坑支护方案、边坡挡墙方案	1. 提取场地地质信息以及结构模型信息，分析构筑物开挖面积及开挖深度，导入基坑设计软件进行支护结构的计算分析，辅助设计师确定基坑支护施工图设计，并统计较详细的工程量； 2、提取场地地质信息，分析场地开挖范围及开挖深度，将相关条件数据导入边坡挡墙设计软件进行分析，根据分析结果，辅助设计师确定场地环境边坡支挡的施工图设计，并统计较详细的工程量	ID：3.1.1 ID：3.5
碰撞协同	碰撞分析	提取工艺模型、电气模型以及建筑模型，与已搭建结构模型进行碰撞分析，碰撞分析分为两种：一是检查工艺电气穿墙管线是否预留孔洞，二是检查建筑门窗与结构墙、梁是否存在冲突	ID：3.2 ID：3.3 ID：3.4 ID：3.5

结构模型校审主要内容：结构布置体系，结构构件的截面尺寸，边坡挡墙、基坑支护等。校审完毕后，将结构模型（ID：3.5 初版）上传至协同共享平台，供其他专业参照设计。

利用碰撞分析与其他专业进行协同，协同完毕，将结构模型（ID：3.5 终版）上传至协同共享平台，完成本阶段设计工作。结构施工图阶段 BIM 设计流程如图 5-21 所示。

5. 暖通专业

暖通施工图模型（ID：3.6）主要表达设备及管线布置，系统工艺流程图，管线系统图及设备材料表等。模型精细度 LOD3.0，模型单元几何表达精度 G3。可通过设备及管线参数设计、可视化建模以及 CFD 分析等应用辅助进行设计。相关 BIM 应用见表 5-44。

暖通专业的审核内容包括：供暖、热源、通风、空调系统设备配置、布置，节能、环保。校审完毕后，将暖通模型（ID：3.6 初版）上传至协同共享平台。

协同完毕，将暖通模型（ID：3.6 终版）上传至协同共享平台，完成本阶段设计工作。暖通专业施工图阶段 BIM 设计流程如图 5-22 所示。

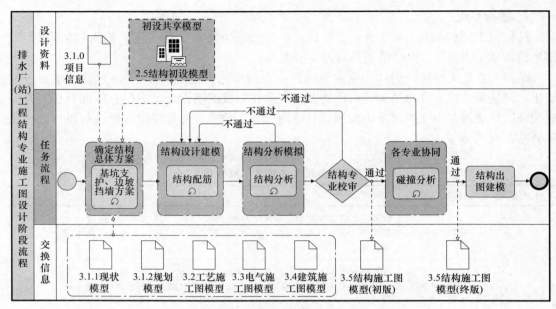

图 5-21　结构专业施工图阶段 BIM 设计流程

施工图阶段暖通专业 BIM 应用　　　　　　　　　　　　表 5-44

功能/需求	BIM 应用	备注	信息来源
设计建模	设备及管线参数设计	设定好设备及管线参数，通过软件进行模拟运行，优化管线路由，保证系统正常运行	ID：3.6.1
	可视化建模	提取初步设计暖通模型及设计参数，建立施工图深度模型	ID：2.6 ID：3.6.1
通风分析模拟	CFD 分析	提取暖通模型，通过软件分析各层环路阻力的平衡性和排风均匀性是否满足规范要求，若不满足需调整系统布置形式或截面	ID：3.6
出图	管道轴测图	以管道轴测图取代以往的管道系统图，更直观地表达出管道的位置及走向	ID：3.6.2
工程量统计	工程量统计	提取模型的设备、管道及附件等信息，生成工程量清单表	ID：3.6.2

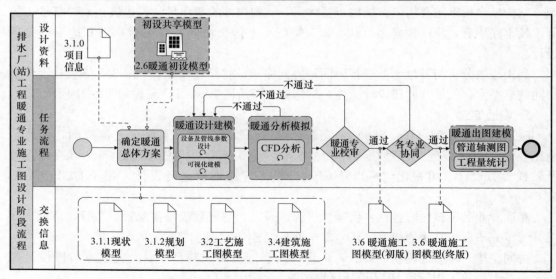

图 5-22　暖通专业施工图阶段 BIM 设计流程

6. 给水排水专业施工图阶段设计流程

给水排水专业施工图模型（ID：3.7）主要表达主要设备和干管设计、水力计算、消防设计等。模型精细度 LOD3.0，模型单元几何表达精度 G3。可通过可视化建模，流量、流速、水压分析以及火灾模拟等应用辅助进行设计。相关 BIM 应用见表 5-45。

施工图阶段给水排水专业 BIM 应用   表 5-45

功能/需求	BIM 应用	应用描述	信息来源
设计建模	可视化建模	提取给水排水模型、气象信息现状信息、设计参数，建立施工图深度模型	ID：2.7 ID：3.1.0 ID：3.1.1 ID：3.7.1
水力计算	流量、流速、水压分析	将模型导入分析软件，通过用水/排水设备水量，根据计算书计算各管段流量，以规范校核各设计管段流速、水压	ID：3.7.2
消防校核	火灾模拟	将给水排水模型导入模拟软件，通过模拟室内室外某一点位火灾情况，检验设计消防水量水压及消防点位的布置是否满足要求	ID：3.7.2
出图	轴测系统图	将给水排水模型存为 3D 文档，添加标注，作为施工图系统图使用	ID：3.7.2
工程量统计	工程量统计	提取初设模型中所有设备及材料信息，生成施工图深度设备材料表	ID：3.7.2

给水排水专业施工图阶段审核内容包括：消防系统选择、消防系统方案布置、供水系统、排水系统、各系统标准参数、各系统方案等。校审完毕后，将给水排水模型（ID：3.7 初版）上传至协同共享平台。

协同完毕，将给水排水模型（ID：3.7 终版）上传至协同共享平台，完成本阶段设计工作。给水排水专业施工图阶段 BIM 设计流程如图 5-23 所示。

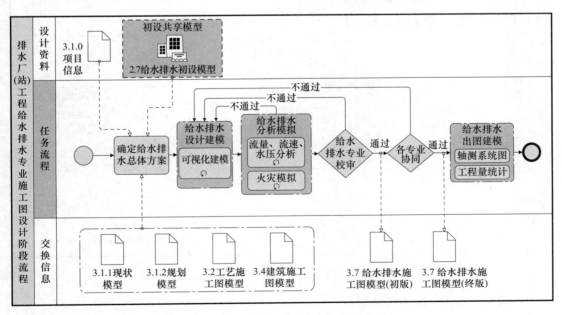

图 5-23 给水排水专业施工图阶段 BIM 设计流程

7. 道路专业

道路专业施工图 BIM 模型（ID：3.8）主要表达道路平面、纵断设计及横断设计，准确的道路平曲线设计、交口设计、纵断曲线设计及交叉口纵断设计、横断面形式设计及材料的确定。模型精细度 LOD3.0，模型单元几何表达精度 G3。可通过道路模型、交通规划、虚拟漫游等应用辅助进行方案设计。相关 BIM 应用见表 5-46。

施工图阶段道路专业 BIM 应用 表 5-46

功能/需求	BIM 应用	应用描述	信息来源
道路线性规划	道路模型	提取道路模型信息，对道路附属设施（隔离带、防护栏、防撞桩、绿化带、消防栓、路灯等）进行布设	ID：3.8.1
	交通规划	对道路标志标线及标志牌等进行布设	ID：3.8.1
指导施工	虚拟漫游	1. 提取道路模型信息，生成三维可视化模型，进行虚拟漫游，驾驶模拟，施工单位可更加理解设计意图，指导施工及设备安装，减少失误； 2. 结合 VR 技术，施工过程中进行远程多方（施工、设计、业主、监理、审计等）协同沟通，提高施工过程中沟通效率，使设计变更或施工联系更加高效	ID：3.8
工程量统计	工程量统计	提取道路模型内信息，计算附属设施构件种类及个数，生成施工图深度材料表	ID：3.8.2

道路专业施工图阶段的审核内容主要包括：道路总体设计、道路平纵横设计等。校审完毕后，将道路模型（ID：3.8 初版）上传至协同共享平台。

协同完毕，将道路模型（ID：3.8 终版）上传至协同共享平台，完成本阶段设计工作。道路专业施工图阶段 BIM 设计流程如图 5-24 所示。

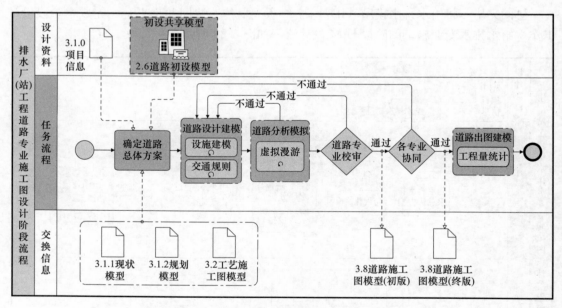

图 5-24　道路专业施工图阶段 BIM 设计流程

8. 照明、安防、防雷接地专业

照明、安防、防雷接地专业施工图模型（ID：3.9）主要表达各建筑物的照明灯具及照明管缆布置；厂区及各构筑物照明灯具、管缆布置；防雷接地；安防布置及设备材料表等。模型精细度LOD3.0，模型单元几何表达精度G3。可通过灯具及照明管线布置等应用辅助进行方案设计，相关BIM应用见表5-47。

施工图阶段照明、安防、防雷接地专业BIM应用　　　　　表5-47

功能/需求	BIM应用	备注	信息来源
照明设计	灯具及照明管线布置	提取模型信息，根据建筑物尺寸及用途确定照明灯具形式及布置，根据建筑物不同类型房间照明照度设计标准，计算出灯具功率。根据建筑物模型及配电柜位置确定照明管线走向	ID：3.4 ID：3.9
工程量统计	工程量统计	提取模型内部照明灯具及管线、防雷接地布置、安防系统布置等信息，生成各专业工程设备表	ID：3.9.2
指导施工	虚拟漫游	1. 提取模型信息，生成三维可视化模型，进行虚拟漫游，施工单位可更加理解设计意图，指导施工及设备安装，减少失误； 2. 结合VR技术，施工过程中进行远程多方（施工、设计、业主、监理、审计等）协同沟通，提高施工过程中沟通效率，使设计变更或施工联系更加高效	ID：3.9

照明、安防、防雷接地专业的审核内容包括：建构筑物供配电、照明的功能需求；电缆敷设和材料的选择等。校审完毕后，将照明、安防、防雷接地模型（ID：3.9初版）上传至协同共享平台。

协同完毕，将照明、安防、防雷接地模型（ID：3.9终版）上传至协同共享平台，完成本阶段设计工作。照明、安防、防雷接地专业施工图阶段BIM设计流程如图5-25所示。

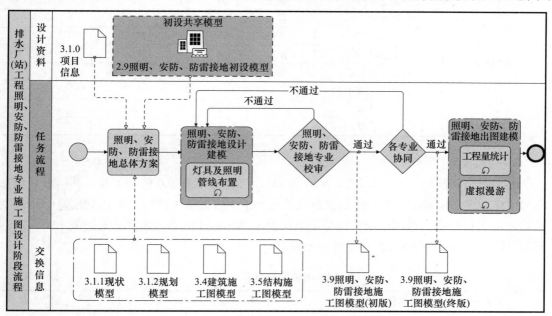

图5-25　照明、安防、防雷接地专业施工图阶段BIM设计流程

5.5.3　施工图阶段主要设计资料

施工图阶段主要设计资料（ID：3.1）与可行性研究阶段和初步设计阶段一样，由项

目信息、现状模型、规划模型三部分组成。

1. 项目信息

项目信息（ID：3.1.0，见表 5-48）包含工程项目基本信息、建设说明和技术标准三个属性组，项目信息在信息模型中不以模型实体的形式出现，是项目级的信息，供项目整体使用。项目信息的信息元素应根据施工图所需要达到信息等级在附录 A 中查找取用。

表 5-48

施工图阶段项目信息深度等级

类别	属性组	信息元素	信息等级
项目信息	工程项目基本信息	附录 A：表 A-1	N3
	建设说明	附录 A：表 A-2	N3
	技术标准	附录 A：表 A-3	N3

2. 现状模型

现状模型（ID：3.1.1，见表 5-49），包含工程地质详细勘测等场地地形地质模型单元，其信息在信息模型中应储存于模型实体中。现状模型的信息元素应根据施工图所需要达到信息等级在附录 B 相应表格中查找取用。现状模型中不同模型单元的几何表达精度应根据施工图所需达到的几何表达精度等级在附录 T 中表 T-1 的规定建模。

表 5-49

施工图阶段现状模型信息

类别	模型元素	模型单元	信息等级	几何精度
现状模型	场地地形	附录 B：表 B-1	N3	G2
	场地地质	附录 B：表 B-2	N3	G2
	现状建筑物	附录 B：表 B-3	N3	G2
	现状构筑物	附录 B：表 B-4	N3	G2
	现状地面道路	附录 B：表 B-5	N3	G2
	现状河道（湖泊）	附录 B：表 B-10	N3	G2
	现状林木	附录 B：表 B-13	N3	G2
	现状农田	附录 B：表 B-14	N3	G2

3. 规划模型

施工图规划模型（ID：3.1.2，见表 5-50），包含各相关规划模型单元，其信息在信息模型中应储存于模型实体中。规划模型的信息元素应根据施工图所需要达到信息等级在附录 C 相应表格中查找取用。规划模型中不同模型单元的几何表达精度应根据施工图所需达到的几何表达精度等级在附录 M 的规定建模。

表 5-50

施工图阶段规划模型信息

类别	模型元素	模型单元	信息等级	几何精度
规划模型	规划地形	附录 C：表 C-2	N3	G2
	规划污水工程	附录 C：表 C-8	N3	G2
	规划用地	附录 C：表 C-10	N3	G2
	规划水系	附录 C：表 C-11	N3	G2
	规划防汛工程	附录 C：表 C-12	N3	G2

5.5.4　施工图阶段设计信息

排水厂（站）施工图阶段模型由工艺模型（ID：3.2）、电气模型（ID：3.3）、建筑模型（ID：3.4）、结构模型（ID：3.5）、暖通模型（ID：3.6）、给水排水模型（ID：3.7）、道路模型（ID：3.8）及照明、防雷接地、安防模型（ID：3.9）组成，各构（建）筑物根据实际情况专业配置稍有不同。

施工图阶段设计信息分为设计参数信息和模型单元信息。

设计参数主要包含影响功能级模型单元（构筑物级）的尺寸及布局的设计参数，通过设计参数信息可以实现自动建模等应用。

模型单元信息主要包含构件级单元（设备构件）的几何表达精度以及信息深度，通过模型单元信息可以实现设备及构件自动选型等应用。

1. 设计参数信息

设计参数信息（ID：3.N.1，见表5-51）主要包括施工图阶段厂区平面以及各构（建）筑物在所对应专业上的设计参数信息，设计参数信息可通过附录中对应表格查询其所需达到的信息深度等级（Nx）。

施工图阶段设计参数信息　　　　　　表 5-51

类别	子类别	信息元素	信息深度
工艺设计参数 ID：3.2.1	厂区平面	附录D：表D-2	N3
	合流泵站	附录D：表D-10	N3
	粗格栅及进水泵房	附录D：表D-11	N3
	细格栅及曝气沉砂池	附录D：表D-12	N3
	A^2/O生化池	附录D：表D-13	N3
	二沉池	附录D：表D-14	N3
	高效沉淀池	附录D：表D-15	N3
	污泥浓缩池	附录D：表D-16	N3
	污泥脱水车间	附录D：表D-17	N3
电气设计参数 ID：3.3.1	厂区平面	附录F：表F-1	N3
	合流泵站	附录F：表F-2	N3
	粗格栅及进水泵房	附录F：表F-2	N3
	细格栅及曝气沉砂池	附录F：表F-2	N3
	A^2/O生化池	附录F：表F-2	N3
	二沉池	附录F：表F-2	N3
	高效沉淀池	附录F：表F-2	N3
	污泥浓缩池	附录F：表F-2	N3
	污泥脱水车间	附录F：表F-2	N3
建筑设计参数 ID：3.4.1	厂区平面	附录H：表H-1	N3
	合流泵站	附录H：表H-2	N3
	粗格栅及进水泵房	附录H：表H-2	N3
	细格栅及曝气沉砂池	附录H：表H-2	N3
	高效沉淀池	附录H：表H-3	N3
	污泥浓缩池	附录H：表H-3	N3
	污泥脱水车间	附录H：表H-2	N3

类别	子类别	信息元素	信息深度
结构设计参数 ID：3.5.1	厂区平面	附录 J：表 J-1	N3
	合流泵站	附录 J：表 J-2	N3
	粗格栅及进水泵房	附录 J：表 J-2	N3
	细格栅及曝气沉砂池	附录 J：表 J-2	N3
	A^2/O 生化池	附录 J：表 J-3	N3
	二沉池	附录 J：表 J-3	N3
	高效沉淀池	附录 J：表 J-3	N3
	污泥浓缩池	附录 J：表 J-3	N3
	污泥脱水车间	附录 J：表 J-2	N3
暖通设计参数 ID：3.6.1	合流泵站	附录 L：表 L-1	N3
	粗格栅及进水泵房	附录 L：表 L-1	N3
	细格栅及曝气沉砂池	附录 L：表 L-1	N3
	污泥脱水车间	附录 L：表 L-1	N3
给水排水设计参数 ID：3.7.1	厂区平面	附录 N：表 N-1	N3
	合流泵站	附录 N：表 N-2	N3
	粗格栅及进水泵房	附录 N：表 N-2	N3
	细格栅及曝气沉砂池	附录 N：表 N-2	N3
	污泥脱水车间	附录 N：表 N-2	N3
道路设计参数 ID：3.8.1	厂区平面	附录 P：表 P-1	N3
照明、安防、防雷接地设计参数 ID：3.9.1	厂区平面	附录 R：表 R-1	N3
	合流泵站	附录 R：表 R-1	N3
	粗格栅及进水泵房	附录 R：表 R-1	N3
	细格栅及曝气沉砂池	附录 R：表 R-1	N3
	A^2/O 生化池	附录 R：表 R-1	N3
	二沉池	附录 R：表 R-1	N3
	高效沉淀池	附录 R：表 R-1	N3
	污泥浓缩池	附录 R：表 R-1	N3
	污泥脱水车间	附录 R：表 R-1	N3

2. 模型单元信息

施工图阶段模型单元信息（ID：3.N.2，见表 5-52）储存于零件级模型实体中，主要包括厂区平面、各构（建）筑物所对应专业的模型单元信息及模型精细度（LODx.0），通过对应附录中表格，可查询到相应的几何表达精度等级（Gx）和信息深度等级（Nx）。其中几何表达精度等级（Gx）内容可通过附录 T 可通过附录 T 表 T-3～表 T-9 按专业查询。

施工图阶段模型单元精细度等级   表 5-52

类别	子类别	模型单元	模型精细度
工艺模型元素 ID：3.2.2	厂区平面	附录 E：表 E-3	LOD3.0
	合流泵站	附录 E：表 E-11	LOD3.0
	粗格栅及进水泵房	附录 E：表 E-12	LOD3.0

类别	子类别	模型单元	模型精细度
工艺模型元素 ID：3.2.2	细格栅及曝气沉砂池	附录 E：表 E-13	LOD3.0
	A²/O生化池	附录 E：表 E-14	LOD3.0
	二沉池	附录 E：表 E-15	LOD3.0
	高效沉淀池	附录 E：表 E-16	LOD3.0
	污泥浓缩池	附录 E：表 E-17	LOD3.0
	污泥脱水车间	附录 E：表 E-18	LOD3.0
电气模型元素 ID：3.3.2	厂区平面	附录 G：表 G-1	LOD3.0
	合流泵站	附录 G：表 G-2	LOD3.0
	粗格栅及进水泵房	附录 G：表 G-2	LOD3.0
	细格栅及曝气沉砂池	附录 G：表 G-2	LOD3.0
	A²/O生化池	附录 G：表 G-2	LOD3.0
	二沉池	附录 G：表 G-2	LOD3.0
	高效沉淀池	附录 G：表 G-2	LOD3.0
	污泥浓缩池	附录 G：表 G-2	LOD3.0
	污泥脱水车间	附录 G：表 G-2	LOD3.0
建筑模型元素 ID：3.4.2	厂区平面	附录 I：表 I-1	LOD3.0
	合流泵站	附录 I：表 I-2	LOD3.0
	粗格栅及进水泵房	附录 I：表 I-2	LOD3.0
	细格栅及曝气沉砂池	附录 I：表 I-2	LOD3.0
	高效沉淀池	附录 I：表 I-3	LOD3.0
	污泥浓缩池	附录 I：表 I-3	LOD3.0
	污泥脱水车间	附录 I：表 I-2	LOD3.0
结构模型元素 ID：3.5.2	厂区平面	附录 K：表 K-3	LOD3.0
	合流泵站	附录 K：表 K-11	LOD3.0
	粗格栅及进水泵房	附录 K：表 K-12	LOD3.0
	细格栅及曝气沉砂池	附录 K：表 K-13	LOD3.0
	A²/O生化池	附录 K：表 K-14	LOD3.0
	二沉池	附录 K：表 K-15	LOD3.0
	高效沉淀池	附录 K：表 K-16	LOD3.0
	污泥浓缩池	附录 K：表 K-17	LOD3.0
	污泥脱水车间	附录 K：表 K-18	LOD3.0
暖通模型元素 ID：3.6.2	合流泵站	附录 M：表 M-1	LOD3.0
	粗格栅及进水泵房	附录 M：表 M-1	LOD3.0
	细格栅及曝气沉砂池	附录 M：表 M-1	LOD3.0
	污泥脱水车间	附录 M：表 M-1	LOD3.0
给排水模型元素 ID：3.7.2	厂区平面	附录 O：表 O-1	LOD3.0
	合流泵站	附录 O：表 O-2	LOD3.0
	粗格栅及进水泵房	附录 O：表 O-2	LOD3.0
	细格栅及曝气沉砂池	附录 O：表 O-2	LOD3.0
	污泥脱水车间	附录 O：表 O-2	LOD3.0
道路模型元素 ID：3.8.2	厂区平面	附录 Q：表 Q-1	LOD3.0

续表

类别	子类别	模型单元	模型精细度
照明、安防、防雷接地模型元素 ID：3.9.2	厂区平面	附录 S：表 S-1	LOD3.0
	合流泵站	附录 S：表 S-1	LOD3.0
	粗格栅及进水泵房	附录 S：表 S-1	LOD3.0
	细格栅及曝气沉砂池	附录 S：表 S-1	LOD3.0
	A²/O 生化池	附录 S：表 S-1	LOD3.0
	二沉池	附录 S：表 S-1	LOD3.0
	高效沉淀池	附录 S：表 S-1	LOD3.0
	污泥浓缩池	附录 S：表 S-1	LOD3.0
	污泥脱水车间	附录 S：表 S-1	LOD3.0

5.6 BIM 应用信息交换模板

为了方便、准确提供 BIM 应用信息，采用 BIM 应用信息交换模板方式提取相关信息，交换模板确定了 BIM 在应用过程中所需要的全部信息，为不同参与方利用信息交换提供一致、准确、完整信息环境。

5.6.1 工程量信息交换模板

进行工程量统计时信息交换模板见表 5-53。

施工图阶段工艺专业工程量元素信息交换模板 表 5-53

设备构件	信息交换模板	应用
管道及附件	表 5-54	工程量统计
阀门	表 5-55	工程量统计
水泵	表 5-56	工程量统计

施工图阶段工艺专业管道及附件工程量统计元素信息交换模板 表 5-54

模型单元	几何精度	信息字段	参数类型	单位/描述	信息来源
管道、附件（三通，四通，接头，弯头，法兰，套管）	G3	名称	文字	如 90°弯头、等径三通等	ID：3.2
		类型	文字	—	
		编号	数值	对构件进行编号，便于统计	
		公称直径	长度	mm	
		管壁厚度	长度	mm	
		管段长度/附件数量	整数	mm/个	
		专业	枚举型	给水排水、结构、暖通等	
		MEP 系统	枚举型	给水、污水、空气系统等	
		材质	枚举型	PPR、UPVC 等	
		接口形式	枚举型	焊接、法兰连接、热熔连接等	

146

施工图阶段工艺专业阀门工程量统计元素信息交换模板　　　　表 5-55

模型单元	几何精度	信息字段	参数类型	单位/描述	信息来源
阀门（止回阀，蝶阀，闸阀，排泥阀，呼吸阀，球阀，套筒阀，刀闸阀）	G3	名称	文字	如蝶阀、闸阀等	ID：3.2
		类型	枚举型	对夹式、直通式、旋启式等	
		编号	数值	对构件进行编号，便于统计	
		公称直径	长度	mm	
		专业	枚举型	给水排水、结构、暖通等	
		MEP 系统	枚举型	给水、污水、空气系统等	
		材质	枚举型	PPR、UPVC 等	
		接口形式	枚举型	焊接、法兰连接、热熔连接等	
		控制方式	枚举型	手动、电动、气动等	
		数量	整数	个	

施工图设计阶段工艺专业设备（水泵为例）工程量统计元素信息交换模板　　　　表 5-56

模型单元	几何精度	信息字段	参数类型	单位/描述	信息来源
泵（清水泵，潜水轴流泵，潜污泵，提砂泵，污泥泵，加药泵）	G3	名称	文字	如加药泵、污泥泵等	ID：3.2
		类型	枚举型	离心泵、轴流泵、隔膜泵等	
		编号	数值	对构件进行编号，便于统计	
		专业	枚举型	给水排水、结构、暖通等	
		MEP 系统	枚举型	给水、污水、空气系统等	
		功率	功率	kW	
		重量	数值	kg	
		流量	流量	m^3/h	
		扬程	数值	m	
		压力等级	压强	MPa	

5.6.2 碰撞分析信息交换模板

进行碰撞分析时信息交换模板见表 5-57。

施工图阶段碰撞分析元素信息交换模板　　　　表 5-57

设备构件	信息交换模板	应用
管道及附件	表 5-58	碰撞分析
设备	表 5-59	碰撞分析
土建通用构件	表 5-60	碰撞分析

施工图阶段管道及附件碰撞检查元素信息交换模板　　　　表 5-58

模型单元	几何精度	信息字段	参数类型	单位/描述	信息来源
管道、附件（三通，四通，接头，弯头，法兰，套管）	G3	类型	文字	如 90°弯头、等径三通等	ID：3.2
		编号	数值	对每一构件进行编号，便于统计	
		系统	枚举型	给水、污水、空气系统等	
		管中心位置	三维点	(X, Y, Z)	
		公称直径	长度	mm	
		所属人	文字	—	
		专业	枚举型	给水排水、结构、暖通等	

施工图阶段设备碰撞检查元素信息交换模板 表 5-59

模型单元	几何精度	信息字段	参数类型	单位/描述	信息来源
设备	G3	名称	文字	如加药泵、污泥泵等	ID：3.2
		编号	数值	对每一设备进行编号，便于统计	
		系统	枚举型	给水、污水、空气系统等	
		位置	三维点	(X, Y, Z)	
		所属人	文字	—	
		专业	枚举型	给水排水、结构、暖通等	

施工图阶段土建专业构件碰撞检查元素信息交换模板 表 5-60

模型单元	几何精度	信息字段	参数类型	单位/描述	信息来源
土建通用构件	G3	名称	文字	如承重墙、托梁等	ID：3.4 ID：3.5
		编号	数值	对每一构件进行编号，便于统计	
		位置	三维点	(X, Y, Z)	
		所属人	文字	—	
		专业	枚举型	给水排水、结构、暖通等	

5.7 排水厂（站）工程 BIM 应用案例

5.7.1 案例总体概况

长沙市在桥污水处理厂二期工程 BIM 应用总体概况见表 5-61。

长沙市花桥污水处理厂二期工程 BIM 应用总体概况 表 5-61

内容	描述
设计单位	中国市政工程华北设计研究总院有限公司
软件平台	图软（GRAPHISOFT）
使用软件	ArchiCAD
应用阶段	施工图设计阶段
BIM 应用点	设备工程量统计、碰撞分析

在进行排水厂（站）工程设计时，从立项开始，便需要工艺、电气、建筑、结构等多专业相互协调配合，直到完成整个工程的最终施工图设计。BIM 技术在排水厂（站）工程项目设计中的应用，能够将协同设计贯穿到整个设计环节中，为工程的顺利实施奠定基础。本书 5.3～5.6 节详细介绍了排水厂（站）工程在可行性研究阶段、初步设计阶段和施工图阶段的交换信息以及 BIM 在工程应用中的信息交换模板，这里以长沙市花桥污水处理厂二期工程为例详细介绍如何合理地应用以上信息为项目服务。

5.7.2 工程概述

长沙市花桥污水处理厂二期工程位于长沙市雨花区黎托乡花桥村，占地面积 10.046hm²，旱季规模为 20 万 m³/d。污水处理采用"多段改良 A²/O＋高效沉淀＋深床滤池＋紫外线消毒"工艺；污泥处理采用"机械浓缩＋离心脱水"工艺。主要建构筑物包括粗格栅及进水泵房、进水汇合井、细格栅及曝气沉砂池、流量分配及溢流井、生物池及污泥泵房、二沉池、中间提升泵房、高效沉淀池、深床滤池、紫外消毒渠、鼓风机房、炭源投加间、加药间、污泥均质池和污泥浓缩脱水机房。

5.7.3 应用分析

为解决复杂管线的统计和布置问题，项目采用模型自动算量并检测专业间碰撞。下面介绍本工程 BIM 技术在工程量统计和碰撞分析两个方面的应用。

1. 工程量统计

工程量统计所需信息为身份描述（ID），几何信息（GI），技术信息（TI），组织角色（RL）。通过在软件中筛选构件相应信息，形成各构建元素工程量统计清单（图 5-26～图 5-28），举例管线及阀门统计情况如图 5-29、图 5-30 所示。

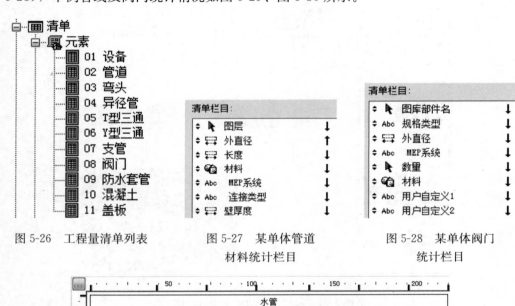

图 5-26 工程量清单列表　　图 5-27 某单体管道　　图 5-28 某单体阀门
材料统计栏目　　　　统计栏目

水管						
名称	管径（mm）	长度(mm)	管材料	MEP系统	连接类型	壁厚度
工艺一管线.S	920	24	SS-304	放空排水	焊接的	4
工艺一管线.S	920	569	SS-304	放空排水	焊接的	4
工艺一管线.S	920	811	SS-304	放空排水	焊接的	4
工艺一管线.S	920	1,486	SS-304	放空排水	焊接的	4
工艺一管线.S	920	2,570	SS-304	放空排水	焊接的	4
工艺一管线.S	920	41,398	SS-304	放空排水	焊接的	4
工艺一管线.S	920	48,667	SS-304	污水	焊接的	4
工艺一管线.S	920	48,832	SS-304	污水	焊接的	4

图 5-29 某单体管道材料统计清单

2. 碰撞分析

在使用 ArchiCAD 平台进行该项目 BIM 设计时，采取云协同的工作模式，多人多专业在同一模型空间中协同设计，不同设计人员有不同的工作权限，设计时及时发现错漏碰缺以及专业间的冲突，优化模型。待模型创建阶段性完成时，通过相关碰撞检测工具，自动识别并分析表 5-57～表 5-60 中的元素信息，生成碰撞检测报告。

阀门							
图库部件名	规格类型	管径(mm)	MEP系统	数量	材料	接口方式	控制方式
蝴蝶阀 16	对夹式	32	空气	3	金属－不锈钢	法兰连接	手动
蝴蝶阀 16	对夹式	57	空气	34	金属－不锈钢	法兰连接	手动
蝴蝶阀 16	对夹式	159	空气	3	金属－不锈钢	法兰连接	电动
门阀 16	直通式	57	自来水	4	金属－不锈钢	热熔连接	手动
门阀 16	直通式	63	自来水	1	金属－不锈钢	热熔连接	手动
止回阀 16	旋启式	159	空气	3	金属－不锈钢	法兰连接	

图 5-30　某单体阀门统计清单

之后通过专用的交互软件进行批注，发送该信息给相关专业所属人，所属人收到批注信息后，可以迅速定位到碰撞点，进行修改反馈工作，从而提高碰撞处理效率，实时避免设计瑕疵，及时发现，及时处理，如图 5-31 所示。

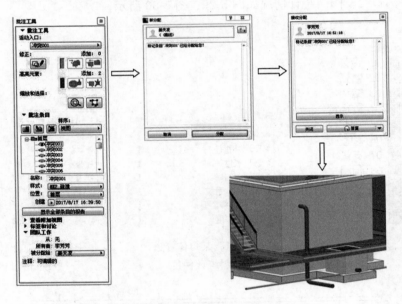

图 5-31　碰撞分析信息交换过程图

第6章 设备及构件

6.1 机电设备构件

机电设备构件信息见表 6-1。

设备构件 表 6-1

一级系统	二级系统	设备构件	附表
工艺管线	工艺水管	管线	E. 0. 12～E. 0. 14
		管道附件	
		支架	
	工艺泥管	同上	
	工艺药管	同上	
	工艺气管	同上	
	水处理设备	格栅除污机	E. 0. 28
		螺旋输送压榨机	E. 0. 29
		粉碎格栅	E. 0. 30
		粗格栅、细格栅	E. 0. 31
		砂水分离器	E. 0. 32
		搅拌器	E. 0. 33
		刮泥机	E. 0. 34
		污泥脱水机	E. 0. 35
		曝气转碟、转刷	E. 0. 25
	加药设备	药剂储罐/贮池/溶药罐	E. 0. 38
		流量计	E. 0. 23
		加药泵	E. 0. 19
		……	
	阀门设备	止回阀	E. 0. 1
		蝶阀	
		闸阀	
		排泥阀	
		呼吸阀	
		球阀	
		套筒阀	

一级系统	二级系统	设备构件	附表
工艺管线	阀门设备	刀闸阀	E.0.1
		接头	E.0.4
		排气阀	E.0.2
		闸板	E.0.3
		闸门	
	泵	清水泵	E.0.19
		潜水轴流泵	
		潜污泵	
		提砂泵	
		污泥泵	
	起重设备	电动葫芦	E.0.21
		龙门吊	E.0.22
	风机	离心鼓风机	E.0.20
	除臭设备	离子除臭设备	E.0.37
工艺材料	水处理器材	折板	E.0.15
		斜板、斜管	E.0.16
		滤头	E.0.17
		曝气盘	E.0.24
		转碟	E.0.25
	滤料、填料及投料	滤料	E.0.18
缆线及桥架	缆线	电力电缆、控制电缆、电缆接头	G.0.5
	缆线支撑系统	电缆槽盒、支架、套管	G.0.5、G.0.7
电气设备	配电设备	高压柜、低压柜、变压器、直流屏、控制箱、软启动柜、变频器柜、应急电源、电容柜	G.0.1
	自控设备	PLC柜、管理计算机、服务器、监视器、网络交换机、UPS、仪表、软件系统	G.0.2~G.0.4
	安防设备	监控摄像头、录像机、网络交换机、管理计算机、电子围栏系统、门禁系统、报警系统	G.0.2、G.0.3
缆线及桥架	缆线	电力电缆、控制电缆、电缆接头	G.0.5
	缆线支撑系统	电缆槽盒、支架、套管	G.0.5、G.0.7

6.2 结构构件

6.2.1 底板构件

底板构件信息见表 6-2。

底板构件信息 表 6-2

构件名	图例	几何			非几何参数属性
		定位信息	参数信息	模型等级	
平底板	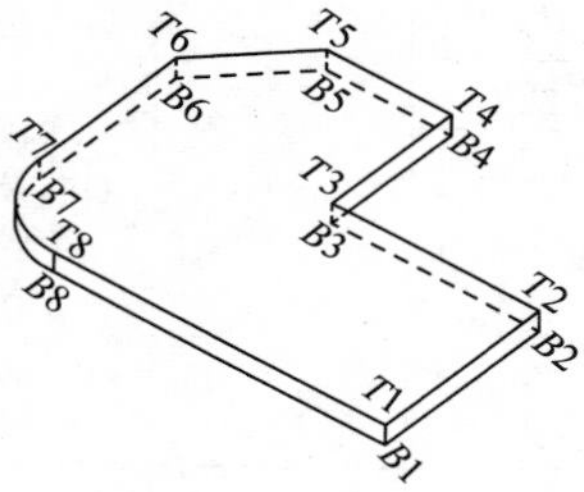	多点	厚度 Hi 顶标高 底标高	G2 G3	见附录K 表K.0.1 材料及钢筋见附录U
复杂底板	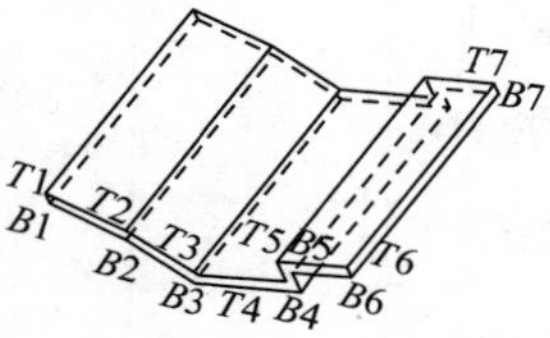	多点	厚度 Hi 顶标高 底标高	G2 G3	见附录K 表K.0.1 材料及钢筋见附录U

6.2.2 壁板构件

壁极构件信息见表 6-3。

壁板构件信息 表 6-3

构件名	图例	几何			非几何参数属性
		定位信息	参数信息	模型等级	
直线等厚度竖直壁板	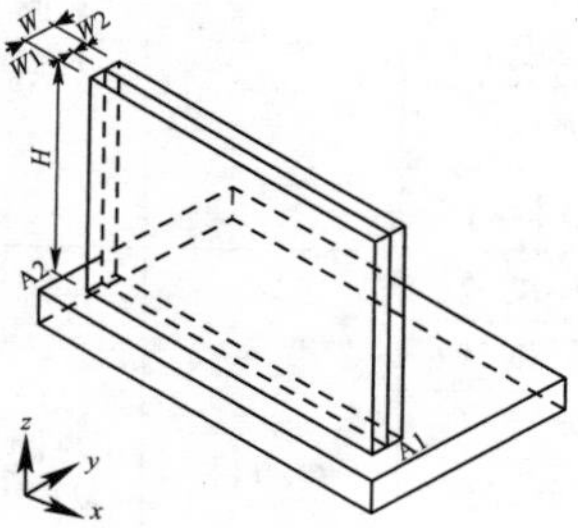	A1 A2	厚度 W 高度 H 顶标高 底标高	G2 G3	见附录K 表K.0.2 材料及钢筋见附录U
曲线等厚度竖直壁板	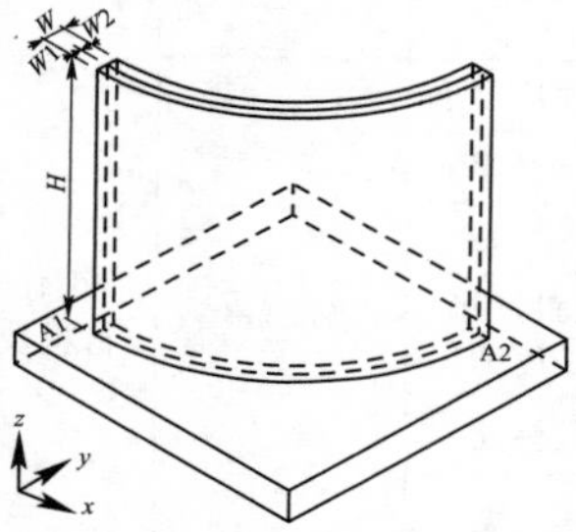	A1 A2 特征曲线	厚度 W 高度 H 顶标高 底标高	G2 G3	见附录K 表K.0.2 材料及钢筋见附录U

构件名	图例	几何			非几何参数属性
		定位信息	参数信息	模型等级	
直线变厚度竖直壁板		A1	顶厚度 W_T	G2 G3	见附录 K 表 K.0.2 材料及钢筋见附录 U
		A2	底厚度 W_B		
			高度 H		
			顶标高		
			底标高		
曲线变厚度竖直壁板		A1	顶厚度 W_T	G2 G3	见附录 K 表 K.0.2 材料及钢筋见附录 U
		A2	底厚度 W_B		
		特征曲线	高度 H		
			顶标高		
			底标高		
直线等厚度倾斜壁板		A1	厚度 W	G2 G3	见附录 K 表 K.0.2 材料及钢筋见附录 U
		A2	高度 H		
			倾斜偏移长度 B		
			顶标高		
			底标高		
曲线等厚度竖直壁板		A1	厚度 W	G2 G3	见附录 K 表 K.0.2 材料及钢筋见附录 U
		A2	高度 H		
		特征曲线	倾斜偏移长度 B		
			顶标高		
			底标高		
直线变厚度倾斜壁板		A1	顶厚度 W_T	G2 G3	见附录 K 表 K.0.2 材料及钢筋见附录 U
		A2	底厚度 W_B		
			高度 H		
			倾斜偏移长度 B		
			顶标高		
			底标高		
曲线变厚度竖直壁板		A1	顶厚度 W_T	G2 G3	见附录 K 表 K.0.2 材料及钢筋见附录 U
		A2	底厚度 W_B		
		特征曲线	高度 H		
			倾斜偏移长度 B		
			顶标高		
			底标高		

6.2.3 顶板构件

顶板构件信息见表 6-4。

顶板构件信息   表 6-4

构件名	图例	几何			非几何参数属性
		定位信息	参数信息	模型等级	
平顶板		多点	厚度 Hi 顶标高 底标高	G2 G3	见附录 K 表 K.0.1 材料及钢筋见附录 U
复杂顶板		多点	厚度 Hi 顶标高 底标高	G2 G3	见附录 K 表 K.0.1 材料及钢筋见附录 U
悬挑走道板		A1 A2	悬挑长度 L 根部厚度 W_B 端处厚度 W_T 顶标高	G2 G3	见附录 K 表 K.0.1 材料及钢筋见附录 U

6.2.4 梁构件

梁构件信息见表 6-5

梁构件信息   表 6-5

构件名	图例	几何			非几何参数属性
		定位信息	参数信息	模型等级	
矩形截面梁		A1 A2	宽度 B 高度 H 长度 L	G2 G3	见附录 K 表 K.0.3 材料及钢筋见附录 U

155

构件名	图例	几何			非几何参数属性
		定位信息	参数信息	模型等级	
异形截面梁		A1	用户定制截面	G2 G3	见附录 K 表 K.0.3 材料及钢筋见附录 U
		A2			
			长度 L		
变截面梁		A1	宽度 B	G2 G3	见附录 K 表 K.0.3 材料及钢筋见附录 U
		A2	梁高 H1		
			梁高 H2		
			长度 L		
			顶标高 1		
			顶标高 2		
			底标高 1		
			底标高 2		
空间曲线梁		A1	宽度 B	G2 G3	见附录 K 表 K.0.3 材料及钢筋见附录 U
		A2	高度 H		
		特征曲线	长度 L		
			顶标高 1		
			顶标高 2		
			底标高 1		
			底标高 2		

6.2.5 柱构件

柱构件信息见表 6-6。

柱构件信息 表 6-6

构件名	图例	几何			非几何参数属性
		定位信息	参数信息	模型等级	
矩形截面柱		A1	宽度 B	G2 G3	见附录 K 表 K.0.4 材料及钢筋见附录 U
		A2	高度 H		
			长度 L		
异形截面柱		A1	用户定制截面	G2 G3	见附录 K 表 K.0.4 材料及钢筋见附录 U
		A2			
			长度 L		

6.3 建筑构件

6.3.1 墙构件

墙构件信息见表 6-7。

墙构件信息 表 6-7

构件名	图例	几何			非几何
		定位信息	参数信息	模型等级	
侧墙		多点	厚度 B	G2 G3	见附录 I 表 I.0.2 材料见附录 U
			顶标高 a		
			底标高 b		
		曲线	长度 L		
中隔墙		多点	厚度 B	G2 G3	见附录 I 表 I.0.2 材料见附录 U
			顶标高 a		
			底标高 b		
		曲线	长度 L		

6.3.2 门构件

门构件信息见表 6-8。

门构件信息 表 6-8

构件名	图例	几何			非几何
		定位信息	参数信息	模型等级	
普通门		P	宽度 B	G2 G3	见附录 I 表 I.0.3
			高度 H		
			底标高 a		
防火门		P	宽度 B	G2 G3	见附录 I 表 I.0.3
			高度 H		
			底标高 a		

6.3.3 窗构件

窗构件信息见表 6-9。

窗构件信息　　　　　　　　　　　　表 6-9

构件名	图例	几何			非几何
		定位信息	参数信息	模型等级	
普通窗		P	宽度 B 高度 H 底标高 a	G2 G3	见附录Ⅰ表 I.0.4
百叶窗		P	宽度 B 高度 H 底标高 a	G2 G3	见附录Ⅰ表 I.0.4

6.3.4 梯构件

梯构件信息见表 6-10。

梯构件信息　　　　　　　　　　　　表 6-10

构件名	图例	几何			非几何
		定位信息	参数信息	模型等级	
楼梯		P1 P2	楼梯宽度 B 踢面高度 H 踏步深度 L 顶标高 a 底标高 b	G2 G3	见附录Ⅰ表 I.0.5

构件名	图例	几何			非几何
		定位信息	参数信息	模型等级	
直爬梯		P	爬梯宽度 B	G2 G3	见附录 I 表 I.0.5
		P	爬梯宽度 L		
			踏步间距 A		

6.3.5 护栏构件

护栏构件信息见表 6-11。

护栏构件信息   表 6-11

构件名	图例	几何			非几何
		定位信息	参数信息	模型等级	
护栏		多点	护栏高度 H	G2 G3	见附录 I 表 I.0.6
			护栏间距 A		
			栏杆截面面积 $S1$		
			栏杆截面面积 $S2$		

附　　录

附录 A：项目信息深度等级

项目基本信息深度等级　　　　　　　　　　　　　　表 A-1

属性名称	参数类型	单位/描述/取值范围	信息深度等级			
			N1	N2	N3	N4
项目名称	文字	项目名称	√	√	√	√
项目编号	文字	项目设计号	—	√	√	√
项目地址	文字	项目所在地	√	√	√	√
建设单位	文字	项目建设单位	—	√	√	√
设计单位	文字	项目设计单位	—	√	√	√
工程概况	文字	项目的主要工程内容	√	√	√	√
项目区位	文字	项目场地区位	√	√	√	√
功能定位	文字	项目的主要功能、解决问题及重要性	—	—	√	√
建设规模	文字	项目规模	√	√	√	√
工程投资及资金来源	文字	项目的投资以及资金来源	—	—	—	√

项目说明信息深度等级　　　　　　　　　　　　　　表 A-2

属性名称	参数类型	单位/描述/取值范围	信息深度等级			
			N1	N2	N3	N4
建设地点	文字	项目建设地点	√	√	√	√
建设阶段	文字	项目建设阶段	√	√	√	√
工程范围	文字	项目建设红线范围	√	√	√	√
工程规模	文字	项目建设工程规模	√	√	√	√
设计内容	文字	设计内容	√	√	√	√
气象条件	文字	气候区、气候特点、年平均日照时数、日照率、平均气温、四季简介、年无霜期、年降雨量等	√	√	√	√
地形地貌	文字	地势、地形、山脉简介	√	√	√	√
水文地质	文字	水系介绍、水域位置、常水位、洪水位、枯水位、水量、水质情况、水体含沙量、沙洲形成及趋势等	√	√	√	√
冻土深度	文字	m	—	—	√	√
自然区划	文字	根据地域分异规律，可将等级高的自然区划单位划分成等级低的自然区划单位	—	—	√	√
编制依据	文字	上位规划、会议纪要、文件、规范、标准、手册、图集等设计依据	√	√	√	√

属性名称	参数类型	单位/描述/取值范围	信息深度等级			
			N1	N2	N3	N4
规划资料	文字	项目相关规划	√	√	√	√
项目建议书	文档链接	可行性研究报告的基础资料	—	√	√	√
环境影响评价报告	文档链接	项目对环境造成的影响的预见性评定	—	—	—	√
地质灾害危险性评估报告	文档链接	对地质灾害活动程度和危害能力进行分析评判	—	—	—	√
防洪影响评价报告	文档链接	对项目进行防洪影响分析评判	—	—	—	√
水土保持评价报告	文档链接	对水土保持影响进行分析评判	—	—	—	√
建设项目交通影响评价报告	文档链接	对项目建设对交通的影响进行分析评判	—	—	—	√
建设项目压覆矿产资源证明或压覆情况	文档链接	建设项目范围内矿产压覆情况	—	—	—	√
通航安全影响论证报告或通航安全	文档链接	建设项目对通航的影响分析评判	—	—	—	√
立项批复文件	图片	批复回执资料	—	—	√	√
建设工程规划许可证	图片	批复回执资料	—	—	√	√
建设用地规划许可证	图片	批复回执资料	—	—	√	√
涉铁路/航道/机场/公路/电力/石油部分	文字	与相关部门下辖现状或规划存在交集，需要进行信息交换协同	—	—	—	√
概预算编制办法	文档链接	概预算编制的说明	—	—	—	√
设计任务书或协议书	文档链接	约定设计任务以及设计范围	—	—	—	√
配套情况	文字	与项目相关的周边配套情况说明	—	—	—	√

技术标准信息深度等级   表 A-3

属性名称	参数类型	单位/描述/取值范围	信息深度等级			
			N1	N2	N3	N4
设计流量	数值	设计规模，通常水厂按万 m^3/d 计，泵站按 m^3/h，管线按 m^3/s	√	√	√	√
进水水质	文字	设计进水水质常用指标：SS、BOD_5、COD、NH_4-N、TN、TP	√	√	√	√
出水水质	文字	设计出水水质常用指标：SS、BOD_5、COD、NH_4-N、TN、TP；出水水质通常与水质标准相匹配，地表水排放标准通常有：一级 B 标准、一级 A 标准、地表水四类（非标）、地表水三类（非标）等	√	√		√
火灾危险性分类	枚举型	甲、乙、丙、丁、戊类	—	√	√	√
耐火等级分类	枚举型	一级、二级、三级、四级	—	√	√	√
设计安全等级	枚举型	一级、二级、三级	—	√	√	√
设计使用年限	文字	设计使用年限是设计规定的一个时期，在这一规定的时期内，只需要进行正常的维护而不需进行大修就能按预期目的使用，完成预定的功能，即房屋建筑在正常设计、正常施工、正常使用和维护下所应达到的使用年限	—	√	√	√

属性名称	参数类型	单位/描述/取值范围	信息深度等级			
			N1	N2	N3	N4
设计基准期	文字	为确定可变作用及与时间有关的材料性能取值而选用的时间参数	—	√	√	√
抗震设防分类	枚举型	甲类、乙类、丙类、丁类	—	√	√	√
抗震设防烈度	枚举型	6度、7度、8度、9度	—	√	√	√
抗震设防标准	枚举型	标准设防类、重点设防类、特殊设防类、适度设防类		√	√	√
基础类型	枚举型	钢筋混凝土扩展基础、钢筋混凝土条形基础、钢筋混凝土筏板基础、钢筋混凝土壳体基础、预制桩基础、灌注桩基础、钢筋混凝土箱形基础、沉井基础、砖石扩展基础	—		√	√
抗浮措施	枚举型	自重抗浮、抗拔桩抗浮、抗拔锚杆抗浮、管理抗浮	—	—	√	√
设计用电负荷	文字	计算有功功率（kW），补偿容量（kVar），总计算负荷（kVA）			√	√

附录 B：现状信息深度等级

场地地形信息深度等级　　　　　　　　　　表 B-1

属性名称	参数类型	单位/描述/取值范围	信息深度等级			
			N1	N2	N3	N4
场地名称	文字	地名	√	√	√	√
场地位置	文字	地理位置	√	√	√	√
场地边界	文字	场地边界描述	√	√	√	√
场地面积	面积	m²	√	√	√	√
场地经纬度	文字	场地经纬度，大致方位	√	√	√	√
地形地貌描述	文字	描述区域地形：平原、高原、盆地、丘陵、山地等，地貌：地表起伏、地势状况、地质情况描述	—	√	√	√
场地形状	文字	场地的平面形状		√		√
高程点编号	文字	对高程点编号，便于信息交换	—	—	√	√
高程点坐标	二维坐标	(X，Y)	—	—	√	√
高程点高程	高程	m			√	√
等高线编号	文字	对等高线编号，便于信息交换			√	√
等高线高程	高程	m	—	—	√	√
场地最低点高程	高程	m	—	—	—	√
场地最高点高程	高程	m	—	—		√
场地代表性高程	高程	m				√

场地地质信息深度等级　　　　　　　　　　表 B-2

属性名称	参数类型	单位/描述/取值范围	信息深度等级			
			N1	N2	N3	N4
地层名称	文字	黏土、粉土、淤泥、砂、岩石等	—	√	√	√
地层构成及特征	文字	地层的构成及特征说明		√	√	√
地层年代	文字	特定的地质时间间隔中形成的所有成层或非成层的综合岩石体，年代地层单位从大到小分宇、界、系、统、阶、时带六级	—	√	√	√
地层厚度	数值	m	—	√	√	√
地层分布范围	文字	描述地层的分布	—	√	√	√
地基承载力特征值	数值	kPa			√	√
压缩模量（土工试验）	数值	kPa	—	—	√	√
压缩模量（静力触探）	数值	kPa			√	√
压缩模量（标贯试验）	数值	kPa			√	√
压缩模量（建议值）	数值	kPa			√	√
含水率	比值	%	—	—	√	√

续表

属性名称	参数类型	单位/描述/取值范围	信息深度等级			
			N1	N2	N3	N4
干密度	密度	g/cm³	—	—	√	√
湿密度	密度	g/cm³	—	—	√	√
饱和度	比值	％	—	—	√	√
孔隙比	比值	％	—	—	√	√
抗压强度	压强	kg/cm²	—	—	√	√
液限	比值	％	—	—	√	√
塑限	比值	％	—	—	√	√
液限指数	数值	无量纲	—	—	√	√
塑限指数	数值	无量纲	—	—	√	√
黏聚力 c（直剪固快）	数值	kPa	—	—	√	√
黏聚力 c（三轴排水）	数值	kPa	—	—	√	√
黏聚力 c（慢剪）	数值	kPa	—	—	√	√
内摩擦角 φ（直剪固快）	角度	°	—	—	√	√
内摩擦角 φ（三轴排水）	角度	°	—	—	√	√
内摩擦角 φ（慢剪）	角度	°	—	—	√	√
重度	数值	N/m³	—	—	√	√
基底摩擦系数	数值	无量纲	—	—	—	√
桩侧摩阻力标准值	数值	kN	—	—	—	√
桩端土承载力容许值	数值	kN	—	—	—	√
岩层滑面倾角	角度	°	—	—	√	√
岩石风化程度	枚举型	未风化、微风化、中等风化、强风化、全风化	—	—	√	√
水体名称	文字	水体的名称	√	√	√	√
水体位置	文字	水体的轮廓及方位	√	√	√	√
水体面积	文字	m²	√	√	√	√
河床标高	标高	m	√	√	√	√
淤泥厚度	长度	m	√	√	√	√
水体常水位	标高	m	√	√	√	√
水体高水位	标高	m	√	√	√	√
水体最高洪水位	标高	m	√	√	√	√
地下水埋深	数值	m	—	√	√	√
场地土 pH 值	数值	1～13	—	—	√	√
场地水 pH 值	数值	1～13	—	—	√	√
腐蚀程度	枚举型	轻度腐蚀、中度腐蚀、严重腐蚀、极严重腐蚀	—	—	√	√
多年平均气温	数值	℃	√	√	√	√
多年最高气温	数值	℃	√	√	√	√
多年最低气温	数值	℃	√	√	√	√
冻土月数	整数	—	√	√	√	√
多年平均降水量	数值	mm	√	√	√	√
多年最大降水量	数值	mm	√	√	√	√
多年最小降水量	数值	mm	√	√	√	√
多年平均蒸发量	数值	mm	√	√	√	√
气候条件	文字	对场地气候条件进行说明	√	√	√	√
风速	数值	m/s	√	√	√	√

现状建筑物信息深度等级　　表 B-3

属性名称	参数类型	单位/描述/取值范围	信息深度等级			
			N1	N2	N3	N4
建筑物名称	文字	建筑物名称	√	√	√	√
建筑物轮廓坐标	二维坐标	(X, Y)	√	√	√	√
建筑物面积	面积	m^2	—	√	√	√
室外地坪高程	高程	m	—	√	√	√
建筑出入口高程	高程	m	—	—	√	√
建筑物楼层数	整数	层	—	—	√	√
建筑物层高	数值	m	—	—	√	√
建筑物结构类型	枚举型	框架结构、剪力墙结构、框架—剪力墙结构、核心筒结构、框支剪力墙结构、无梁楼盖结构	—	—	—	√
建筑物功能	文字	建筑物功能描述（民用建筑等）	—	√	√	√

现状构筑物信息深度等级　　表 B-4

属性名称	参数类型	单位/描述/取值范围	信息深度等级			
			N1	N2	N3	N4
构筑物名称	文字	构筑物名称	√	√	√	√
构筑物轮廓坐标	二维坐标	X, Y	√	√	√	√
构筑物尺寸	长度	长×宽×高（m）	—	√	√	√
构筑物特征点高程	高程	m	—	√	√	√
构筑物高度	数值	m	—	—	√	√
构筑物结构类型	枚举型	钢结构、钢筋混凝土结构、砖混结构、砖木结构	—	—	√	√
构筑物功能	文字	构筑物的功能及工艺	—	—	√	√
地下构筑物埋深	数值	m	—	—	√	√
电线走向	二维坐标	X, Y	—	—	√	—
高压线电压	电压	kV	—	—	—	√
高压线最低点垂高	数值	m	—	—	—	√

现状地面道路信息深度等级　　表 B-5

属性名称	参数类型	单位/描述/取值范围	信息深度等级			
			N1	N2	N3	N4
道路名称	文字	道路的名称	√	√	√	√
道路测量点坐标	二维坐标	(X, Y)	—	√	√	√
道路测量点高程	高程	m	—	√	√	√
道路等级	枚举型	一级、二级、三级、四级	√	√	√	√
道路红线宽度	长度	m	—	—	√	√
道路断面尺寸	长度	m	—	√	√	√
道路设计车速	速度	m/s	—	—	√	√
路面类型	枚举型	半刚性路面、沥青、水泥混凝土	√	√	√	√
路面分界位置	二维坐标	X, Y	—	—	—	√

续表

属性名称	参数类型	单位/描述/取值范围	信息深度等级			
			N1	N2	N3	N4
行道树编号	文字	树编号	—	—	—	√
行道树位置	二维坐标	X，Y	—	—	—	√
行道树种类	枚举型	大乔木、小乔木、常绿乔木、落叶乔木	—	—	—	√
行道树树径	数值	cm	—	—	—	√
路灯编号	文字	路灯编号	—	—	—	√
路灯位置	二维坐标	X，Y	—	—	—	√
路灯类型	枚举型	按造型：景观灯、单臂路灯、双臂路灯	—	—	—	√
标志牌编号	文字	标志牌标号	—	—	—	√
标志牌位置	二维坐标	X，Y	—	—	—	√
标志信息类别	文字	如：警告标志、禁令标志、指示标志	—	—	—	√
标志牌尺寸	长度	mm	—	—	—	√
标志内容	文字	如：限速 60 等	—	—	—	√

现状桥梁信息深度等级　　　　　　　　　　　　　　　　　　　　　**表 B-6**

属性名称	参数类型	单位/描述/取值范围	信息深度等级			
			N1	N2	N3	N4
桥梁名称	文字	描述桥梁的名称	√	√	√	√
桥梁安全等级	枚举型	一级、二级、三级	—	√	√	√
桥梁上部结构类型	枚举型	T 梁、箱梁、空心板	√	√	√	√
桥梁下部结构类型	枚举型	重力式桥墩、重力式桥台、轻型桥墩、轻型桥台	√	√	√	√
桥梁测量点坐标	二维坐标	X，Y	—	√	√	√
桥梁测量点高程	数值	m	—	√	√	√
桥梁斜交角度	角度	°	—	—	—	√
桥梁断面尺寸	长度	m	—	—	—	√
桥梁梁底标高	数值	m	—	—	—	√
桥墩位置	二维坐标	X，Y	—	—	√	√
桥墩尺寸	长度	m	—	—	√	√
桥跨尺寸	长度	m	—	—	√	√
桥梁净空尺寸	长度	m	—	√	√	√

现状隧道信息深度等级　　　　　　　　　　　　　　　　　　　　　**表 B-7**

属性名称	参数类型	单位/描述/取值范围	信息深度等级			
			N1	N2	N3	N4
隧道名称	文字	隧道的名称	√	√	√	√
隧道长度	长度	m	√	√	√	√
隧道等级	枚举型	按长度：分为短隧道、中长隧道、长隧道、特长隧道	—	√	√	√
隧道断面尺寸	长度	m	√	√	√	√
隧道结构顶高程	高程	m	—	—	√	√
隧道结构底高程	高程	m	—	—	√	√

属性名称	参数类型	单位/描述/取值范围	信息深度等级 N1	N2	N3	N4
隧道平纵线形	数据表	{(X，Y)，(X，Y)，…}及曲线	—	✓	✓	✓
隧道路面标高	数值	m	—	—	✓	✓
隧道测量点坐标	二维坐标	X，Y	—	✓	✓	✓
隧道测量点高程	高程	m	—	✓	✓	✓
隧道门洞形式	文字	大体包括墙式以及洞门式，下可细分	—	✓	✓	✓
隧道主体结构材料	文字	钢筋混凝土	—	✓	✓	✓
隧道实施工艺	文字	盾构、爆破	—	—	—	✓

现状地下管线信息深度等级 表 B-8

属性名称	参数类型	单位/描述/取值范围	信息深度等级 N1	N2	N3	N4
管线名称	文字	管线的名称如雨水支管、配水干管等	✓	✓	✓	✓
管线功能	文字	管线的具体功能，如某小区供水管等	✓	✓	✓	✓
管线位置	二维坐标	X，Y	✓	✓	✓	✓
管线埋深	数值	m	✓	✓	✓	✓
雨水管道底标高	数值	m	—	✓	✓	✓
管线架空高度	数值	m	—	—	✓	✓
管线管径	长度	mm	—	✓	✓	✓
管线孔数	整数	管群孔数	—	✓	✓	✓
管线材质	枚举型	PE管球墨铸铁管、钢管	—	✓	✓	✓
供热管道工作介质	枚举型	水、蒸汽	—	—	✓	✓
管道压力等级	压力	MPa	—	—	✓	✓
连接方式	枚举型	焊接、承插连接、热熔焊接、粘接、卡箍连接、热收缩带连接	—	—	—	✓
管井编号	文字	井编号如：W1、Y1、J1	—	✓	✓	✓
管井类别	文字	管径的类别，所属系统	—	✓	✓	✓
管井位置	二维坐标	X，Y	—	✓	✓	✓
管井尺寸	长度	m	—	✓	✓	✓
杆线名称	文字	杆线名称	—	✓	✓	✓
杆线编号	文字	杆线编号	—	✓	✓	✓
杆线等级	枚举型	220V、380V、10kV、110kV、220kV	—	—	—	✓
杆线坐标	二维坐标	X，Y	—	—	✓	✓

现状地铁站信息深度等级 表 B-9

属性名称	参数类型	单位/描述/取值范围	信息深度等级 N1	N2	N3	N4
轨道线路名称	文字	轨道线路名称如：2号线	✓	✓	✓	✓
轨道结构类型	枚举型	地上、地面、地下	✓	✓	✓	✓
轨道平纵线形	数据表	{(X，Y)，(X，Y)，…}及曲线	—	✓	✓	✓
轨道断面尺寸	长度	m	—	—	✓	✓

市政给水排水工程**BIM**技术

续表

属性名称	参数类型	单位/描述/取值范围	信息深度等级			
			N1	N2	N3	N4
轨道测量点坐标	二维坐标	(X, Y)	—	—	—	√
轨道测量点高程	数值	m	—	—	—	√
轨道用地范围	文字	—	—	√	√	√

现状河道（湖泊）信息深度等级　　　　　　表 B-10

属性名称	参数类型	单位/描述/取值范围	信息深度等级			
			N1	N2	N3	N4
河道（湖泊）名称	文字	河道水系名称	√	√	√	√
水质标准	枚举型	地表水质分为Ⅰ～Ⅴ以及劣Ⅴ类六个等级	—	—	—	√
最高水位	数值	m	—	—	—	√
常水位	数值	m	—	—	—	√
枯水位	数值	m	—	—	—	√
蓝线宽度	长度	m	—	√	√	√
陆域控制线宽度	长度	m	—	√	√	√

现状铁路信息深度等级　　　　　　表 B-11

属性名称	参数类型	单位/描述/取值范围	信息深度等级			
			N1	N2	N3	N4
铁路名称	文字	描述铁路名称	√	√	√	√
铁路等级	枚举型	高铁、快铁、普铁	—	√	√	√
铁路线形	二维点数组	—	—	—	√	√
铁路测量点坐标	二维坐标	(X, Y)	—	—	√	√
铁路测量点高程	数值	m	—	—	√	√
铁路用地范围	二维点组数	$\{(X, Y), (X, Y), \cdots\}$	—	—	√	√

现状文物信息深度等级　　　　　　表 B-12

属性名称	参数类型	单位/描述/取值范围	信息深度等级			
			N1	N2	N3	N4
文物名称	文字	文物的名称	√	√	√	√
文物等级	枚举型	一级、二级、三级	—	√	√	√
轮廓、位置	文字	描述文物的轮廓及位置情况	—	—	√	√
文物保护范围	二维点组数	$\{(X, Y), (X, Y), \cdots\}$	—	—	√	√

现状林木信息深度等级　　　　　　表 B-13

属性名称	参数类型	单位/描述/取值范围	信息深度等级			
			N1	N2	N3	N4
林木种类	枚举型	防护林、用材林、经济林、新炭林、特殊用途林	—	√	√	√
林木范围边线	二维点数组	$\{(X, Y), (X, Y), \cdots\}$	—	—	√	√
林木面积	面积	m^2	—	√	√	√
林木平均高度	数值	m	—	—	—	√
林木平均直径	长度	m	—	—	—	√

现状农田信息深度等级　　　　　　　　　表 B-14

属性名称	参数类型	单位/描述/取值范围	信息深度等级			
			N1	N2	N3	N4
农田编号	文字	农田的编号	√	√	√	√
农田范围边线	二维点数组	{(X，Y)，(X，Y)，⋯}	—	√	√	√
农田面积	面积	m²	—	—	√	√
水田腐殖质土厚度	数值	m	—	—	—	√

现状村落信息深度等级　　　　　　　　　表 B-15

属性名称	参数类型	单位/描述/取值范围	信息深度等级			
			N1	N2	N3	N4
村落位置	二维坐标	X，Y	√	√	√	√
村落面积	数值	m²	—	—	√	√
人口规模	数值	万人	—	√	√	√
村落名称	文字	描述村落的名称	√	√	√	√

附录 C：规划信息深度等级

规划地面道路信息深度等级　　　　　　　表 C-1

属性名称	参数类型	单位/描述/取值范围	信息深度等级			
			N1	N2	N3	N4
道路名称	文字	道路名称	√	√	√	√
道路等级	枚举型	一级、二级、三级、四级	√	√	√	√
设计车速	数值	km/h	√	√	√	√
道路中心线平曲线表	数据表	{(X，Y)，(X，Y)，…} 及曲线	—	—	√	√
道路中心线纵曲线表	数据表	同上	—	—	√	√
红线宽度	数值	m	—	—	—	√
机动车道路面宽度	数值	m	—	—	—	√
非机动车道路面宽度	数值	m	—	—	—	√
人行道路面宽度	数值	m	—	—	—	√
绿化带宽度	数值	m	—	—	—	√
中央分隔带宽度	数值	m	—	—	—	√
机非分隔带宽度	数值	m	—	—	—	√
规划红线位置	二维点数组	{(X，Y)，(X，Y)，…}	—	—	√	√
规划绿线位置	二维点数组	同上	—	—	√	√

规划地形信息深度等级　　　　　　　表 C-2

属性名称	参数类型	单位/描述/取值范围	信息深度等级			
			N1	N2	N3	N4
控制点编号	文字	控制点编号	√	√	√	√
控制点标高	数值	m	—	√	√	√
控制点坐标	二维坐标	(X，Y)	√	√	√	√
控制点性质	文字	文字描述控制点性质	—	—	√	√

规划隧道信息深度等级　　　　　　　表 C-3

属性名称	参数类型	单位/描述/取值范围	信息深度等级			
			N1	N2	N3	N4
隧道名称	文字	隧道的名称	√	√	√	√
隧道中心线平曲线表	数据表	{(X，Y)，(X，Y)，…} 及曲线	—	—	√	√
隧道中心线纵曲线表	数据表	同上	—	—	√	√
隧道外轮廓高	数值	m	—	√	√	√
隧道外轮廓宽	长度	m	—	√	√	√
实施工艺	文字	盾构、爆破	—	—	√	√

规划桥梁信息深度等级

表 C-4

属性名称	参数类型	单位/描述/取值范围	信息深度等级			
			N1	N2	N3	N4
桥梁名称	文字	桥梁的名称	√	√	√	√
桥梁中心线平曲线表	数据表	{(X, Y), (X, Y), …} 曲线	—	—	√	√
桥梁中心线纵曲线表	数据表	同上	—	—	√	√
桥梁外轮廓高	数值	m	—	—	√	√
桥梁外轮廓宽	长度	m	—	√	√	√

规划综合管廊信息深度等级

表 C-5

属性名称	参数类型	单位/描述/取值范围	信息深度等级			
			N1	N2	N3	N4
综合管廊名称	文字	综合管廊名称	√	√	√	√
综合管廊中心线平面线表	数据表	{(X, Y), (X, Y), …} 及曲线	—	—	√	√
综合管廊中心线纵曲线表	数据表	同上	—	—	√	√
综合管廊外轮廓高	数值	m	—	—	√	√
综合管廊外轮廓宽	长度	m	—	—	√	√
实施工艺	枚举型	开挖、支护、盾构	—	—	√	√

规划轨道交通信息深度等级

表 C-6

属性名称	参数类型	单位/描述/取值范围	信息深度等级			
			N1	N2	N3	N4
规划轨道交通名称	文字	轨道交通名称	√	√	√	√
中心线平曲线表	数据表	{(X, Y), (X, Y), …} 及曲线	—	√	√	√
中心线纵曲线表	数据表	同上	—	√	√	√
规划用地范围	二维点数组	{(X, Y), (X, Y), …}	—	—	√	√
保护范围	二维点数组	同上	—	—	√	√

规划给水工程信息深度等级

表 C-7

属性名称	参数类型	单位/描述/取值范围	信息深度等级			
			N1	N2	N3	N4
给水厂名称	文字	给水厂名称	√	√	√	√
给水厂位置	二维坐标	(X, Y)	—	√	√	√
给水厂给水规模	流量	m³/d	—	√	√	√
给水泵站编号	文字	给水泵站编号	—	√	√	√
给水泵站位置	二维坐标	(X, Y)	—	—	√	√
给水管道编号	文字	给水管道编号	—	√	√	√
给水管道位置	三维点	起终点 (X, Y, Z)	—	—	√	√
给水管道管径	长度	mm	—	√	√	√
给水管道埋深	数值	m	—	—	—	√
给水管道压力等级	压力	MPa	—	—	—	√

规划污水工程信息深度等级 表 C-8

属性名称	参数类型	单位/描述/取值范围	信息深度等级			
			N1	N2	N3	N4
污水厂名称	文字	污水厂的名称	√	√	√	√
污水厂位置	二维坐标	(X, Y)	—	—	√	√
污水厂处理规模	流量	m³/d				
污水泵站编号	文字	1#、2#	—	√	√	√
污水泵站位置	二维坐标	(X, Y)				
污水管道编号	文字	污水管道编号				
污水管道位置	三维点	起终点 (X, Y, Z)				
污水管道管径	长度	mm	—	√	√	√
污水管道埋深	数值	m	—	—	—	√

规划雨水工程信息深度等级 表 C-9

属性名称	参数类型	单位/描述/取值范围	信息深度等级			
			N1	N2	N3	N4
雨水泵站编号	文字	包含名称与编号，多数情况下名字即编号	√	√	√	√
雨水泵站位置	二维坐标	(X, Y)	—	—	√	√
雨水管道编号	文字	雨水管道编号	√			√
雨水管道位置	坐标	起终点 (X, Y, Z)	—			√
雨水管道管径	长度	mm	—	√	√	√
雨水管道埋深	数值	m	—	—	—	√

规划用地信息深度等级 表 C-10

属性名称	参数类型	单位/描述/取值范围	信息深度等级			
			N1	N2	N3	N4
用地编号	文字	地块编号	√	√	√	√
用地边界	二维点数组	{(X, Y), (X, Y), …}	—	—	√	√
用地性质	文字	如: R（居住用地）、商业用地	—	√	√	√
用地面积	面积	m²	—	—	√	√

规划水系信息深度等级 表 C-11

属性名称	参数类型	单位/描述/取值范围	信息深度等级			
			N1	N2	N3	N4
水系名称	文字	水系的名称	√	√	√	√
水系位置	二维点数组	{(X, Y), (X, Y), …}	—	—	√	√
规划河道蓝线宽度	长度	m	—	√	√	√
规划河道蓝线宽度位置	二维点数组	{(X, Y), (X, Y), …}	—		√	√
河床断面	文字	对河床断面进行描述说明	—	√	√	√
通航净高	数值	m	—	—		√
航道等级	枚举型	从大到小，一至七级	—	—		√
航道宽度	长度	m	—	—	√	√
规划航迹线	二维点数组	{(X, Y), (X, Y), …}	—	—	—	√

属性名称	参数类型	单位/描述/取值范围	信息深度等级			
			N1	N2	N3	N4
最高通航水位	数值	m	—	—	—	√
最低通航水位	数值	m	—	—	—	√
水系常水位	数值	m	—	—	—	√
水系洪水位	数值	m	—	—	—	√
规划河道两侧绿地宽度	长度	m	—	—	√	√
防汛通道宽度	长度	m	—	—	√	√
水系深度	数值	m	—	—	—	√
水系流量	流量	m³/s	—	—	—	√

规划防汛工程信息深度等级　　　　　　　　　　表 C-12

属性名称	参数类型	单位/描述/取值范围	信息深度等级			
			N1	N2	N3	N4
截洪沟名称	文字	截洪沟编号	√	√	√	√
截洪沟位置	二维点数组	{(X, Y), (X, Y), …}	—	—	√	√
截洪沟宽度	长度	m	—	√	√	√
截洪沟深度	数值	m	—	—	√	√
防汛堤编号	文字	防汛堤编号	—	√	√	√
防汛堤位置	二维点数组	{(X, Y), (X, Y), …}	—	—	√	√
防汛堤宽度	长度	m	—	√	√	√
防汛堤标高	数值	m	—	√	√	√
防汛堤净空	数值	m	—	√	√	√

规划电力工程信息深度等级　　　　　　　　　　表 C-13

属性名称	参数类型	单位/描述/取值范围	信息深度等级			
			N1	N2	N3	N4
电压等级	电压	kV	√	√	√	√
变电站名称	文字	变电站的名称	√	√	√	√
变电站坐标	二维坐标	(X, Y)	—	—	√	√
变电站占地面积	面积	m²	√	√	√	√
高压铁塔编号	文字	高压铁塔编号	—	√	√	√
高压铁塔位置	二维点数组	{(X, Y), (X, Y), …}	—	—	√	√
高压电线编号	文字	高压电线编号	—	√	√	√
高压电线位置	二维点数组	{(X, Y), (X, Y), …}	—	—	√	√
电线杆编号	文字	电线杆编号	—	√	√	√
电线杆位置	二维坐标	(X, Y)	—	—	√	√
电线编号	文字	电线编号	—	√	√	√
电线位置	二维点数组	{(X, Y), (X, Y), …}	—	—	√	√

规划通信工程信息深度等级 表 C-14

属性名称	参数类型	单位/描述/取值范围	信息深度等级			
			N1	N2	N3	N4
通信基站编号	文字	通信基站编号	√	√	√	√
通信基站坐标	二维坐标	(X, Y)	—	—	√	√
通信管线编号	文字	通信管线编号	—	√	√	√
通信管线位置	二维点数组	$\{(X, Y), (X, Y), \cdots\}$	—	—	√	√
通信管线管径	长度	mm	—	√	√	√
通信管线埋深	数值	m	—	—	—	√

规划燃气工程信息深度等级 表 C-15

属性名称	参数类型	单位/描述/取值范围	信息深度等级			
			N1	N2	N3	N4
燃气管道编号	文字	燃气管道编号	√	√	√	√
燃气管道位置	二维点数组	$\{(X, Y), (X, Y), \cdots\}$	—	—	√	√
燃气管道管径	长度	mm	—	√	√	√
燃气管道埋深	数值	m	—	—	—	√
燃气管道保护范围	数值	燃气管道与其他市政管线与建筑距离，m	—	√	√	√
燃气管道压力等级	压强	MPa	—	—	—	√

附录 D：工艺专业设计参数

管网系统设计参数信息深度等级   表 D-1

系统/功能	属性名称	参数类型	单位/描述/取值范围	N1	N2	N3	N4	交换信息
给（中）水管线	最大日平均时设计流量	流量	L/s	✓	✓	✓	✓	
	最大日最大时设计流量	流量	L/s		✓	✓	✓	
	时变化系数	数值	K_h	✓	✓	✓	✓	
	日变化系数	数值	K	✓	✓	✓	✓	
	设计流速	速度	m/s		✓	✓	✓	
	起点水压标高	标高	m		✓	✓	✓	
	终点水压标高	标高	m		✓	✓	✓	
	终点要求自由水头	标高	m		✓	✓	✓	
	管径	数值	mm	✓	✓	✓	✓	✓
	长度	长度	m	✓	✓	✓	✓	✓
	压力等级	压强	MPa		✓	✓	✓	
雨水管线	雨水设计流量	流量	L/s	✓	✓	✓	✓	
	设计汇水面积	面积	hm²	✓	✓	✓	✓	
	设计径流系数	数值	ψ	✓	✓	✓	✓	
	设计重现期	整数	P	✓	✓	✓	✓	
	径流时间	数值	min	✓	✓	✓	✓	
	设计流速	速度	m/s		✓	✓	✓	
	管径	数值	mm	✓	✓	✓	✓	✓
	长度	长度	m	✓	✓	✓	✓	✓
	压力等级	压强	MPa		✓	✓	✓	
污水管线	城市综合生活污水量	流量	L/s	✓	✓	✓	✓	
	工业废水量	流量	L/s	✓	✓	✓	✓	
	城市污水排放系数	数值	K	✓	✓	✓	✓	
	平均流量	流量	L/s	✓	✓	✓	✓	
	设计管段服务面积	面积	m²	✓	✓	✓	✓	
	比流量	数值	L/(s·m²)	✓	✓	✓	✓	
	污水干管设计流量	流量	L/s	✓	✓	✓	✓	
	污水平均日流量	流量	L/s	✓	✓	✓	✓	
	污水量总变化系数	数值	K_z	✓	✓	✓	✓	
	管渠过水断面面积	面积	m²		✓	✓	✓	
	流速	速度	m/s		✓	✓	✓	
	管径	数值	mm	✓	✓	✓	✓	✓
	长度	长度	m	✓	✓	✓	✓	✓

厂区平面工艺专业设计参数信息深度等级　　　　　表 D-2

系统/功能	属性名称	参数类型	单位/描述/取值范围	信息深度等级				交换信息
				N1	N2	N3	N4	
总体平面	设计处理规模	流量	m^3/d	√	√	√	√	√
	建设用地面积	面积	m^2	√	√	√	√	√
	用地指标	数值	$m^2 \cdot d/m^3$	√	√	√	√	√
	坐标系	枚举型	北京坐标系，地方坐标系	√	√	√	√	√
	高程系统	枚举型	1985 高程系，黄海高程系	√	√	√	√	√
	场地控制标高	标高	m	√	√	√	√	
	坡度要求	坡度	%		√	√	√	
	用地红线坐标	二维点数组	$\{(X,Y),(X,Y),\cdots\}$	√	√	√	√	√
现状建筑物	建筑物编号	数值	建筑物编号	√	√	√	√	√
	建筑物名称	文字	综合楼，机修仓库	√	√	√	√	√
	建筑物结构类型	文字	剪力墙，框架，轻钢结构	√	√	√	√	√
	建筑物轮廓坐标	三维点数组	$\{(X,Y,Z),(X,Y,Z),\cdots\}$	√	√	√	√	√
	建筑物尺寸	长度	长(a)×宽(b)×高(h)	√	√	√	√	√
	建筑物面积	面积	m^2	√	√	√	√	√
	建筑物层数	整数	n	√	√	√	√	√
	建筑物特征点高程	高程	m		√	√	√	√
	建筑物室外地坪高程	高程	m		√	√	√	√
新建构筑物	构筑物编号	数值	构筑物编号	√	√	√	√	√
	构筑物名称	文字	加药间	√	√	√	√	√
	构筑物结构类型	文字	剪力墙，框架，轻钢结构	√	√	√	√	√
	构筑物轮廓坐标	三维点数组	$\{(X,Y,Z),(X,Y,Z),\cdots\}$	√	√	√	√	√
	构筑物尺寸	长度	m	√	√	√	√	√
	构筑物面积	面积	m^2	√	√	√	√	√
	构筑物特征点高程	高程	m		√	√	√	√
	构筑物外地坪高程	高程	m		√	√	√	√

地表水取水泵房设计参数信息深度等级　　　　　表 D-3

系统/功能	属性名称	参数类型	单位/描述/取值范围	信息深度等级				交换信息
				N1	N2	N3	N4	
取水头部	总取水量	流量	m^3/s	√	√	√	√	
	常水位	数值	m	√	√	√	√	
	高水位	数值	m	√	√	√	√	
	枯水位	数值	m	√	√	√	√	
	取水头部尺寸	长度	长(a)×宽(b)×高(h)	√	√	√	√	√
	底板标高	数值	m		√	√	√	√
	进水口尺寸	长度	宽(b)×高(h)		√	√	√	√
	进水口数量	整数	h		√	√	√	√
引水管道（渠道）	数量	整数	n	√	√	√	√	√
	规格（尺寸）	长度	m		√	√	√	√
	长度	长度	m	√	√	√	√	√
	流速	速度	m/s		√	√	√	
	水头损失	数值	m		√	√	√	

续表

系统/功能	属性名称	参数类型	单位/描述/取值范围	信息深度等级				交换信息
				N1	N2	N3	N4	
格栅	渠道数量	数值	n	√	√	√	√	√
	单渠尺寸	数值	m	√	√	√	√	√
	渠道长度	数值	m	√	√	√	√	√
	格栅数量	数值	n	√	√	√	√	√
	栅前水深	数值	m		√	√	√	
	栅后水深	数值	m		√	√	√	
	栅条	长度	mm		√	√	√	
	栅条间距	长度	mm		√	√	√	
	安装倾角	角度	°		√	√	√	√
	过栅流速	速度	m/s		√	√	√	
	堵塞系数	数值	K_1		√	√	√	
集水池	集水池尺寸	长度	长(a)×宽(b)×高(h)	√	√	√	√	
	深度	数值	m		√	√	√	
	启泵水位	数值	m		√	√	√	
	平均水位	数值	m		√	√	√	
	停泵水位	数值	m		√	√	√	
	有效容积	体积	m³		√	√	√	
泵组	水泵数量	整数	n	√	√	√	√	
	单泵流量	数值	m³/s		√	√	√	
	水泵扬程	数值	m	√	√	√	√	
	出水管管径	长度	mm		√	√	√	
	出水管流速	速度	m/s			√	√	
	泵房高度	数值	m				√	

絮凝沉淀池（折板絮凝斜板沉淀池）模型工艺专业设计参数信息深度等级　　表 D-4

系统/功能	属性名称	参数类型	单位/描述/取值范围	信息深度等级				交换信息
				N1	N2	N3	N4	
絮凝区	总进水量	流量	m³/s	√	√	√	√	
	总絮凝时间	数值	s	√	√	√	√	
	速度梯度	数值	s^{-1}	√	√	√	√	
	水头损失	数值	m	√	√	√	√	√
	有效水深	数值	m		√	√	√	
	折板长度	长度	m		√	√	√	
	折板宽度	长度	m		√	√	√	
	折板厚度	长度	m		√	√	√	
	折板夹角	角度	°		√	√	√	
	折板区峰速	速度	m/s		√	√	√	
	折板区谷速	速度	m/s		√	√	√	
	折板区峰距	长度	m		√	√	√	
	折板区谷距	长度	m		√	√	√	
	平板区流速	速度	m/s		√	√	√	
	平板间距	长度	m		√	√	√	
	系列数	整数	个		√	√	√	√
	分格数	整数	个		√	√	√	√

续表

系统/功能	属性名称	参数类型	单位/描述/取值范围	信息深度等级				交换信息
				N1	N2	N3	N4	
沉淀进水区	进水总渠长度	数值	宽(b)×高(h)		√	√	√	√
	进水总渠速度	数值	m/s		√	√	√	
	单格进水闸孔长度	数值	宽(b)×高(h)		√	√	√	
	单格进水闸孔速度	数值	m/s		√	√	√	
斜管沉淀区	总表面积	面积	m²		√	√	√	√
	单格表面积	面积	m²	√	√	√	√	
	分格数	整数	个		√	√	√	
	单池尺寸	长度	宽(b)×高(h)		√	√	√	
	有效容积	体积	m³		√	√	√	
	有效水深	数值	m		√	√	√	
	表面负荷	数值	m³/(m²·h)		√	√	√	
	停留时间	数值	h	√	√	√	√	
	上升流速	速度	m/s		√	√	√	
	沉淀效率	比值	%		√	√	√	
	斜管内径	长度	mm		√	√	√	
	斜管水平倾角	角度	°		√	√	√	
	斜管长度	长度	mm		√	√	√	
	池高	数值	mm		√	√	√	√
	超高	数值	m		√	√	√	√
出水区	总出水量	流量	m³/s	√	√	√	√	
	单个堰流量	流量	m³/s	√	√	√	√	
	堰顶宽	长度	m		√	√	√	√
	指型槽高度	长度	m		√	√	√	
	指型槽长度	长度	m		√	√	√	
	堰上水头	数值	m		√	√	√	
排泥系统	总干泥量	数值	kgDs/d	√	√	√	√	
	总污泥量	数值	m³/d	√	√	√	√	
	排泥管管径	长度	mm		√	√	√	√
	存储时间	数值	h		√	√	√	
	泥管流速	速度	m/s		√	√	√	
	泥斗容积	体积	m³	√	√	√	√	

滤池（V 型滤池）模型工艺专业设计参数信息深度等级　　　　表 D-5

系统/功能	属性名称	参数类型	单位/描述/取值范围	信息深度等级				交换信息
				N1	N2	N3	N4	
进水系统	总进水量	流量	m³/s	√	√	√	√	
	进水总渠尺寸	长度	m		√	√	√	√
	进水总渠流速	速度	m/s		√	√	√	
	事故溢流孔尺寸	长度	m		√	√	√	√
	单格进水闸孔尺寸	长度	m		√	√	√	√
	单格进水闸孔流速	速度	m/s		√	√	√	

系统/功能	属性名称	参数类型	单位/描述/取值范围	信息深度等级				交换信息
				N1	N2	N3	N4	
进水系统	配水堰宽度	长度	m		√	√	√	√
	堰上水头	数值	m		√	√	√	√
	V型槽夹角	角度	°		√	√	√	√
	V型槽上标高	数值	m		√	√	√	√
	V型槽上口宽	长度	m		√	√	√	√
	V型槽扫洗孔眼扫洗流量	流量	m^3/s		√	√	√	
	V型槽扫洗孔眼扫洗流速	速度	m/s		√	√	√	
	V型槽扫洗孔眼个数	整数	个		√	√	√	
	V型槽扫洗孔眼尺寸	长度	宽(b)×高(h)		√	√	√	
过滤系统	总过滤面积	面积	m^2		√	√	√	
	单池过滤面积	面积	m^2	√	√	√	√	
	分组形式（几排几格）	文字	分组布置		√	√	√	
	单池尺寸	长度	m		√	√	√	
	过滤水头	数值	m	√	√	√	√	
	设计滤速	速度	m/h	√	√	√	√	
	强制滤速	速度	m/h	√	√	√	√	
	滤池高度	数值	m	√	√	√	√	√
	滤层厚度	长度	m	√	√	√	√	
	滤料参数	文字	材质、粒径、层数、膨胀率、不均匀系数	√	√	√	√	
	气水室高度	数值	m		√	√	√	√
	滤板厚	长度	m		√	√	√	
	承托层厚度	长度	m		√	√	√	
	滤料层厚度	长度	m		√	√	√	
	滤层上水深	数值	m		√	√	√	
	超高	数值	m		√	√	√	
出水系统	总出水量	流量	m^3/s	√	√	√	√	
	单格出水管径	长度	m		√	√	√	√
	单格出水管流速	速度	m/s		√	√	√	
	出水总管管径	长度	m		√	√	√	√
	出水总管流速	速度	m/s		√	√	√	
反冲系统	滤池配水、配气系统	文字	滤池配水配气设置	√	√	√	√	
	承托层参数	文字	材质、粒径、孔径	√	√	√	√	
	反冲洗周期	数值	h	√	√	√	√	
	气冲强度	数值	L/(s·m^2)	√	√	√	√	
	水冲强度	数值	L/(s·m^2)	√	√	√	√	
	气水反冲洗强度	数值	L/(s·m^2)	√	√	√	√	
	冲洗历时（气冲、水冲、气水冲、总历时）	数值	min	√	√	√	√	
	反冲水管管径	数值	m		√	√	√	√
	反冲水管流速	数值	m/s		√	√	√	

续表

系统/功能	属性名称	参数类型	单位/描述/取值范围	信息深度等级				交换信息
				N1	N2	N3	N4	
反冲系统	反冲总气管管径	数值	m		√	√	√	√
	反冲总气管流速	数值	m/s		√	√	√	
	反冲支气管管径	数值	m		√	√	√	√
	反冲洗水头	数值	m		√	√	√	
	反冲洗排水槽流量	流量	m³/s		√	√	√	√
	反冲洗排水槽槽宽	长度	m		√	√	√	√
	反冲洗排水槽堰顶水深	数值	m		√	√	√	
	反冲洗排水总渠宽	长度	m		√	√	√	√
	反冲洗排水总渠深	数值	m		√	√	√	
	反冲洗排水总渠流速	速度	m/s		√	√	√	

臭氧接触池（后臭氧接触池）设计参数信息深度等级　　　　　　表 D-6

系统/功能	属性名称	参数类型	单位/描述/取值范围	信息深度等级				交换信息
				N1	N2	N3	N4	
进水系统	总进水量	流量	m³/s	√	√	√	√	
	进水总管管径	长度	m		√	√	√	√
	进水总管流速	速度	m/s		√	√	√	
	接触池分格数	整数	格	√	√	√	√	√
	单格进水量	流量	m³/s	√	√	√	√	
	前池容积	体积	m³		√	√	√	
	溢流堰宽度	长度	m		√	√	√	√
	堰上水头	数值	m		√	√	√	
	溢流管管径	长度	m		√	√	√	
	溢流管流速	速度	m/s		√		√	
	放空管管径	长度	m		√	√	√	
	放空时间	数值	min		√	√	√	
臭氧接触系统	接触池有效水深	数值	m		√	√	√	
	接触池分段	整数	段	√	√	√	√	√
	臭氧投加量	数值	mg/L		√	√	√	
	接触池各段接触时间	数值	min		√	√	√	
	接触池各段尺寸	长度	宽(b)×高(h)		√	√	√	√
	接触池总接触时间	数值	min		√	√	√	
	布气区深度：长度	比值	$a:b$			√	√	√
	放空管管径	长度	m		√	√	√	
	放空时间	数值	min		√	√	√	
出水系统	总出水量	流量	m³/s	√	√	√	√	
	出水渠宽度	长度	m		√	√	√	
	出水渠深度	数值	m		√	√	√	√
	出水渠流速	速度	m/s		√	√	√	
	出水总管管径	长度	m		√	√	√	
	出水总管流速	速度	m/s		√	√	√	

加药间（加氯加矾间）工艺专业设计参数信息深度等级   表 D-7

系统/功能	属性名称	参数类型	单位/描述/取值范围	信息深度等级				交换信息
				N1	N2	N3	N4	
加氯（氨）间	氯（氨）储量	数值	kg 或 m³	√	√	√	√	
	氯（氨）浓度	比值	%	√	√	√	√	
	氯（氨）投加量	数值	mg/L		√	√	√	
	投药管管径	长度	mm		√	√	√	√
	加氯（氨）间面积	面积	m²	√	√	√	√	√
	加氯（氨）间层高	数值	m		√	√	√	√
加矾间	药剂储量	数值	kg	√	√	√	√	
	药剂浓度	比值	%	√	√	√	√	
	药剂投加量	数值	mg/L		√	√	√	
	投药管管径	长度	mm		√	√	√	
	加矾间面积	面积	m²	√	√	√	√	√
	加矾间层高	数值	m	√	√	√	√	√

清水池设计参数信息深度等级   表 D-8

系统/功能	属性名称	参数类型	单位/描述/取值范围	信息深度等级				交换信息
				N1	N2	N3	N4	
设计流量	设计流量	流量	m³/s	√	√	√	√	
进水系统	进水管道管径	长度	mm		√	√	√	√
	进水管流速	速度	m/s		√	√	√	
清水池	清水池容积	体积	m³	√	√	√	√	√
	清水池尺寸	长度	宽(b)×高(h)		√	√	√	√
	清水池廊道宽	长度	m		√	√	√	
	停留时间	数值	h		√	√	√	
	设计水位	数值	m		√	√	√	
出水系统	进水管道管径	长度	mm		√	√	√	
	进水管流速	速度	m/s		√	√	√	
	出水堰堰上水头	数值	m		√	√	√	
	出水堰长	长度	m		√	√	√	

送水泵房设计参数信息深度等级   表 D-9

系统/功能	属性名称	参数类型	单位/描述/取值范围	信息深度等级				交换信息
				N1	N2	N3	N4	
设计流量	设计流量	流量	m³/s	√	√	√	√	
进水系统	进水箱涵/管道尺寸	长度	宽(b)×高(h)		√	√	√	√
	进水管流速	速度	m/s		√	√	√	
集水池	集水池尺寸	长度	m	√	√	√	√	√
	扩散角	角度	°		√	√	√	√
	底坡	角度	°		√	√	√	
	启泵水位	数值	m		√	√	√	√
	平均水位	数值	m		√	√	√	√
	停泵水位	数值	m		√	√	√	√

续表

系统/功能	属性名称	参数类型	单位/描述/取值范围	信息深度等级				交换信息
				N1	N2	N3	N4	
集水池	报警水位	数值	m		√	√	√	√
	水池连通管管径	长度	mm		√	√	√	√
	启泵水位	数值	m		√	√	√	√
	平均水位	数值	m		√	√	√	√
	停泵水位	数值	m		√	√	√	√
泵组	泵流量	流量	m^3/s	√	√	√	√	√
	泵数量	整数	台	√	√	√	√	√
	泵扬程	数值	m		√	√	√	√
	出水管管径	长度	mm		√	√	√	√
	出水管流速	速度	mm		√	√	√	√
	泵房高度	数值	m		√	√	√	√

合流泵站设计参数信息深度等级 表 D-10

系统/功能	属性名称	参数类型	单位/描述/取值范围	信息深度等级				交换信息
				N1	N2	N3	N4	
设计流量	设计污水量	流量	m^3/s	√	√	√	√	√
	设计雨水量	流量	m^3/s	√	√	√	√	√
进水系统	进水箱涵/管道尺寸	长度	宽(b)×高(h) 或管径（D）	√	√	√	√	√
	进水闸门井尺寸	长度	长(a)×宽(b)×高(h)	√	√	√	√	√
	进水闸门尺寸	长度	宽(b)×高(h)	√	√	√	√	√
	进水闸门数量	整数	个	√	√	√	√	√
	进水箱涵尺寸（进水井至泵房）	长度	mm	√	√	√	√	√
格栅	格栅数量	整数	台	√	√	√	√	√
	格栅栅隙	长度	mm	√	√	√	√	√
	过栅流速	速度	m/s	√	√	√	√	√
	栅条宽度	长度	mm	√	√	√	√	√
	格栅安装角度	角度	°	√	√	√	√	√
雨水集水池	集水池尺寸	长度	长(a)×宽(b)×高(h)	√	√	√	√	√
	扩散角	角度	°	√	√	√	√	√
	底坡	角度	°	√	√	√	√	√
	启泵水位	数值	m		√	√	√	√
	平均水位	数值	m		√	√	√	√
	停泵水位	数值	m		√	√	√	√
	报警水位	数值	m		√	√	√	√
污水集水池	集水池尺寸	长度	长(a)×宽(b)×高(h)	√	√	√	√	√
	水池连通管管径	长度	mm		√	√	√	√
	启泵水位	数值	m		√	√	√	√
	平均水位	数值	m		√	√	√	√
	停泵水位	数值	m		√	√	√	√

续表

系统/功能	属性名称	参数类型	单位/描述/取值范围	信息深度等级				交换信息
				N1	N2	N3	N4	
泵组	污水泵（大）流量	流量	m³/s	√	√	√	√	√
	污水泵（大）数量	整数	台	√	√	√	√	√
	污水泵（小）流量	流量	m³/s	√	√	√	√	√
	污水泵（小）数量	整数	台	√	√	√	√	√
	雨水泵（大）流量	流量	m³/s	√	√	√	√	√
	雨水泵（大）数量	整数	台	√	√	√	√	√
	雨水泵（小）流量	流量	m³/s	√	√	√	√	√
	雨水泵（小）数量	整数	台	√	√	√	√	√
	污水泵扬程	数值	m	√	√	√	√	√
	雨水泵扬程	数值	m	√	√	√	√	√
出水系统（雨水）	出水拍门尺寸	长度	宽(b)×高(h)	√	√	√	√	√
	出水池尺寸	长度	长(a)×宽(b)×高(h)	√	√	√	√	√
	回笼水管管径	长度	mm		√	√	√	√
	排放管管径	长度	mm	√	√	√	√	√
	排放管中心标高	数值	m	—	—	√	√	√
	排放管数量	整数	根	√	√	√	√	√
出水系统（污水）	出水池尺寸	长度	长(a)×宽(b)×高(h)	√	√	√	√	√
	排放管管径	长度	mm		√	√	√	√
	排放管数量	整数	根	√	√	√	√	√
	排放管中心标高	数值	m	—	—	√	√	√
除臭系统	除臭风量	数值	m³/h		√	√	√	√

粗格栅间及进水泵房设计参数信息深度等级 表 D-11

系统/功能	属性名称	参数类型	单位/描述/取值范围	信息深度等级				交换信息
				N1	N2	N3	N4	
进水系统	设计水量	流量	m³/s	√	√	√	√	
	渠道尺寸	长度	宽(b)×高(h)		√	√	√	√
粗格栅	栅条间隙	长度	mm		√	√	√	√
	栅条宽度	长度	mm		√	√	√	√
	过栅流速	速度	m/s		√	√	√	
	栅前水深	数值	m		√	√	√	
	栅后水深	数值	m		√	√	√	
	安装倾角	角度	°		√	√	√	√
	格栅渠道宽度	长度	m		√	√	√	√
	格栅渠道流速	速度			√	√	√	
	格栅产渣率	数值	m³/10³		√	√	√	
	每日产渣总量	数值	m³/d		√	√	√	
进水泵房	有效容积	体积	m³	√	√	√	√	
	平面尺寸	长度	长(a)×宽(b)		√	√	√	√
	最高水位	数值			√	√	√	
	最低水位	数值				√	√	
	集水坑尺寸	长度	长(a)×宽(b)×高(h)		√	√	√	√
	池底坡向集水坑坡度	坡度	‰		√	√	√	√

续表

系统/功能	属性名称	参数类型	单位/描述/取值范围	信息深度等级				交换信息
				N1	N2	N3	N4	
出水系统	出水堰顶水深	数值	m		√	√	√	
	出水堰长度	长度	mm		√	√	√	√
	出水管管径	长度	mm		√	√	√	√
	出水管道流速	速度	m/s		√	√	√	

细格栅及曝气沉砂池设计参数信息深度等级　　　　　表 D-12

系统/功能	属性名称	参数类型	单位/描述/取值范围	信息深度等级				交换信息
				N1	N2	N3	N4	
进水系统	设计水量	流量	m³/s	√	√	√	√	
	渠道尺寸	长度	宽(b)×高(h)		√	√	√	√
细格栅	渠道流速	速度	m/s		√	√	√	
	过栅流速	速度	m/s		√	√	√	
	格栅前高度	数值	m		√	√	√	√
	格栅后高度	数值	m		√	√	√	
	安装倾角	角度	°		√	√	√	
	格栅间距	长度	mm		√	√	√	
	过渡区宽度	长度	m		√	√	√	
	过渡区抹面高度	数值	m			√	√	
曝气沉砂池	水平流速	速度	m/s		√	√	√	
	停留时间	数值	min		√	√	√	
	渠道尺寸	长度	宽(b)×高(h)		√	√	√	
	反应池抹面尺寸	长度	同上				√	
	曝气量	数值	m³/s	√	√	√	√	
	沉砂区高度	数值	m		√	√	√	√
	泥砂区高度	数值	m		√	√	√	
	沉砂槽容积	体积	m³		√	√	√	
	底板坡度	坡度	‰		√	√	√	√
	沉淀池抹面高度	数值	m			√	√	
	沉砂区结构面积利用系数	数值	k			√	√	
出水系统	出水区堰顶水深	数值	m		√	√	√	
	过堰流速	速度	m/s		√	√	√	
	出水堰长度	长度	mm		√	√	√	

A² /O 生化池模型工艺专业设计参数信息深度等级　　　　　表 D-13

系统/功能	属性名称	参数类型	单位/描述/取值范围	信息深度等级				交换信息
				N1	N2	N3	N4	
进水系统	总进水量	流量	m³/s	√	√	√	√	
	进水管管径	长度	m		√	√	√	√
	进水管流速	速度	m/s		√	√	√	
	进水堰宽度	长度	m³/s		√	√	√	√
	堰上水头	数值	m		√	√	√	

续表

系统/功能	属性名称	参数类型	单位/描述/取值范围	信息深度等级				交换信息
				N1	N2	N3	N4	
进水系统	有机负荷总量	数值	kg/d		√	√	√	
	总去除率	比值	%		√	√	√	
	污水硝化泥龄	整数	d		√	√	√	
	生物池内总泥龄	整数	d		√	√	√	
	污泥总量	数值	kg		√	√	√	
	产泥系数	数值	u'					
	污泥回流比	比值	R					
厌氧池	回流污泥量	数值	m³/s		√	√	√	
	出水流量	流量	m³/s		√	√	√	
	停留时间	数值	h		√	√	√	
	有效水深	数值	m		√	√	√	√
	容积	体积	m³		√	√	√	
	单池尺寸	长度	长(a)×宽(b)×高(h)		√	√	√	√
	输入搅拌能量	功率	w		√	√	√	
	系列数	整数	个		√	√	√	
氧化沟	污泥负荷	数值	kgBOD/(kgMLSS·d)	√	√	√	√	
	容积	体积	m³		√	√	√	
	泥龄	整数	h		√	√	√	
	停留时间	数值	h		√	√	√	
	容积负荷	数值	kgBOD/(m³·d)		√	√	√	
	有效水深	数值	m		√	√	√	√
	有效面积	面积	m²		√	√	√	
	中心岛宽	长度	m		√	√	√	
	外沟宽	长度	m		√	√	√	√
	中沟宽	长度	m		√	√	√	
	内沟宽	长度	m		√	√	√	
	直段长度	长度	m		√	√	√	
	外沟墙圆半径	长度	m		√	√	√	√
	中沟墙圆半径	长度	m		√	√	√	
	内沟墙圆半径	长度	m		√	√	√	
	沟道数量	整数	个		√	√	√	
	沟道宽深比	比值	$B : H_a$		√	√	√	
出水系统	出水管管径	长度	m		√	√	√	√
	出水管流速	速度	m/s		√	√	√	
	出水堰宽度	长度	m³/s		√	√	√	√
	堰上水头	数值	m		√	√	√	

二沉池模型工艺专业设计参数信息深度等级　　表 D-14

系统/功能	属性名称	参数类型	单位/描述/取值范围	信息深度等级 N1	N2	N3	N4	交换信息
进水区	总进水量	流量	m^3/s	√	√	√	√	
	进水总渠尺寸	长度	宽(b)×高(h)		√	√	√	√
	进水总渠流速	速度	m/s		√	√	√	
	超越管孔尺寸	长度	宽(b)×高(h)		√	√	√	
	单格进水闸孔尺寸	长度	宽(b)×高(h)		√	√	√	√
	单格进水闸孔流速	速度	m/s		√	√	√	
	配水堰宽度	长度	m^3/s		√	√	√	
	堰上水头	数值	m		√	√	√	
沉淀区	总表面积	面积	m^2		√	√	√	√
	单格表面积	面积	m^2	√	√	√	√	
	分格数	整数	个		√	√	√	
	单池尺寸	长度	长(a)×宽(b)×高(h)		√	√	√	
	有效水深	数值	m		√	√	√	
	有效容积	体积	m^3		√	√	√	
	表面负荷	数值	$m^3/(m^2 \cdot h)$		√	√	√	
	停留时间	数值	h	√	√	√	√	
	长宽比	比值	L/B		√	√	√	
	长深比	比值	L/h^2		√	√	√	
	超高	数值	m		√	√	√	
出水区	总出水量	流量	m^3/s	√	√	√	√	
	单个堰流量	流量	m^3/s	√	√	√	√	
	堰顶宽	长度	m		√	√	√	√
	指型槽高度	数值	m		√	√	√	
	指型槽长度	长度	m		√	√	√	
	堰上水头	数值	m		√	√	√	
排泥系统	总干泥量	数值	kgDs/d	√	√	√	√	
	总污泥量	数值	m^3/d	√	√	√	√	
	排泥管管径	长度	mm		√	√	√	√
	存储时间	数值	h		√	√	√	
	泥管流速	速度	m/s		√	√	√	
	泥斗容积	体积	m^3	√	√	√	√	√

高效沉淀池模型工艺专业设计参数信息深度等级　　表 D-15

系统/功能	属性名称	参数类型	单位/描述/取值范围	信息深度等级 N1	N2	N3	N4	交换信息
混凝池	设计水量	流量	m^3/s	√	√	√	√	
	混凝池停留时间	数值	min		√	√	√	
	混凝池搅拌速度梯度	数值	s^{-1}		√	√	√	
	混凝池尺寸	长度	长(a)×宽(b)×高(h)		√	√	√	√

续表

系统/功能	属性名称	参数类型	单位/描述/取值范围	信息深度等级				交换信息
				N1	N2	N3	N4	
反应池	反应池停留时间	数值	min		√	√	√	
	反应池搅拌速度梯度	数值	s^{-1}		√	√	√	
	反应池尺寸	长度	长(a)×宽(b)×高(h)		√	√	√	√
	反应池抹面尺寸	长度	宽(b)×高(h)		√	√	√	√
	导流筒内流速	速度	m/s		√	√	√	
	导流筒外流速	速度	m/s		√	√	√	
	过水孔流速	速度	m/s		√	√	√	
	过水孔高度	数值	m		√	√	√	√
过渡区	上升流速	速度	m/s		√	√	√	
	过堰流速	速度	m/s		√	√	√	
	过渡区宽度	长度	m		√	√	√	√
	过渡区抹面高度	数值	m		√	√	√	√
	过渡区堰顶水深	数值	m		√	√	√	
沉淀池	斜管（板）区表面负荷	数值	$m^3/(m^2 \cdot h)$		√	√	√	
	斜管（板）结构面积利用系数	数值	k		√	√	√	√
	斜管（板）长度	长度	mm		√	√	√	
	斜管口径	长度	mm		√	√	√	
	斜管（板）倾角	角度	°		√	√	√	
	中间出水渠宽度	长度	m		√	√	√	
	沉淀池长（宽）度	长度	m		√	√	√	√
	清水区高度	数值	m		√	√	√	
	斜管（板）区高度	数值	m		√	√	√	
	布水区高度	数值	m		√	√	√	
	污泥浓缩时间	数值	min		√	√	√	
	污泥回流比	比值	R_1		√	√	√	
	污泥浓缩区高度	数值	m		√	√	√	
	贮泥区高度	数值	m		√	√	√	
	底板坡度	坡度	%		√	√	√	
	沉淀池抹面高度	数值	m			√	√	

污泥浓缩池工艺专业设计参数信息深度等级　　　　表 D-16

系统/功能	属性名称	参数类型	单位/描述/取值范围	信息深度等级				交换信息
				N1	N2	N3	N4	
污泥浓缩池	进水量	流量	m^3/d	√	√	√	√	√
	进泥含水率	比值	%	√	√	√	√	
	出泥含水率	比值	%	√	√	√	√	
	污泥固体浓度	数值	kg/m^3	√	√	√	√	
	设计固体负荷	数值	$kg/(m^2 \cdot d)$	√	√	√	√	
	停留时间	数值	h		√	√	√	
	有效面积	面积	m^2		√	√	√	
	有效水深	数值	m		√	√	√	

系统/功能	属性名称	参数类型	单位/描述/取值范围	信息深度等级				交换信息
				N1	N2	N3	N4	
污泥浓缩池	池体超高	数值	m		√	√	√	
	污泥斗容积	体积	m³		√	√	√	
	污泥斗倾角	角度	°		√	√	√	
	池底坡度	坡度	‰		√	√	√	
	刮/吸泥机回转速度	数值	r/h		√	√	√	
	排泥量	数值	m³/h	√	√	√	√	
	排泥管流速	速度	m/s		√	√	√	

污泥脱水车间工艺专业设计参数信息　　　　　　　表 D-17

系统/功能	属性名称	参数类型	单位/描述/取值范围	信息深度等级				交换信息
				N1	N2	N3	N4	
脱水系统	进泥量	数值	m³/d 或 TDS/d	√	√	√	√	
	进泥含水率	比值	%	√	√	√	√	
	出泥含水率	比值	%	√	√	√	√	
	出泥量	数值	t/d	√	√	√	√	
	污泥固体负荷	数值	kg/(m² · h)	√	√	√	√	
	脱水机数量	整数	台	√	√	√	√	√
	脱水机运行时长	数值	h	√	√	√	√	
加药系统	药剂类型	枚举型	固体、粉末、溶液	√	√	√	√	
	药剂储量	数值	kg	√	√	√	√	
	药剂浓度	比值	%		√	√	√	
	药剂投加量	数值	mg/L	√		√	√	
	自来水投加量	流量	L/h		√	√	√	
脱水车间	面积	面积	m²	√	√	√	√	√
	层高	数值	m	√	√	√	√	√
污泥料仓	有效容积	体积	m³	√	√	√	√	
	料仓数量	整数	套	√	√	√	√	√

附录 E：工艺专业模型单元

工艺专业模型单元信息深度等级 表 E-0

编号	设备构件	属性名称	参数类型	单位/描述/取值范围	信息深度等级				交换信息
					N1	N2	N3	N4	
E.0.1	阀门（止回阀、蝶阀、闸阀、排泥阀、呼吸阀、球阀、套筒阀、刀闸阀）	几何信息	数值	尺寸及外形轮廓		√	√	√	√
		定位	三维坐标	X，Y，Z		√	√	√	√
		系统	枚举型	给水/排水		√	√	√	
		功能	枚举型	进水管/出水管/放空管		√	√	√	
		流量	流量	m³/h		√	√	√	
		压力等级	压强	MPa		√	√		
		材质	文字	铸铁/不锈钢/PVC			√		
		型号	数值	根据规范及厂家习惯赋值			√		
		质量	数值	kg			√		
		控制方式	枚举型	电、气、液，手		√	√		
		安装日期	数值	年，月，日				√	
		厂家信息	文字	厂家相关信息				√	
E.0.2	阀门（排气阀）	几何信息	数值	尺寸及外形轮廓	√	√	√	√	
		定位	三维坐标	X，Y，Z		√	√	√	√
		压力等级	压强	MPa	√	√	√		
		材质	枚举型	铸铁/不锈钢/PVC	√	√	√		
		质量	数值	kg	√	√	√		
		型号	数值	根据规范及厂家习惯赋值	√	√	√		
		厂家信息	文字	厂家相关信息				√	
E.0.3	闸板、闸门	几何信息	数值	尺寸及外形轮廓	√	√	√	√	
		定位	三维坐标	X，Y，Z		√	√	√	√
		系统	枚举型	给水/排水		√	√	√	
		功能	枚举型	进水管/出水管/放空管	√	√	√	√	
		流量	流量	m³/h	√	√	√	√	
		压力等级	压强	MPa	√	√	√	√	√
		材质	枚举型	铸铁/不锈钢/PVC	√	√	√	√	
		型号	数值	根据规范及厂家习惯赋值	√	√	√	√	
		质量	数值	kg	√	√	√	√	
		控制方式	枚举型	电、气、液，手	√	√	√	√	√
		安装日期	数值	年，月，日				√	
		厂家信息	文字	厂家相关信息				√	

续表

编号	设备构件	属性名称	参数类型	单位/描述/取值范围	信息深度等级				交换信息
					N1	N2	N3	N4	
E.0.4	伸缩接头、可曲挠橡胶接头	几何信息	数值	尺寸及外形轮廓	√	√	√	√	
		定位	三维坐标	X，Y，Z		√	√	√	
		系统	枚举型	给水/排水		√	√	√	
		功能	枚举型	进水管/出水管/放空管	√	√	√	√	
		流量	流量	m³/h	√	√	√	√	
		压力等级	压强	MPa	√	√	√	√	
		材质	枚举型	钢/橡胶				√	
		型号	数值	根据规范及厂家习惯赋值		√	√	√	
		质量	数值	kg	√				√
		安装日期	数值	年，月，日				√	
		厂家信息	文字	厂家相关信息				√	
E.0.5	水表	几何信息	数值	尺寸及外形轮廓	√	√	√	√	
		定位	三维坐标	X，Y，Z		√	√	√	
		型号	数值	根据规范及厂家习惯赋值		√	√	√	
		压力等级	压强	MPa	√	√	√	√	
		材质	枚举型	钢/橡胶				√	
		质量	数值	kg	√	√	√	√	√
		安装日期	数值	年，月，日				√	
		厂家信息	文字	厂家相关信息				√	
E.0.6	消火栓	几何信息	数值	尺寸及外形轮廓	√	√	√	√	
		定位	三维坐标	X，Y，Z		√	√	√	
		型号	数值	根据规范及厂家习惯赋值		√	√	√	
		压力等级	压强	MPa	√	√	√	√	
		材质	枚举型	钢/橡胶				√	
		质量	数值	kg	√	√	√	√	√
		安装日期	数值	年，月，日				√	
		厂家信息	文字	厂家相关信息				√	
E.0.7	闸阀套筒	几何信息	数值	尺寸及外形轮廓	√	√	√	√	
		砖砌井筒	枚举型	有/无		√	√	√	
E.0.8	井圈及箅子	形式	枚举型	单箅式/双箅式/多箅式	√	√	√	√	
		材质	枚举型	铸铁/PVC		√	√	√	
		厂家信息	文字	厂家相关信息				√	
E.0.9	盖板	几何信息	数值	尺寸及外形轮廓		√	√	√	
		厚度	长度	mm		√	√	√	
E.0.10	井盖井座	型号	数值	根据规范及厂家习惯赋值	√	√	√	√	
		材质	枚举型	铸铁/玻璃钢	√	√	√	√	
		厂家信息	文字	厂家相关信息				√	
E.0.11	爬梯	材质	枚举型	铸铁/塑钢	√	√	√	√	
		厂家信息	文字	厂家相关信息				√	

续表

编号	设备构件	属性名称	参数类型	单位/描述/取值范围	信息深度等级 N1	N2	N3	N4	交换信息
E.0.12	管线	管线名称	枚举型	给水/排水	√	√	√	√	√
		道路桩号	数值	K X-XX	√	√	√	√	√
		管线桩号	数值	G X-XX		√	√	√	
		管中心线定位	二维点数组	{(X，Y)，(X，Y)，…}		√	√	√	
		现状地面标高	数值	m			√	√	
		设计地面标高	数值	m			√	√	
		管中心标高	数值	m			√	√	
		管内底标高	数值	m			√	√	
		管道埋深	数值	m			√	√	
		管径	长度	mm，包含公称直径以及壁厚		√	√	√	√
		管道坡度	坡度	i			√	√	
		转折角度	角度	°			√	√	
		隔热/保温方式	文字	隔热/保温层厚度及材料			√	√	
		管材	枚举型	钢/铸铁/PE			√	√	
		压力等级	压强	MPa		√	√	√	
		防腐方式	枚举型	水泥砂浆/防腐涂料/环氧煤沥青			√	√	
		质量	数值	kg			√	√	
		厂家信息	文字	厂家相关信息				√	
E.0.13	支架	系统	枚举型	给水/排水			√	√	
		定位	三维坐标	X，Y，Z			√	√	√
		尺寸	长度	mm			√	√	
		材质	枚举型	钢/PVC			√	√	
		质量	数值	kg			√	√	√
E.0.14	管道附件（三通、四通、弯头、接头、法兰、套管）	系统	枚举型	给水/排水			√	√	
		管中心线定位	三维坐标	X，Y，Z			√	√	√
		角度	角度	°			√	√	
		长度	长度	mm			√	√	
		管径	长度	mm			√	√	
		材质	枚举型	钢/PVC/铸铁			√	√	
		压力等级	压强	MPa			√	√	
		质量	数值	kg			√	√	
E.0.15	折板	几何信息	数值	尺寸及外形轮廓	√	√	√	√	
		定位	三维坐标	X，Y，Z		√	√	√	
		系统	枚举型	给水/排水			√	√	
		功能	文字	絮凝	√	√	√	√	
		材质	枚举型	PE/不锈钢	√	√	√	√	
		型号	数值	根据规范及厂家习惯赋值	√	√	√	√	
		厂家信息	文字	厂家相关信息			√		

续表

编号	设备构件	属性名称	参数类型	单位/描述/取值范围	信息深度等级				交换信息
					N1	N2	N3	N4	
E.0.16	斜管、斜板	几何信息	数值	尺寸及外形轮廓	✓	✓	✓	✓	✓
		定位	三维坐标	X, Y, Z		✓	✓	✓	✓
		形状	文字	蜂窝		✓	✓	✓	
		系统	枚举型	给水/排水		✓	✓	✓	
		功能	文字	沉淀	✓	✓	✓	✓	
		材质	枚举型	聚丙烯/乙丙共聚/聚氯乙烯/玻璃钢	✓	✓	✓	✓	
		型号	数值	根据规范及厂家习惯赋值	✓	✓	✓	✓	
		厂家信息	文字	厂家相关信息				✓	
E.0.17	滤头	几何信息	数值	尺寸及外形轮廓	✓	✓	✓	✓	
		定位	三维坐标	X, Y, Z		✓	✓	✓	
		系统	文字	给水/排水		✓	✓	✓	
		功能	文字	过滤	✓	✓	✓	✓	
		材质	文字	ABS	✓	✓	✓	✓	
		型号	数值	根据规范及厂家习惯赋值	✓	✓	✓	✓	
		厂家信息	文字	厂家相关信息				✓	
E.0.18	滤料	几何信息	数值	尺寸及外形轮廓	✓	✓	✓	✓	
		定位	三维坐标	X, Y, Z		✓	✓	✓	
		系统	枚举型	给水/排水		✓	✓	✓	
		功能	文字	过滤	✓	✓	✓	✓	
		材质	枚举型	石英砂/无烟煤/活性炭	✓	✓	✓	✓	
E.0.19	清水泵、潜水轴流泵、潜污泵、提砂泵、污泥泵、加药泵	几何信息	数值	尺寸及外形轮廓	✓	✓	✓	✓	✓
		定位	三维坐标	X, Y, Z		✓	✓	✓	✓
		功能	文字	提升/加药	✓	✓	✓	✓	
		功率	功率	kW	✓	✓	✓	✓	
		流量	流量	m^3/h	✓	✓	✓	✓	
		扬程	数值	m	✓	✓	✓	✓	
		型号	数值	根据规范及厂家习惯赋值	✓	✓	✓	✓	
		材质	枚举型	碳钢/不锈钢	✓	✓	✓	✓	
		质量	数值	kg	✓	✓	✓	✓	
		控制方式	枚举型	定频/变频	✓	✓	✓	✓	
		厂家信息	文字	厂家相关信息				✓	
E.0.20	风机	几何信息	数值	尺寸及外形轮廓	✓	✓	✓	✓	✓
		定位	三维坐标	X, Y, Z		✓	✓	✓	✓
		功能	枚举型	送风/排风	✓	✓	✓	✓	
		功率	功率	kW	✓	✓	✓	✓	
		风量	数值	m^3/min	✓	✓	✓	✓	
		风压	数值	kPa	✓	✓	✓	✓	
		型号	数值	根据规范及厂家习惯赋值	✓	✓	✓	✓	
		材质	文字	玻璃钢/铸铁/不锈钢	✓	✓	✓	✓	

编号	设备构件	属性名称	参数类型	单位/描述/取值范围	信息深度等级				交换信息
					N1	N2	N3	N4	
E.0.20	风机	质量	数值	kg	√	√	√	√	
		控制方式	枚举型	定频/变频		√	√	√	
		厂家信息	文字	厂家相关信息				√	
E.0.21	电动葫芦	几何信息	数值	尺寸及外形轮廓		√	√	√	√
		定位	三维坐标	X，Y，Z		√	√	√	√
		功能	文字	起吊	√	√	√		
		材质	枚举型	铝青铜合金/铍青铜合金	√	√	√		
		型号	数值	根据规范及厂家习惯赋值	√	√	√		
		起重量	数值	t	√	√	√		
		起升高度	数值	m	√	√	√		
		起重速度	速度	m/min	√	√	√		
		运行速度	速度	m/min	√	√	√		
		质量	数值	kg	√	√	√		
		厂家信息	文字	厂家相关信息				√	
E.0.22	起重机	几何信息	数值	尺寸及外形轮廓					
		定位	三维坐标	X，Y，Z		√	√	√	
		起重量	数值	kg		√	√	√	
		起升高度	数值	m		√	√	√	
		质量	数值	kg		√	√	√	
		控制方式	枚举型	自/手		√	√	√	
		型号	数值	根据规范及厂家习惯赋值		√	√	√	
		材质	文字	碳钢		√	√	√	
		控制方式	枚举型	自/手		√	√	√	
		厂家信息	文字	厂家相关信息				√	
E.0.23	流量计	几何信息	数值	尺寸及外形轮廓		√	√	√	√
		定位	三维坐标	X，Y，Z		√	√	√	√
		系统	枚举型	给水/排水		√	√	√	
		电压	电压	V		√	√	√	√
		功率	功率	kW		√	√	√	
		流量	流量	m³/h		√	√	√	
		型号	数值	根据规范及厂家习惯赋值			√	√	
		厂家信息	文字	厂家相关信息				√	
E.0.24	曝气盘	几何信息	数值	尺寸及外形轮廓	√	√	√	√	
		定位	三维坐标	X，Y，Z		√	√	√	
		系统	枚举型	给水/排水		√	√	√	
		功能	文字	均匀曝气	√	√	√		
		材质	枚举型	ABS/三元乙丙/钛板	√	√	√		
		型号	数值	根据规范及厂家习惯赋值	√	√	√	√	
		厂家信息	文字	厂家相关信息			√		

续表

编号	设备构件	属性名称	参数类型	单位/描述/取值范围	N1	N2	N3	N4	交换信息
E.0.25	转碟	几何信息	数值	尺寸及外形轮廓	✓	✓	✓	✓	✓
		定位	三维坐标	X, Y, Z		✓	✓	✓	✓
		系统	文字	给水/排水		✓	✓	✓	
		功率	功率	kW		✓	✓	✓	✓
		转速	数值	r/mim		✓	✓	✓	
		功能	文字	均匀曝气	✓	✓	✓	✓	
		材质	材质	聚苯乙烯/玻璃纤维增强塑料	✓	✓	✓	✓	
		型号	数值	根据规范及厂家习惯赋值	✓	✓	✓	✓	
		厂家信息	文字	厂家相关信息				✓	
E.0.26	曝气管道	几何信息	数值	尺寸及外形轮廓		✓	✓	✓	
		定位	三维坐标	X, Y, Z		✓	✓	✓	
		形状	枚举型	圆管/方管		✓	✓	✓	
		功能	文字	输送气体		✓	✓	✓	
		材质	枚举型	碳钢/不锈钢		✓	✓	✓	
		气量	数值	m³/h		✓	✓	✓	
E.0.27	尾气破坏器	几何信息	数值	尺寸及外形轮廓		✓	✓	✓	✓
		定位	三维坐标	X, Y, Z		✓	✓	✓	✓
		功能	文字	破坏空气—臭氧气体混合物或氧气—臭氧气体混合物中的臭氧	✓	✓	✓	✓	
		材质	文字	耐热镍铬铁合金/不锈钢	✓	✓	✓	✓	
		型号	数值	根据规范及厂家习惯赋值	✓	✓	✓	✓	
		功率	功率	kW	✓	✓	✓	✓	
		质量	数值	kg	✓	✓	✓	✓	
		厂家信息	文字	厂家相关信息				✓	
E.0.28	格栅除污机	几何信息	数值	尺寸及外形轮廓		✓	✓	✓	
		定位	三维坐标	X, Y, Z		✓	✓	✓	
		种类	枚举型	回转耙式/反捞式/转鼓式		✓	✓	✓	
		型号	数值	根据规范及厂家习惯赋值		✓	✓	✓	
		功率	功率	kW		✓	✓	✓	
		数量	整数	台		✓	✓	✓	
		厂家信息	文字	厂家相关信息				✓	
E.0.29	螺旋输送压榨机	几何信息	数值	尺寸及外形轮廓		✓	✓	✓	
		定位	三维坐标	X, Y, Z		✓	✓	✓	
		型号	数值	根据规范及厂家习惯赋值			✓	✓	
		功率	功率	kW		✓	✓	✓	
		数量	整数	台		✓	✓	✓	
		厂家信息	文字	厂家相关信息				✓	

续表

编号	设备构件	属性名称	参数类型	单位/描述/取值范围	信息深度等级				交换信息
					N1	N2	N3	N4	
E.0.30	粉碎格栅	几何信息	数值	尺寸及外形轮廓		√	√	√	
		定位	三维坐标	X, Y, Z		√	√	√	
		种类	文字	转鼓式/双鼓		√	√	√	
		型号	数值	根据规范及厂家习惯赋值			√	√	
		功率	功率	kW		√	√	√	
		数量	数值	台			√	√	
		厂家信息	文字	厂家相关信息				√	
E.0.31	粗格栅、细格栅	几何信息	数值	尺寸及外形轮廓		√	√	√	
		定位	三维坐标	X, Y, Z		√	√	√	
		功能	文字	拦截污水中大的颗粒物质		√	√	√	
		功率	功率	kW		√	√	√	
		转速	数值	r/min		√	√	√	
		型号	数值	根据规范及厂家习惯赋值			√	√	
		材质	枚举型	碳钢/不锈钢		√	√	√	
		质量	数值	kg		√	√	√	
		控制方式	枚举型	自/手		√	√	√	
		厂家信息	文字	厂家相关信息				√	
E.0.32	砂水分离器	几何信息	数值	尺寸及外形轮廓		√	√	√	
		定位	三维坐标	X, Y, Z		√	√	√	
		功能	文字	将从沉砂池排出的砂水混合液进行砂水分离		√	√	√	
		材质	枚举型	碳钢/不锈钢		√	√	√	
		型号	数值	根据规范及厂家习惯赋值			√	√	
		流量	流量	m^3/h		√	√	√	
		容积	体积	m^3		√	√	√	
		质量	数值	kg			√	√	
		厂家信息	文字	厂家相关信息				√	
E.0.33	搅拌器	几何信息	数值	尺寸及外形轮廓		√	√	√	√
		定位	三维坐标	X, Y, Z		√	√	√	√
		功能	文字	均匀混合		√	√	√	
		功率	功率	kW		√	√	√	
		转速	数值	r/min		√	√	√	
		型号	数值	根据规范及厂家习惯赋值			√	√	
		材质	枚举型	碳钢/不锈钢			√	√	
		质量	数值	kg			√	√	√
		控制方式	枚举型	自/手		√	√	√	
		厂家信息	文字	厂家相关信息				√	
E.0.34	刮泥机	几何信息	数值	尺寸及外形轮廓	√	√	√	√	√
		定位	三维坐标	X, Y, Z		√	√	√	√
		系统	枚举型	给水/排水		√	√	√	

编号	设备构件	属性名称	参数类型	单位/描述/取值范围	N1	N2	N3	N4	交换信息
E.0.34	刮泥机	功能	文字	将污泥从池底刮起	✓	✓	✓	✓	
		功率	数值	kW		✓	✓	✓	✓
		材质	枚举型	碳钢/不锈钢	✓	✓	✓	✓	
		型号	数值	根据规范及厂家习惯赋值	✓	✓	✓	✓	
		质量	数值	kg	✓	✓	✓	✓	✓
		控制方式	枚举型	自/手	✓	✓	✓	✓	
		厂家信息	文字	厂家相关信息				✓	
E.0.35	污泥脱水机	几何信息	数值	尺寸及外形轮廓		✓	✓	✓	
		定位	三维坐标	X，Y，Z	✓	✓	✓	✓	✓
		功能	文字	污泥浓缩脱水	✓	✓	✓	✓	
		电压	电压	V	✓	✓	✓	✓	
		功率	功率	kW					✓
		流量	流量	m³/h	✓	✓	✓	✓	
		扬程	数值	m	✓	✓	✓	✓	
		转速	数值	r/mim	✓	✓	✓	✓	
		型号	数值	根据规范及厂家习惯赋值	✓	✓	✓	✓	
		材质	枚举型	碳钢/不锈钢					
		质量	数值	kg		✓	✓	✓	✓
		控制方式	枚举型	自/手		✓	✓	✓	
		厂家信息	文字	厂家相关信息				✓	
E.0.36	集水槽、集泥槽	几何信息	数值	尺寸及外形轮廓		✓	✓	✓	
		定位	三维坐标	X，Y，Z		✓	✓	✓	
		功能	文字	收集水、泥		✓	✓	✓	
		材质	文字	钢筋混凝土/不锈钢/碳钢		✓	✓		
		质量	数值	kg			✓	✓	
E.0.37	除臭装置	几何信息	数值	尺寸及外形轮廓		✓	✓	✓	
		定位	三维坐标	X，Y，Z		✓	✓	✓	
		除臭风量	数值	m³/min		✓	✓		
		型号	数值	根据规范及厂家习惯赋值			✓	✓	
		功率	功率	kW	✓	✓	✓		
		厂家信息	文字	厂家相关信息				✓	
E.0.38	药剂储罐/贮池/溶药罐	几何信息	数值	尺寸及外形轮廓		✓	✓	✓	✓
		定位	三维坐标	X，Y，Z		✓	✓	✓	✓
		型号	数值	根据规范及厂家习惯赋值					
		容量	体积	m³					
		质量	数值	kg					
		电压	电压	V		✓	✓	✓	✓
		搅拌器功率	数值	kW	✓	✓	✓		
		搅拌器转速	数值	r/min		✓	✓	✓	
		数量	数值	套	✓	✓	✓	✓	✓

续表

编号	设备构件	属性名称	参数类型	单位/描述/取值范围	信息深度等级				交换信息
					N1	N2	N3	N4	
E.0.38	药剂储罐/贮池/溶药罐	控制方式	枚举型	自/手		✓	✓	✓	✓
		厂家信息	文字	厂家相关信息			✓	✓	✓
E.0.39	管道基础	基础形式	枚举型	中粗砂/混凝土/砂石			✓	✓	
		角度	角度	。			✓	✓	
E.0.40	管道接口	接口形式	枚举型	承插/焊接/热熔			✓	✓	
E.0.41	阀门井	名称	枚举型	闸阀井/蝶阀井	✓	✓	✓	✓	
		编号	数值	FM XX	✓	✓	✓	✓	✓
		道路桩号	数值	K X-XX			✓	✓	
		管线桩号	数值	G X-XX			✓	✓	
		井中心线平面定位	二维点数组	X, Y			✓	✓	
		现状地面标高	数值	m			✓	✓	
		设计地面标高	数值	m			✓	✓	
		井平面尺寸	长度	D/LXB		✓	✓	✓	✓
		井底标高	数值	m			✓	✓	
		井高度	数值	m			✓	✓	
		管中心线标高	数值	m			✓	✓	
		管径	长度	mm			✓	✓	
		管材	枚举型	钢筋混凝土/钢管/球墨铸铁			✓	✓	
		井材质	枚举型	砖砌/钢筋混凝土		✓	✓	✓	✓
E.0.42	检查井（沉泥井、跌水井）	名称	枚举型	污水检查井/雨水检查井		✓	✓	✓	
		编号	数值	W XX/Y XX			✓	✓	
		道路桩号	数值	K X-XX			✓	✓	
		管线桩号	数值	G X-XX			✓	✓	
		形式	枚举型	圆形/方形/扇形		✓	✓	✓	
		井中心线平面定位	二维坐标	X, Y			✓	✓	
		现状地面标高	数值	m			✓	✓	
		设计地面标高	数值	m			✓	✓	
		检查井平面尺寸	数值	D/LXB/α, R, P		✓	✓	✓	✓
		检查井井底标高	数值	m			✓	✓	
		检查井高度	数值	m			✓	✓	
		进水管管内底标高	数值	m			✓	✓	
		进水管管径	长度	mm			✓	✓	
		进水管管材	枚举型	钢筋混凝土/钢管/球墨铸铁			✓	✓	
		出水管管内底标高	数值	m			✓	✓	
		出水管管径	长度	mm			✓	✓	
		井材质	枚举型	砖砌/钢筋混凝土/装配式		✓	✓	✓	✓

续表

编号	设备构件	属性名称	参数类型	单位/描述/取值范围	信息深度等级 N1	N2	N3	N4	交换信息
E.0.43	截流井	名称	文字	截流井		√	√	√	√
		编号	数值	JLJ XX		√	√	√	√
		道路桩号	数值	K X-XX			√	√	√
		管线桩号	数值	G X-XX			√	√	
		形式	枚举型	堰式/槽式/堰槽结合式			√	√	
		井中心线平面定位	二维坐标	X, Y			√	√	√
		现状地面标高	数值	m			√	√	
		设计地面标高	数值	m			√	√	
		截流井平面尺寸	长度	D/LXB			√	√	√
		截流井井底标高	数值	m			√	√	
		截流井高度	数值	m			√	√	
		堰高	数值	m				√	
		槽深	数值	m				√	
		进水合流管管内底标高	数值	m			√	√	
		进水管管径	长度	mm			√	√	
		进水管管材	文字	钢筋混凝土/钢管/球墨铸铁			√	√	
		合流出水管管内底标高	数值	m			√	√	
		合流出水管管径	长度	mm			√	√	
		合流出水管管材	枚举型	钢筋混凝土/钢管/球墨铸铁			√	√	
		截流出水管管内底标高	数值	m			√	√	
		截流出水管管径	长度	mm			√	√	
		截流出水管管材	枚举型	钢筋混凝土/钢管/球墨铸铁			√	√	
		井材质	枚举型	砖砌/钢筋混凝土		√	√	√	√
E.0.44	雨水口	名称	文字	雨水口	√	√	√	√	√
		编号	数值	YSK XX	√	√	√	√	
		道路桩号	数值	K X-XX			√	√	√
		管线桩号	数值	G X-XX			√	√	
		形式	枚举型	平算式/偏沟式/联合式/立算式			√	√	

续表

编号	设备构件	属性名称	参数类型	单位/描述/取值范围	信息深度等级				交换信息
					N1	N2	N3	N4	
E.0.44	雨水口	雨水口中心线平面定位	二维坐标	X, Y			✓	✓	✓
		现状地面标高	数值	m			✓	✓	
		设计地面标高	数值	m			✓	✓	
		雨水口井平面尺寸	长度	D/LXB			✓	✓	✓
		雨水口井井底标高	数值	m			✓	✓	
		雨水口井高度	数值	— m			✓	✓	
		雨水口管内底标高	数值	m			✓	✓	
		管径	长度	mm			✓	✓	
		材质	枚举型	砖砌/混凝土			✓	✓	✓
E.0.45	出水口	名称	文字	出水口	✓	✓	✓	✓	✓
		编号	数值	CSK XX	✓	✓	✓	✓	✓
		道路桩号	数值	K X-XX			✓	✓	
		管线桩号	数值	G X-XX			✓	✓	
		出水口中心线平面定位	二维坐标	X, Y			✓	✓	✓
		现状地面标高	数值	m			✓	✓	
		设计地面标高	数值	m			✓	✓	
		形式	枚举型	八字式/一字式/门字式			✓	✓	✓
		出水口中心标高	数值	m			✓	✓	✓
		管径	长度	mm		✓	✓	✓	
		材质	枚举型	砖/浆砌块石/混凝土			✓	✓	✓
		下游护砌	文字	I / II			✓	✓	
E.0.46	倒虹管	名称	文字	倒虹管	✓	✓	✓	✓	✓
		编号	数值	DHG XX	✓	✓	✓	✓	✓
		道路桩号	数值	K X-XX			✓	✓	
		管线桩号	数值	G X-XX			✓	✓	
		倒虹管中心线平面定位	二维坐标	X, Y			✓	✓	
		现状地面标高	数值	m			✓	✓	
		设计地面标高	数值	m			✓	✓	
		管中心线标高	数值	m			✓	✓	
		管径	长度	mm			✓	✓	
		管材	枚举型	钢筋混凝土/钢管/球墨铸铁			✓	✓	

管网系统模型单元精细度等级　　　　　　　　　　　　　　　　表 **E-1**

系统/功能	设备构件	几何表达精度（Gx）及信息深度（Nx）				备注
		LOD1.0	LOD2.0	LOD3.0	LOD4.0	信息深度（Nx）详见（附录 E：表 E-0）
给水排水管网	管线	G1-N1	G2-N2	G3-N3	G4-N4	E.0.12
	支架			G3-N3	G4-N4	E.0.13
	管道附件（三通、四通、弯头、接头、套管）			G3-N3	G4-N4	E.0.14
	管道基础		G2-N2	G3-N3	G4-N4	E.0.39
	管道接口		G2-N2	G3-N3	G4-N4	E.0.40

管网附属构筑物模型单元精细度等级　　　　　　　　　　　　　表 **E-2**

附属构筑物	系统/功能	设备构件	几何表达精度（Gx）及信息深度（Nx）				备注
			LOD1.0	LOD2.0	LOD3.0	LOD4.0	信息深度（Nx）详见（附录 E：表 E-0）
检修阀井	附属构筑物	阀门井		G2-N2	G3-N3	G4-N4	E.0.41
	工艺设备	阀门（蝶阀、闸阀）	G1-N3	G2-N3	G3-N3	G4-N4	E.0.1
		伸缩节	G1-N3	G2-N3	G3-N3	G4-N4	E.0.4
	工艺材料	井盖及井座			G3-N3	G4-N4	E.0.10
		爬梯			G3-N3	G4-N4	E.0.11
排气阀井	附属构筑物	阀门井		G2-N2	G3-N3	G4-N4	E.0.41
	工艺设备	阀门（蝶阀、闸阀）	G1-N3	G2-N3	G3-N3	G4-N4	E.0.1
		阀门（排气阀）	G1-N3	G2-N3	G3-N3	G4-N4	E.0.2
	工艺材料	井盖及井座			G3-N3	G4-N4	E.0.10
		爬梯			G3-N3	G4-N4	E.0.11
	附属构筑物	阀门井		G2-N2	G3-N3	G4-N4	E.0.41
	工艺设备	阀门（蝶阀，闸阀）	G1-N3	G2-N3	G3-N3	G4-N4	E.0.1
	工艺材料	井盖及井座			G3-N3	G4-N4	E.0.10
		爬梯			G3-N3	G4-N4	E.0.11
消火栓井	附属构筑物	阀门井		G2-N2	G3-N3	G4-N4	E.0.41
	工艺设备	阀门（蝶阀，闸阀）	G1-N3	G2-N3	G3-N3	G4-N4	E.0.1
		消火栓	G1-N3	G2-N3	G3-N3	G4-N4	E.0.6
	工艺材料	井盖及井座			G3-N3	G4-N4	E.0.10
		爬梯			G3-N3	G4-N4	E.0.11
		阀门套筒			G3-N3	G4-N4	E.0.7
水表井	附属构筑物	阀门井		G2-N2	G3-N3	G4-N4	E.0.41
	工艺设备	阀门（止回阀，蝶阀，闸阀）	G1-N3	G2-N3	G3-N3	G4-N4	E.0.1
		伸缩节	G1-N3	G2-N3	G3-N3	G4-N4	E.0.4
		水表	G1-N3	G2-N3	G3-N3	G4-N4	E.0.5
	工艺材料	井盖及井座			G3-N3	G4-N4	E.0.10
		爬梯			G3-N3	G4-N4	E.0.11

附属构筑物	系统/功能	设备构件	几何表达精度（Gx）及信息深度（Nx）				备注
			LOD1.0	LOD2.0	LOD3.0	LOD4.0	信息深度（Nx）详见（附录E：表E-0）
检查井、沉泥井、跌水井、排泥湿井	附属构筑物	检查井		G2-N2	G3-N3	G4-N4	E.0.42
	工艺材料	井盖及井座			G3-N3	G4-N4	E.0.10
		爬梯			G3-N3	G4-N4	E.0.11
截流井	附属构筑物	截流井		G2-N2	G3-N3	G4-N4	E.0.43
	工艺材料	井盖及井座			G3-N3	G4-N4	E.0.10
		爬梯			G3-N3	G4-N4	E.0.11
雨水口	附属构筑物	雨水口		G2-N2	G3-N3	G4-N4	E.0.44
	工艺材料	井圈及箅子			G3-N3	G4-N4	E.0.8
		爬梯			G3-N3	G4-N4	E.0.11
出水口、倒虹管	附属构筑物	出水口		G2-N2	G3-N3	G4-N4	E.0.45
		倒虹管		G2-N2	G3-N3	G4-N4	E.0.46

厂区平面工艺专业模型单元精细度等级　　　　　　　　　表 E-3

系统/功能	几何表达精度（Gx）及信息深度（Nx）				备注
	LOD1.0	LOD2.0	LOD3.0	LOD4.0	信息深度（Nx）详见
现状地形	G2-N2	G2-N2	G3-N3	G4-N4	附录B：表B-1
保留现状建筑物	G2-N2	G2-N2	G3-N3	G4-N4	附录B：表B-3
保留现状构筑物	G2-N2	G2-N2	G3-N3	G4-N4	附录B：表B-4
保留现状地面道路	G2-N2	G2-N2	G3-N3	G4-N4	附录B：表B-5
保留现状河道	G2-N2	G2-N2	G3-N3	G4-N4	附录B：表B-10
规划地形	G2-N2	G2-N2	G3-N3	G4-N4	附录C：表C-2
新建道路	G2-N2	G2-N2	G3-N3	G4-N4	附录Q：表Q-2
围墙	G2-N2	G2-N2	G3-N3	G4-N4	附录D：表D-2
红线	G2-N2	G2-N2	G3-N3	G4-N4	附录D：表D-2
新建建筑物	G2-N2	G2-N2	G3-N3	G4-N4	附录D：表D-2
新建构筑物	G2-N2	G2-N2	G3-N3	G4-N4	附录D：表D-2

地表水取水泵房工艺专业模型单元精细度等级　　　　　表 E-4

系统/功能	设备构件	几何表达精度（Gx）及信息深度（Nx）				备注
		LOD1.0	LOD2.0	LOD3.0	LOD4.0	信息深度（Nx）详见（附录E：表E-0）
工艺管线	管线		G2-N2	G3-N3	G4-N4	E.0.12
	支架			G3-N3	G4-N4	E.0.13
	管道附件（三通、四通、弯头、接头、套管）			G3-N3	G4-N4	E.0.14

续表

系统/功能	设备构件	几何表达精度（Gx）及信息深度（Nx）				备注
		LOD1.0	LOD2.0	LOD3.0	LOD4.0	信息深度（Nx）详见（附录 E：表 E-0）
工艺设备	潜水轴流泵、清水泵	G1-N3	G2-N3	G3-N3	G4-N4	E.0.19
	阀门（闸阀、蝶阀、止回阀）	G1-N3	G2-N3	G3-N3	G4-N4	E.0.1
	闸门	G1-N3	G2-N3	G3-N3	G4-N4	E.0.3
	伸缩接头	G1-N3	G2-N3	G3-N3	G4-N4	E.0.4
	电动葫芦	G1-N3	G2-N3	G3-N3	G4-N4	E.0.21
	起重机	G1-N3	G2-N3	G3-N3	G4-N4	E.0.22
	粗格栅	G1-N3	G2-N3	G3-N3	G4-N4	E.0.31

絮凝沉淀池（折板絮凝斜板沉淀池）工艺专业模型单元精细度等级　　　表 E-5

系统/功能	设备构件	几何表达精度（Gx）及信息深度（Nx）				备注
		LOD1.0	LOD2.0	LOD3.0	LOD4.0	信息深度（Nx）详见（附录 E：表 E-0）
工艺管线	管线		G2-N2	G3-N3	G4-N4	E.0.12
	支架			G3-N3	G4-N4	E.0.13
	管道附件（三通、四通、弯头、接头、套管）			G3-N3	G4-N4	E.0.14
工艺设备	阀门（止回阀、蝶阀）	G1-N3	G2-N3	G3-N3	G4-N4	E.0.1
	闸板	G1-N3	G2-N3	G3-N3	G4-N4	E.0.3
工艺材料	折板			G3-N3	G4-N4	E.0.15
	斜管			G3-N3	G4-N4	E.0.16

滤池（V 型滤池）工艺专业模型单元精细度等级　　　表 E-6

系统/功能	设备构件	几何表达精度（Gx）及信息深度（Nx）				备注
		LOD1.0	LOD2.0	LOD3.0	LOD4.0	信息深度（Nx）详见（附录 E：表 E-0）
工艺管线	管线		G2-N2	G3-N3	G4-N4	E.0.12
	支架			G3-N3	G4-N4	E.0.13
	管道附件（三通、四通、弯头、接头、套管）			G3-N3	G4-N4	E.0.14
工艺设备	阀门（止回阀、蝶阀）	G1-N3	G2-N3	G3-N3	G4-N4	E.0.1
	闸板	G1-N3	G2-N3	G3-N3	G4-N4	E.0.3
工艺材料	滤头			G3-N3	G4-N4	E.0.17
	滤料			G3-N3	G4-N4	E.0.18

臭氧接触池（后臭氧接触池）工艺专业模型单元精细度等级　　　表 E-7

系统/功能	设备构件	几何表达精度（Gx）及信息深度（Nx）				备注
		LOD1.0	LOD2.0	LOD3.0	LOD4.0	信息深度（Nx）详见（附录 E：表 E-0）
工艺管线	管线		G2-N2	G3-N3	G4-N4	附录 E.0.12
	支架			G3-N3	G4-N4	附录 E.0.13
	管道附件（三通、四通、弯头、接头、套管）			G3-N3	G4-N4	附录 E.0.14
工艺设备	潜水轴流泵	G1-N3	G2-N3	G3-N3	G4-N4	附录 E.0.19
	阀门（闸阀、呼吸阀）	G1-N3	G2-N3	G3-N3	G4-N4	附录 E.0.1
	闸门	G1-N3	G2-N3	G3-N3	G4-N4	附录 E.0.3
	可曲挠橡胶接头	G1-N3	G2-N3	G3-N3	G4-N4	附录 E.0.4
	电动葫芦	G1-N3	G2-N3	G3-N3	G4-N4	附录 E.0.21
	尾气破坏器	G1-N3	G2-N3	G3-N3	G4-N4	附录 E.0.27
	风机	G1-N3	G2-N3	G3-N3	G4-N4	附录 E.0.20
工艺材料	曝气盘			G3-N3	G4-N4	附录 E.0.24

加药间（加氯加矾间）工艺专业模型单元精细度等级　　　表 E-8

系统/功能	设备构件	几何表达精度（Gx）及信息深度（Nx）				备注
		LOD1.0	LOD2.0	LOD3.0	LOD4.0	信息深度（Nx）详见（附录 E：表 E-0）
工艺管线	管线		G2-N2	G3-N3	G4-N4	E.0.12
	支架			G3-N3	G4-N4	E.0.13
	管道附件（三通、四通、弯头、接头、套管）			G3-N3	G4-N4	E.0.14
工艺设备	阀门（蝶阀、闸阀、止回阀等）	G1-N3	G2-N3	G3-N3	G4-N4	E.0.1
	流量计	G1-N3	G2-N3	G3-N3	G4-N4	E.0.3
	加药泵	G1-N3	G2-N3	G3-N3	G4-N4	E.0.19
	药剂储罐/贮池/溶药罐	G1-N3	G2-N3	G3-N3	G4-N4	E.0.38

清水池工艺专业模型单元精细度等级　　　表 E-9

系统/功能	设备构件	几何表达精度（Gx）及信息深度（Nx）				备注
		LOD1.0	LOD2.0	LOD3.0	LOD4.0	信息深度（Nx）详见（附录 E：表 E-0）
工艺管线	管线		G2-N2	G3-N3	G4-N4	E.0.12
	支架			G3-N3	G4-N4	E.0.13
	管道附件（三通、四通、弯头、接头、套管）			G3-N3	G4-N4	E.0.14
工艺设备	阀门（蝶阀）	G1-N3	G2-N3	G3-N3	G4-N4	E.0.1

送水泵房工艺专业模型单元精细度等级　　　　　表 E-10

系统/功能	设备构件	几何表达精度（Gx）及信息深度（Nx）				备注
		LOD1.0	LOD2.0	LOD3.0	LOD4.0	信息深度（Nx）详见 （附录 E：表 E-0）
工艺管线	管线		G2-N2	G3-N3	G4-N4	E.0.12
	支架			G3-N3	G4-N4	E.0.13
	管道附件（三通、四通、弯头、接头、套管）			G3-N3	G4-N4	E.0.14
工艺设备	潜水轴流泵	G1-N3	G2-N3	G3-N3	G4-N4	E.0.19
	阀门（闸阀、止回阀）	G1-N3	G2-N3	G3-N3	G4-N4	E.0.1
	伸缩接头	G1-N3	G2-N3	G3-N3	G4-N4	E.0.4
	电动葫芦	G1-N3	G2-N3	G3-N3	G4-N4	E.0.21

合流泵站工艺专业模型单元精细度等级表　　　　　表 E-11

系统/功能	设备构件	几何表达精度（Gx）及信息深度（Nx）				备注
		LOD1.0	LOD2.0	LOD3.0	LOD4.0	信息深度（Nx）详见 （附录 E：表 E-0）
工艺管线	管线	G2-N3	G2-N3	G3-N3	G4-N4	E.0.12
	管道附件（三通、四通、弯头、接头、套管）	G2-N3	G2-N3	G3-N3	G4-N4	E.0.14
工艺设备	阀门	G2-N3	G2-N3	G3-N3	G4-N4	E.0.1
	闸门	G2-N3	G2-N3	G3-N3	G4-N4	E.0.3
	泵（潜污泵、污泥泵等）	G2-N2	G2-N3	G3-N3	G4-N4	E.0.19
	流量计	G2-N2	G2-N3	G3-N3	G4-N4	E.0.23
	格栅除污机	G2-N2	G2-N3	G3-N3	G4-N4	E.0.28
	螺旋输送压榨机	G2-N2	G2-N3	G3-N3	G4-N4	E.0.29
	粉碎格栅	G2-N2	G2-N3	G3-N3	G4-N4	E.0.30
	电动葫芦	G2-N2	G2-N3	G3-N3	G4-N4	E.0.21
	除臭装置	G2-N2	G2-N3	G3-N3	G4-N4	E.0.37

粗格栅间及进水泵房工艺专业模型单元精细度等级　　　　　表 E-12

系统/功能	设备构件	几何表达精度（Gx）及信息深度（Nx）				备注
		LOD1.0	LOD2.0	LOD3.0	LOD4.0	信息深度（Nx）详见 （附录 E：表 E-0）
工艺管线	管线		G2-N2	G3-N3	G4-N4	E.0.12
	支架			G3-N3	G4-N4	E.0.13
	管道附件（三通、四通、弯头、接头、套管）			G3-N3	G4-N4	E.0.14
工艺设备	粗格栅	G1-N3	G2-N3	G3-N3	G4-N4	E.0.31
	格栅除污机	G1-N3	G2-N3	G3-N3	G4-N4	E.0.28
	潜污泵	G1-N3	G2-N3	G3-N3	G4-N4	E.0.19
	电动葫芦	G1-N3	G2-N3	G3-N3	G4-N4	E.0.21

系统/功能	设备构件	几何表达精度（Gx）及信息深度（Nx）				备注
		LOD1.0	LOD2.0	LOD3.0	LOD4.0	信息深度（Nx）详见 （附录E：表E-0）
工艺设备	阀门（止回阀、闸阀、球阀）	G1-N3	G2-N3	G3-N3	G4-N4	E.0.1
	闸板	G1-N3	G2-N3	G3-N3	G4-N4	E.0.3
	可曲挠橡胶接头	G1-N3	G2-N3	G3-N3	G4-N4	E.0.4

细格栅及曝气沉砂池工艺专业模型单元精细度等级　　　　　表 E-13

系统/功能	设备构件	几何表达精度（Gx）及信息深度（Nx）				备注
		LOD1.0	LOD2.0	LOD3.0	LOD4.0	信息深度（Nx）详见 （附录E：表E-0）
工艺管线	管线		G2-N2	G3-N3	G4-N4	E.0.12
	支架			G3-N3	G4-N4	E.0.13
	管道附件（三通、四通、弯头、接头、套管）			G3-N3	G4-N4	E.0.14
工艺设备	细格栅	G1-N3	G2-N3	G3-N3	G4-N4	E.0.31
	格栅除污机	G1-N3	G2-N3	G3-N3	G4-N4	E.0.28
	提砂泵	G1-N3	G2-N3	G3-N3	G4-N4	E.0.19
	集泥槽	G1-N3	G2-N3	G3-N3	G4-N4	E.0.36
	砂水分离器	G1-N3	G2-N3	G3-N3	G4-N4	E.0.32
	阀门（止回阀、闸阀、球阀）	G1-N3	G2-N3	G3-N3	G4-N4	E.0.1
	闸板	G1-N3	G2-N3	G3-N3	G4-N4	E.0.3
工艺材料	曝气管道			G3-N3	G4-N4	E.0.26

A²/O生化池工艺专业模型单元精细度等级　　　　　表 E-14

系统/功能	设备构件	几何表达精度（Gx）及信息深度（Nx）				备注
		LOD1.0	LOD2.0	LOD3.0	LOD4.0	信息深度（Nx）详见 （附录E：表E-0）
工艺管线	管线		G2-N2	G3-N3	G4-N4	E.0.12
	支架			G3-N3	G4-N4	E.0.13
	管道附件（三通、四通、弯头、接头、套管）			G3-N3	G4-N4	E.0.14
工艺设备	阀门（止回阀、蝶阀）	G1-N3	G2-N3	G3-N3	G4-N4	E.0.1
	闸板	G1-N3	G2-N3	G3-N3	G4-N4	E.0.3
	搅拌器	G1-N3	G2-N3	G3-N3	G4-N4	E.0.33
	转碟	G1-N3	G2-N3	G3-N3	G4-N4	E.0.25

二沉池工艺专业模型单元精细度等级　　　　　表 E-15

系统/功能	设备构件	几何表达精度（Gx）及信息深度（Nx）				备注
		LOD1.0	LOD2.0	LOD3.0	LOD4.0	信息深度（Nx）详见 （附录 E：表 E-0）
工艺管线	管线		G2-N2	G3-N3	G4-N4	E.0.12
	支架			G3-N3	G4-N4	E.0.13
	管道附件（三通、四通、弯头、接头、套管）			G3-N3	G4-N4	E.0.14
工艺设备	阀门（止回阀、蝶阀）	G1-N3	G2-N3	G3-N3	G4-N4	E.0.1
	闸板	G1-N3	G2-N3	G3-N3	G4-N4	E.0.3
	链条刮泥机	G1-N3	G2-N3	G3-N3	G4-N4	E.0.34

高效沉淀池工艺专业模型单元精细度等级　　　　　表 E-16

系统/功能	设备构件	几何表达精度（Gx）及信息深度（Nx）				备注
		LOD1.0	LOD2.0	LOD3.0	LOD4.0	信息深度（Nx）详见 （附录 E：表 E-0）
工艺管线	管线		G2-N2	G3-N3	G4-N4	E.0.12
	支架			G3-N3	G4-N4	E.0.13
	管道附件（三通、四通、弯头、法兰、套管）			G3-N3	G4-N4	E.0.14
工艺设备	阀门（止回阀、闸阀、球阀）	G1-N3	G2-N3	G3-N3	G4-N4	E.0.1
	闸门	G1-N3	G2-N3	G3-N3	G4-N4	E.0.3
	可曲挠橡胶接头	G1-N3	G2-N3	G3-N3	G4-N4	E.0.4
	污泥回流泵	G1-N3	G2-N3	G3-N3	G4-N4	E.0.19
	电动葫芦	G1-N3	G2-N3	G3-N3	G4-N4	E.0.21
	搅拌器	G1-N3	G2-N3	G3-N3	G4-N4	E.0.33
	刮泥机	G1-N3	G2-N3	G3-N3	G4-N4	E.0.34
	集水槽	G1-N3	G2-N3	G3-N3	G4-N4	E.0.36
工艺材料	斜管、斜板			G3-N3	G4-N4	E.0.16

污泥浓缩池工艺专业模型单元精细度等级　　　　　表 E-17

系统/功能	设备构件	几何表达精度（Gx）及信息深度（Nx）				备注
		LOD1.0	LOD2.0	LOD3.0	LOD4.0	信息深度（Nx）详见
工艺管线	管线		G2-N2	G3-N3	G4-N4	表 E.0.12
	支架			G3-N3	G4-N4	表 E.0.13
	管道附件（三通、四通、弯头、接头、套管）			G3-N3	G4-N4	表 E.0.14
工艺设备	阀门（蝶阀、闸阀、止回阀、套筒阀、刀闸阀等）	G1-N3	G2-N3	G3-N3	G4-N4	表 E.0.1
	搅拌器	G1-N3	G2-N3	G3-N3	G4-N4	表 E.0.33
	刮泥机	G1-N3	G2-N3	G3-N3	G4-N4	表 E.0.34

污泥脱水车间工艺专业模型单元精细度等级　　　　　　　表 E-18

系统/功能	子类别	几何表达精度（Gx）及信息深度（Nx）				备注
		LOD1.0	LOD2.0	LOD3.0	LOD4.0	信息深度（Nx）详见
工艺管线	管线		G2-N2	G3-N3	G4-N4	表 E.0.12
	支架			G3-N3	G4-N4	表 E.0.13
	管道附件（三通、四通、弯头、接头、套管）			G3-N3	G4-N4	表 E.0.14
工艺设备	阀门（蝶阀、闸阀、止回阀等）	G1-N3	G2-N3	G3-N3	G4-N4	表 E-0-1
	污泥泵、加药泵	G1-N3	G2-N3	G3-N3	G4-N4	表 E.0.19
	起重机		G2-N3	G3-N3	G4-N4	表 E.0.22
	污泥脱水机	G1-N3	G2-N3	G3-N3	G4-N4	表 E.0.35

附录 F：电气专业设计参数

厂区平面电气专业设计参数信息深度等级　　　　　　　　　表 F-1

系统/功能	属性名称	参数类型	单位/描述/取值范围	信息深度等级				交换信息
				N1	N2	N3	N4	
总体设计	负荷等级	枚举型	一级、二级、三级	√	√	√	√	
	电源数量	数值	*n*	√	√	√	√	
	电压等级	电压	kV	√	√	√	√	
	装机容量	数值	kW	√	√	√	√	
	变压器容量	电容	kVA	√	√	√	√	
	变压器台数	数值	台	√	√	√	√	
	配电形式	文字	分段形式	√	√	√	√	
	继电保护方式	枚举型	短路，过载等	√	√	√	√	
	主要设备控制方式	枚举型	手/自动	√	√	√	√	
	自控网络类型	枚举型	环网，集散型	√	√	√	√	
平面布置	控制中心位置	三维坐标	X，Y，Z	√	√	√	√	√
	控制中心尺寸	长度	m	√	√	√	√	√
	高压电房位置	三维坐标	X，Y，Z	√	√	√	√	
	高压电房尺寸	长度	m	√	√	√	√	
	主要电力设备（变压器、智能化系统设备等）位置	三维坐标	X，Y，Z	√	√	√	√	√
	厂平电缆规格	数值	mm²	√	√	√	√	
	厂平电缆路由位置	三维坐标	X，Y，Z	√	√	√	√	
	厂平电缆敷设方式	文字	架空，埋地	√	√	√	√	
	现场配电箱柜位置	三维坐标	X，Y，Z	√	√	√	√	
	现场 PLC 站位置	三维坐标	X，Y，Z	√	√	√	√	√
	外部电源引入位置	三维坐标	X，Y，Z	√	√	√	√	
	外部网络引入位置	三维坐标	X，Y，Z	√	√	√	√	

建（构）筑物电气专业设计参数信息深度等级　　　　　　　　　表 F-2

系统/功能	属性名称	参数类型	单位/描述/取值范围	信息深度等级				交换信息
				N1	N2	N3	N4	
通用参数	编号	文字	—		√	√	√	
	规格、型号	数值	—	√	√	√		
	用途	文字	—	√	√	√		
	运行工况	文字	室内/外	√	√	√		
	质量	数值	kg	√	√	√	√	

系统/功能	属性名称	参数类型	单位/描述/取值范围	信息深度等级				交换信息
				N1	N2	N3	N4	
通用参数	外形尺寸（宽×高×深）	长度	mm		√	√	√	
	外壳防护等级	文字	IPXX		√	√	√	
	外壳材质	文字	—			√	√	
	外壳色标	文字	—				√	
	安装方式	文字	落地/挂墙		√	√	√	
	安装高度	高度	mm		√	√	√	
高压柜	额定电压	电压	kV	√	√	√	√	
	最高电压	电压	kV		√	√	√	
	主母线额定电流	电流	A	√	√	√	√	
	4秒热稳定（有效值）	电流	A		√	√	√	
	断路器额定电流	电流	A		√	√	√	
	断路器额定短路开断电流	电流	A		√	√		
	断路器3秒热稳定电流（有效值）	电流	A		√	√		
	断路器种类	枚举型	高压、低压		√	√	√	
	断路器额定电压	电压	kV		√	√	√	
	断路器操作电压	电压	kV		√	√	√	
	断路器分闸时间	数值	ms		√	√		
	机械寿命	整数	次		√	√		
低压柜	配电柜额定工作电压	电压	V	√	√	√	√	
	母线额定工作电压	电压	kV	√	√	√	√	
	主母线额定电流	电流	A	√	√	√	√	
	垂直母线额定电流	电流	A		√	√	√	
	额定频率	数值	Hz		√	√	√	
	母线额定短时耐受电流值	电流	kA		√	√	√	
	母线额定峰值耐受电流值	电流	kA		√	√	√	
	断路器额定分断能力	电流	kA		√	√	√	
	出线方式	枚举型	上/下/侧		√	√	√	
	开关柜骨架材料	文字	钢板				√	
	接地形式	枚举型	TT/TN/IT		√	√	√	√
成套用电设备	额定功率	功率	kW	√	√	√	√	
	电压	电压	V	√	√	√	√	
	相数	数值	相	√	√	√	√	
	电流	电流	A	√	√	√	√	
	频率	数值	Hz	√	√	√	√	
	功率因数	数值	Cos		√	√	√	
	设备效率	比值	%		√	√	√	
	启动方式	枚举型	直接/软启动	√	√	√	√	
	启动电流	电流	A		√	√	√	
	电机堵转电流（堵转电流倍数）	电流	A		√	√	√	

系统/功能	属性名称	参数类型	单位/描述/取值范围	信息深度等级				交换信息
				N1	N2	N3	N4	
控制箱（柜）	控制种类	枚举型	手/自动	√	√	√	√	
	额定工作电压	电压	V		√	√	√	
	主母线额定电流	电流	A		√	√	√	
	额定频率	数值	Hz		√	√	√	
	主断路器额定电流	电流	A		√	√	√	
	主断路器额定分断能力	电流	kA		√	√	√	
	出线方式	枚举型	上/下/侧		√	√	√	
	接地形式	枚举型	TT/TN/IT		√	√	√	
	控制方式	枚举型	手/自动	√	√	√	√	
变压器	绝缘种类	枚举型	基本/双重	√	√	√	√	
	绝缘等级	枚举型	A\E\B\F\H	√	√	√	√	
	额定功率	电容	kVA		√	√	√	
	一次电压	电压	V	√	√	√	√	
	二次电压	电压	V	√	√	√	√	
	额定二次电流	电流	A		√	√	√	
	空载损耗	功率	W		√	√	√	
	负载损耗	功率	W		√	√	√	
	阻抗	数值	Ω		√	√	√	
用电预留	预留用电对象	文字	—	√	√	√	√	
	额定功率	功率	kW	√	√	√	√	
	电压	电压	V	√	√	√	√	
	相数	数值	相	√	√	√	√	
	电流	电流	A	√	√	√	√	
	频率	数值	Hz	√	√	√	√	
	功率因数	数值	Cos		√	√	√	
	设备效率	比值	%		√	√	√	
	启动方式	枚举型	直接/软启动		√	√	√	
	启动电流	电流	A		√	√	√	
配电线路	预留用电对象	文字	—		√	√	√	
	额定功率	功率	kW		√	√	√	
	电压	电压	V		√	√	√	
	相数	数值	相		√	√	√	
	电流	电流	A		√	√	√	

附录 G：电气专业模型单元

电气专业模型单元信息深度等级　　　　　　　　表 G-0

编号	构件名称	属性名称	参数类型	单位/描述/取值范围	信息深度等级				交换信息
					N1	N2	N3	N4	
G.0.1	高低压开关柜	几何信息	数值，曲面	尺寸及外形轮廓		√	√	√	√
		定位	三维坐标	$X，Y，Z$		√	√	√	√
		系统	文字	—	√	√	√	√	
		功能	文字	文字描述其主要功能	√	√	√	√	
		型号	数值	—		√	√	√	
		电压	电压	kV	√	√	√	√	
		电流	电流	A	√	√	√	√	
		功率因数	数值	$\cos\phi$		√	√	√	
		有功功率	功率	kW		√	√	√	
		仪表量程	数值	—		√	√	√	
		质量	数值	kg	√	√	√	√	√
		厂家信息	文字	厂家相关信息		√	√	√	√
G.0.2	就地控制箱	几何信息	数值	mm		√	√	√	√
		定位	三维坐标	$X，Y，Z$		√	√	√	√
		系统	文字	—	√	√	√	√	
		功能	文字	文字描述其主要功能	√	√	√	√	
		型号	数值	—		√	√	√	
		电压	电压	kV	√	√	√	√	
		电流	电流	A	√	√	√	√	
		仪表量程	数值范围	—		√	√	√	
		质量	数值	kg	√	√	√	√	√
		厂家信息	文字	厂家相关信息		√	√	√	
G.0.3	设备控制台	几何信息	数值	mm		√	√	√	√
		定位	三维坐标	$X，Y，Z$		√	√	√	√
		系统	文字	—	√	√	√	√	
		功能	文字	文字描述其主要功能	√	√	√	√	
		型号	数值	—	√	√	√	√	
		电压	电压	kV	√	√	√	√	
		电流	电流	A	√	√	√	√	
		仪表量程	数值范围	—		√	√	√	
		质量	数值	kg	√	√	√	√	√
		厂家信息	文字	厂家相关信息		√	√	√	√

续表

编号	构件名称	属性名称	参数类型	单位/描述/取值范围	信息深度等级				交换信息
					N1	N2	N3	N4	
G.0.4	仪表	几何信息	数值	mm		√	√	√	√
		定位	三维坐标	X，Y，Z		√	√	√	√
		系统	文字	—	√	√	√	√	
		功能	文字	文字描述其主要功能	√	√	√	√	
		型号	数值		√	√	√	√	
		电压	电压	kV	√	√	√	√	
		仪表量程	数值范围	—		√	√	√	
		厂家信息	文字	厂家相关信息		√	√	√	√
G.0.5	电气管线桥架	系统	文字		√	√	√	√	
		功能	文字	文字描述其主要功能	√	√	√	√	
		定位	三维坐标	X，Y，Z		√	√	√	√
		型号	数值		√	√	√	√	
		材质	枚举型	塑料/金属		√	√	√	
G.0.6	设备基础	定位	三维坐标	X，Y，Z		√	√	√	
		顶标高	数值	m		√	√	√	
		底标高	数值	m		√	√	√	
		宽度	长度	m		√	√	√	
		预埋件型号	文字	—			√	√	
		材质	文字	混凝土		√	√	√	
		体积	体积	m³		√	√	√	
		面积	面积	m²		√	√	√	
		承载力	数值	N		√	√	√	√
G.0.7	电缆沟	定位	三维坐标	X，Y，Z		√	√	√	
		顶标高	数值	m		√	√	√	
		底标高	数值	m		√	√	√	
		宽度	长度	m		√	√	√	
		预埋件型号	文字				√	√	
		材质	枚举型	混凝土/砖砌		√	√	√	
		体积	数值	m³		√	√	√	√
		面积	面积	m²		√	√	√	
		承载力	数值	N		√	√	√	√
G.0.8	电缆孔洞	定位	三维坐标	X，Y，Z				√	√
		顶标高	数值	m				√	√
		底标高	数值	m				√	√
		尺寸	长度	宽(b)×高(h)				√	√

厂区平面电气专业模型单元精细度等级　　　　表 G-1

系统/功能	设备构件	几何表达精度（Gx）及信息深度（Nx）				备注
		LOD1.0	LOD2.0	LOD3.0	LOD4.0	信息深度（Nx）详见
电气用房	控制中心	G1-N3	G2-N3	G3-N3	G4-N4	表 F-1
	高压电房	G1-N3	G2-N3	G3-N3	G4-N4	表 F-1

续表

系统/功能	设备构件	几何表达精度（Gx）及信息深度（Nx）				备注
		LOD1.0	LOD2.0	LOD3.0	LOD4.0	信息深度（Nx）详见
电气设备	变压器	G1-N3	G2-N3	G3-N3	G4-N4	表 F-1
	高低压开关柜	G1-N1	G2-N3	G3-N3	G4-N4	表 G-0-1
	就地控制箱	G1-N1	G2-N2	G3-N3	G4-N4	表 G-0-2
	设备控制台	G1-N1	G2-N2	G3-N3	G4-N4	表 G-0-3
	仪表	G1-N1	G2-N2	G3-N3	G4-N4	表 G-0-4
电缆、电缆沟	厂平电缆		G2-N2	G3-N3	G4-N4	表 F-1
	电缆沟			G3-N3	G4-N4	表 G-0-7

建（构）筑物电气专业模型单元精细度等级　　表 G-2

系统/功能	设备构件	几何表达精度（Gx）及信息深度（Nx）				备注
		LOD1.0	LOD2.0	LOD3.0	LOD4.0	信息深度（Nx）详见（附录 E：表 E-0）
电气设备	高低压开关柜	G1-N1	G2-N3	G3-N3	G4-N4	G.0.1
	就地控制箱	G1-N1	G2-N2	G3-N3	G4-N4	G.0.2
	设备控制台	G1-N1	G2-N2	G3-N3	G4-N4	G.0.3
	仪表	G1-N1	G2-N2	G3-N3	G4-N4	G.0.4
缆线孔洞	圆孔			G3-N3	G4-N4	G.0.8
	方孔			G3-N3	G4-N4	G.0.8
设备基础	设备基础			G3-N3	G4-N4	G.0.6
电气管线、桥架	电气管线、桥架			G3-N3	G4-N4	G.0.5
电缆沟	电缆沟			G3-N3	G4-N4	G.0.7

附录 H：建筑专业设计参数

厂区平面设计参数信息深度等级　　　　　　　表 H-1

系统/功能	属性名称	参数类型	单位/描述/取值范围	信息深度等级				信息交换
				N1	N2	N3	N4	
厂区平面	建设用地面积	面积	m²	√	√	√	√	√
	总建筑面积	面积	m²	√	√	√	√	
	总构筑物面积	面积	m²	√	√	√	√	
	建筑物基底总面积	面积	m²	√	√	√	√	
	构筑物基底总面积	面积	m²	√	√	√	√	
	建筑系数	数值	γ	√	√	√	√	
	建筑密度	数值	δ	√	√	√	√	
	容积率	比值	α_1	√	√	√	√	
	道路面积	面积	m²	√	√	√	√	
	建筑物退缩距离	长度	m	√	√	√	√	
水系	水面面积	面积	m²	√	√	√	√	
	水面率	比值	%	√	√	√	√	
	水体平均深度	数值	m	√	√	√	√	
	水体体积	体积	m³	√	√	√	√	
	水系边界	二维坐标	X, Y		√	√	√	√
	水面标高	数值	m		√	√	√	√
	水底标高	数值	m		√	√	√	
景观	景观类型	文字	描述所选景观方案		√	√	√	
	景观位置	二维坐标	X, Y		√	√	√	√
	景观尺寸	长度	m		√	√	√	√
	景观材质	文字	描述所选景观材料		√	√	√	
绿化	绿地面积	面积	m²	√	√	√	√	
	绿化率	比值	%	√	√	√	√	
	绿地位置边界	二维坐标	X, Y		√	√	√	√
	苗木位置	二维坐标	X, Y		√	√	√	
	苗木类型	枚举型	乔木、灌木、地被、草坪		√	√	√	
	苗木尺寸	长度	m		√	√	√	
	苗木数量	数值	棵		√	√	√	
停车位	停车场面积	面积	m²	√	√	√	√	
	停车位数量	整数	个				√	
	停车位指标	整数	个		√	√	√	
	停车位位置	二维坐标	X, Y		√	√	√	√

续表

系统/功能	属性名称	参数类型	单位/描述/取值范围	信息深度等级				信息交换
				N1	N2	N3	N4	
停车位	停车位尺寸	数值	m		√	√	√	√
	停车位数量	整数	个		√	√	√	
围墙	围墙位置	二维坐标	X, Y	√	√	√	√	√
	墙高	数值	m		√	√	√	
	材质	文字	描述所选围墙材料		√	√	√	

建筑物设计参数信息深度等级　　　　　　　　　　　　　　　　表 H-2

系统/功能	属性名称	参数类型	单位/描述/取值范围	信息深度等级				信息交换
				N1	N2	N3	N4	
通用参数	房间功能	文字	描述房间的功能作用	√	√	√	√	√
	建筑面积	面积	m²	√	√	√	√	
	建筑占地面积	面积	m²	√	√	√	√	
	外形尺寸（宽×高×深）	长度	m	√	√	√	√	
	建筑层数	整数	m	√	√	√	√	
	楼层高度	数值	m	√	√	√	√	
	结构形式	枚举型	砖砌结构、混凝土结构、混合结构等	√	√	√	√	
	抗震设防烈度	枚举型	六度、七度、八度等	√	√	√	√	
	火灾危险性	枚举型	甲、乙、丙、丁、戊等	√	√	√	√	
	耐火等级	枚举型	一级、二级等	√	√	√	√	
	建筑风格	文字	描述建筑风格样式		√	√	√	

构筑物设计参数信息深度等级　　　　　　　　　　　　　　　　表 H-3

系统/功能	属性名称	参数类型	单位/描述/取值范围	信息深度等级				信息交换
				N1	N2	N3	N4	
通用参数	构筑物占地面积	面积	m²	√	√	√	√	√
	外形尺寸（宽×高×深）	长度	m	√	√	√	√	
	抗震设防烈度	枚举型	六度、七度、八度等	√	√	√	√	
	建筑风格	文字	描述建筑风格样式		√	√	√	

附录 I：建筑专业模型单元

建筑专业模型单元信息深度等级　　　　　　　　　　　　　　　　表 I-0

编号	构件名称	属性名称	参数类型	单位/描述/取值范围	信息深度等级 N1	N2	N3	N4	信息交换
I.0.1	房间功能	名称	文字	描述房间的功能作用	√	√	√	√	√
		定位	三维坐标	X, Y, Z	√	√	√	√	√
		面积	面积	m²	√	√	√	√	√
		几何信息	数值及曲面	尺寸及外形轮廓	√	√	√	√	√
I.0.2	墙体	定位	三维坐标	X, Y, Z		√	√	√	√
		墙宽	长度	m		√	√	√	
		墙高	数值	m		√	√	√	
		墙厚	长度	m		√	√	√	
		材质	文字	描述墙体材料			√	√	
I.0.3	门	定位	三维坐标	X, Y, Z		√	√	√	√
		尺寸	长度	宽(b)×高(h)		√	√	√	
		厚度	长度	m			√	√	
		门扇数量	整数	个			√	√	
		材质	文字	描述门材料			√	√	
		厂家信息	文字	厂家相关信息				√	
I.0.4	窗	定位	三维坐标	X, Y, Z		√	√	√	√
		尺寸	长度	宽(b)×高(h)		√	√	√	
		厚度	长度	m			√	√	
		材质	文字	描述窗材料			√	√	
		厂家信息	文字	厂家相关信息				√	
I.0.5	楼梯、台阶	定位	三维坐标	X, Y, Z		√	√	√	√
		材质	文字	描述楼梯材料			√	√	
		楼梯踏步数量	整数	个		√	√	√	
		楼梯踏步宽度	长度	m		√	√	√	
		楼梯踢面数量	整数	个		√	√	√	
		楼梯踢面高度	数值	m		√	√	√	
I.0.6	栏杆	定位	三维坐标	X, Y, Z		√	√	√	√
		长度	长度	m		√	√	√	
		高度	数值	m		√	√	√	
		材质	文字	描述栏杆材料			√	√	
I.0.7	孔洞	定位	三维坐标	X, Y, Z		√	√	√	√
		尺寸	长度	m		√	√	√	√

编号	构件名称	属性名称	参数类型	单位/描述/取值范围	信息深度等级				信息交换
					N1	N2	N3	N4	
I.0.8	屋面	定位	三维坐标	X，Y，Z		√	√	√	√
		尺寸	长度	m		√	√	√	√
		高度	数值	m		√	√	√	√
		材质	文字	描述屋面材料			√	√	
I.0.9	雨棚	定位	三维坐标	X，Y，Z		√	√	√	
		尺寸	长度	m		√	√	√	
		材质	文字	描述雨棚材料			√	√	
I.0.10	散水	定位	三维坐标	X，Y，Z		√	√	√	
		尺寸	数值	m		√	√	√	
		材质	文字	描述散水材料			√	√	
I.0.11	坡道	定位	三维坐标	X，Y，Z		√	√	√	√
		尺寸	长度	m		√	√	√	
		坡度	坡度	%			√	√	
		材质	文字	描述坡道材料			√	√	
I.0.12	楼地面	尺寸	长度	m		√	√	√	
		标高	数值	m		√	√	√	
		材质	文字	描述楼地面材料			√	√	
I.0.13	踢脚	高度	数值	m		√	√	√	
		材质	文字	描述踢脚材料			√	√	
I.0.14	顶棚	定位	三维坐标	X，Y，Z		√	√	√	√
		高度	数值	m		√	√	√	
		材质	文字	描述顶棚材料			√	√	
I.0.15	盖板	定位	三维坐标	X，Y，Z		√	√	√	√
		尺寸	长度	m		√	√	√	√
		厚度	长度	m			√	√	
		材质	文字	描述盖板材料			√	√	

厂区平面模型单元精细度等级　　　　　　表 I-1

系统/功能	子类别	几何表达精度（Gx）及信息深度（Nx）				备注
		LOD1.0	LOD2.0	LOD3.0	LOD4.0	信息深度（Nx）详见
厂区平面	现状地形	G1-N1	G2-N2	G3-N3	G4-N4	表 B-1
	规划地形	G1-N1	G2-N2	G3-N3	G4-N4	表 C-2
	新建道路	G1-N1	G2-N2	G3-N3	G4-N4	表 Q-2
	新建建筑物	G1-N1	G2-N2	G3-N3	G4-N4	表 D-3
	新建构筑物	G1-N1	G2-N2	G3-N3	G4-N4	表 D-3
	水系	G1-N1	G2-N2	G3-N3	G4-N4	表 H-1
	景观	G1-N1	G2-N2	G3-N3	G4-N4	表 H-1
	绿化	G1-N1	G2-N2	G3-N3	G4-N4	表 H-1
	停车位	G1-N1	G2-N2	G3-N3	G4-N4	表 H-1
	围墙	G1-N1	G2-N2	G3-N3	G4-N4	表 H-1

建筑物模型单元精细度等级表 表 I-2

系统/功能	设备构件	几何表达精度（Gx）及信息深度（Nx）				备注
		LOD1.0	LOD2.0	LOD3.0	LOD4.0	信息深度（Nx）详见附录 I：表 I-0
建筑物	房间功能	G1-N1	G2-N3	G3-N3	G4-N4	I.0.1
	墙体	G1-N1	G2-N2	G3-N3	G4-N4	I.0.2
	门		G2-N2	G3-N3	G4-N4	I.0.3
	窗		G2-N2	G3-N3	G4-N4	I.0.4
	楼梯、台阶		G2-N2	G3-N3	G4-N4	I.0.5
	栏杆			G3-N3	G4-N4	I.0.6
	孔洞			G3-N3	G4-N4	I.0.7
	屋面	G1-N1	G2-N2	G3-N3	G4-N4	I.0.8
	雨棚		G2-N2	G3-N3	G4-N4	I.0.9
	散水		G2-N2	G3-N3	G4-N4	I.0.10
	坡道		G2-N2	G3-N3	G4-N4	I.0.11
	楼地面	G1-N1	G2-N2	G3-N3	G4-N4	I.0.12
	踢脚			G3-N3	G4-N4	I.0.13
	顶棚			G3-N3	G4-N4	I.0.14
	盖板			G3-N3	G4-N4	I.0.15

构筑物模型单元精细度等级表 表 I-3

系统/功能	设备构件	几何表达精度（Gx）及信息深度（Nx）				备注
		LOD1.0	LOD2.0	LOD3.0	LOD4.0	信息深度（Nx）详见附录 I：表 I-0
构筑物	墙体	G1-N1	G2-N2	G3-N3	G4-N4	I.0.2
	楼梯、台阶		G2-N2	G3-N3	G4-N4	I.0.5
	栏杆			G3-N3	G4-N4	I.0.6
	孔洞			G3-N3	G4-N4	I.0.7
	楼地面	G1-N1	G2-N2	G3-N3	G4-N4	I.0.12
	盖板			G3-N3	G4-N4	I.0.15

附录 J：结构专业设计参数

系统/功能	属性名称	参数类型	单位/描述/取值范围	信息深度等级				交换信息
				N1	N2	N3	N4	
厂区	控制点标高	数值	m	√	√	√	√	√
	控制点坐标	二维坐标	X，Y	√	√	√	√	√
	抗震设防类别	枚举型	甲类、乙类、丙类、丁类	√	√	√	√	
	抗震设防烈度	枚举型	6 度、7 度、8 度、9 度	√	√	√	√	√
	现浇钢筋混凝土房屋的抗震等级	枚举型	6 度、7 度、8 度、9 度	√		√	√	
	场地类别	枚举型	Ⅰ类、Ⅱ类、Ⅲ类	√	√	√	√	
	场地地基液化等级	枚举型	轻微、中等、严重	√		√	√	
	场地地基液化土特征深度	数值	m	√		√	√	
	冰冻深度	数值	m	√		√	√	
	地基处理方案	文字	如换填、夯实、排桩等	√		√	√	
	地基基础设计等级	枚举型	甲级、乙级、丙级	√	√	√	√	
	边坡工程安全等级	枚举型	一级、二级、三级	√		√	√	
	边坡岩体类型	枚举型	Ⅰ类、Ⅱ类、Ⅲ类、Ⅳ类	√		√	√	
	基坑支护结构安全等级	枚举型	一级、二级、三级	√	√	√	√	
	最高地下水位	数值	m	√	√	√	√	
	常年平均地下水位	数值	m	√	√	√	√	

系统/功能	属性名称	参数类型	单位/描述/取值范围	信息深度				交换信息
				N1	N2	N3	N4	
通用参数	结构形式	个	如钢结构、砖混结构等	√	√	√	√	√
	安全等级	枚举型	一级、二级、三级	√	√	√	√	
	设计使用年限	整数	年	√	√	√	√	
	抗震设防类别	枚举型	甲类、乙类、丙类、丁类	√	√	√	√	
	抗震设防烈度	枚举型	6 度、7 度、8 度、9 度	√	√	√	√	√
	现浇钢筋混凝土房屋的抗震等级	枚举型	6 度、7 度、8 度、9 度	√		√	√	
设计参数	地基基础设计等级	枚举型	甲级、乙级、丙级	√	√	√	√	
	基础型式	文字	如独立基础、桩基承台等	√	√	√	√	
	地基承载力特征值	压强	kPa				√	
	单桩承载力特征值	数值	kN				√	

续表

系统/功能	属性名称	参数类型	单位/描述/取值范围	信息深度 N1	N2	N3	N4	交换信息
设计参数	混凝土强度等级	枚举型	C15～C75	√	√	√	√	
	钢筋类别	枚举型	一级、二级、三级、四级	√	√	√	√	
	钢筋保护层厚度	长度	mm			√	√	
	梁截面库	数值	mm		√	√	√	
	柱截面库	数值	mm		√	√	√	
	楼（屋面）板库	数值	mm		√	√	√	
	装修恒载	压强	kPa			√	√	
	使用活荷载	压强	kPa			√	√	
	基本风压	压强	kPa	√		√	√	
	基本雪压	压强	kPa	√		√	√	

构筑物设计信息深度等级 表 J-3

系统/功能	属性名称	参数类型	计量单位	信息深度 N1	N2	N3	N4	交换信息
通用参数	结构形式	枚举型	如钢筋混凝土、砖混结构等	√	√	√	√	√
	安全等级	枚举型	一级、二级、三级	√	√	√	√	
	设计使用年限	整数	年	√	√	√	√	
	抗震设防类别	枚举型	甲类、乙类、丙类、丁类	√	√	√	√	
	抗震设防烈度	枚举型	6度、7度、8度、9度	√	√	√	√	√
	防水等级	枚举型	一级、二级、三级、四级	√	√	√	√	
	地基基础设计等级	枚举型	甲级、乙级、丙级	√	√	√	√	
	基础型式	枚举型	如独立基础、桩基承台等	√	√	√	√	
	地基承载力特征值	压强	kPa	√	√	√	√	
	单桩承载力特征值	数值	kN	√	√	√	√	
	混凝土强度等级	枚举型	C15～C75	√	√	√	√	
	混凝土抗渗等级	枚举型	P4、P6、P8、P10、P12		√	√	√	
	钢筋类别	枚举型	一级、二级、三级、四级	√	√	√	√	
	钢筋保护层厚度	长度	mm			√	√	
	梁截面库	数值	mm		√	√	√	
	柱截面库	数值	mm		√	√	√	
	池壁厚度库	数值	mm		√	√	√	
	底板厚度库	数值	mm		√	√	√	
	顶板厚度库	数值	mm		√	√	√	
	装修恒载	压强	kPa			√	√	
	使用活荷载	压强	kPa			√	√	
	地面堆载	压强	kPa			√	√	

系统/功能	属性名称	参数类型	计量单位	信息深度				交换信息
				N1	N2	N3	N4	
通用参数	土压力	压强	kPa			√	√	
	地下水压力	压强	kPa			√	√	
	池内水压力	压强	kPa			√	√	
	壁面温差	数值	℃			√	√	
	中面季节温差	数值	℃			√	√	
	基本雪压	压强	kPa	√	√	√	√	
	基本风压	压强	kPa	√	√	√	√	

附录K：结构专业模型单元

结构专业模型单元信息深度等级 表 K-0

编号	设备构件	属性名称	参数类型	单位/描述/取值范围	信息深度等级				交换信息
					N1	N2	N3	N4	
K.0.1	底（顶）板	定位点	三维坐标	X，Y，Z	√	√	√	√	√
		厚度	长度	mm	√	√	√	√	√
		顶标高	数值	m	√	√	√	√	√
		材料	枚举型	附录U，表U-1	√	√	√	√	√
		钢筋	枚举型	附录U，表U-2			√	√	√
K.0.2	壁板	定位点	三维坐标	X，Y，Z	√	√	√	√	√
		顶端厚度	长度	mm	—	√	√	√	√
		底端厚度	长度	mm	—	√	√	√	√
		墙高	数值	mm	—	√	√	√	√
		顶标高	数值	m	√	√	√	√	√
		材料	枚举型	附录U，表U-1	√	√	√	√	√
		钢筋	枚举型	附录U，表U-2			√	√	√
K.0.3	梁	定位点	三维坐标	X，Y，Z	√	√	√	√	√
		截面宽	数值	mm	√	√	√	√	√
		截面高	数值	mm	√	√	√	√	√
		顶标高	数值	m	√	√	√	√	√
		截面形状定位点	三维坐标	X，Y，Z	√	√	√	√	√
		轴线定位点	三维坐标	X，Y，Z	√	√	√	√	√
		材料	枚举型	附录U，表U-1	√	√	√	√	√
		钢筋	枚举型	附录U，表U-2			√	√	√
K.0.4	柱	定位点	三维坐标	X，Y，Z	√	√	√	√	√
		截面宽	长度	mm	√	√	√	√	√
		截面高	长度	mm	√	√	√	√	√
		顶标高	长度	m	√	√	√	√	√
		截面形状定位点	三维坐标	X，Y，Z	√	√	√	√	√
		轴线定位点	三维坐标	X，Y，Z	√	√	√	√	√
		材料	文字	附录U，表U-1	√	√	√	√	√
		钢筋	文字	附录U，表U-2			√	√	√
K.0.5	水槽（渠道、坑）	定位点	三维坐标	X，Y，Z	—	√	√	√	√
		水槽底板厚度	数值	mm	—	√	√	√	√
		水槽底板宽度	数值	mm		√	√	√	√
		水槽壁板厚度	数值	mm	—	√	√	√	√

编号	设备构件	属性名称	参数类型	单位/描述/取值范围	信息深度等级				交换信息
					N1	N2	N3	N4	
K.0.5	水槽（渠道、坑）	水槽壁板高度	数值	mm	—	√	√	√	√
		水槽底板顶标高	数值	m	—	√	√	√	√
		材料	枚举型	附录U，表U-1	—	√	√	√	√
		钢筋	枚举型	附录U，表U-2		√	√	√	√
K.0.6	堰板	定位点	三维坐标	X，Y，Z	—	√	√	√	√
		厚度	长度	mm	—	√	√	√	√
		板高	数值	mm	—	√	√	√	√
		顶标高	数值	m	—	√	√	√	√
		材料	枚举型	附录U，表U-1	—	√	√	√	√
		钢筋	枚举型	附录U，表U-2		√	√	√	√
K.0.7	孔洞	定位点	三维坐标	X，Y，Z	—	√	√	√	√
		孔洞轮廓定位点	三维坐标	X，Y，Z	—	√	√	√	√
		定位点标高	数值	m	—	√	√	√	√
		材料	枚举型	附录U，表U-1		√	√	√	√
		孔洞加强钢筋	枚举型	附录U，表U-2		√	√	√	√
K.0.8	设备基础	定位点	三维坐标	X，Y，Z	—	√	√	√	√
		基础厚度	长度	mm		√	√	√	√
		预埋件	数值	mm			√	√	√
		预留孔洞	长度	宽(b)×高(h)			√	√	√
K.0.9	平整场地	平整区域角点坐标	二维坐标	X，Y		√	√	√	√
		整平标高	高程	m		√	√	√	√
		坡度	坡度	％	√	√	√	√	√
		平整区域角点坐标	二维坐标	X，Y		√	√	√	√
K.0.10	土方平衡	位置	文字	如描述土方所在区域	√	√	√	√	√
		边界范围	文字	如红线位置等	√	√	√	√	√
		挖填区域顶标高	数值	m		√	√	√	√
		挖填区域底标高	数值	m		√	√	√	√
		挖填面积	面积	m²		√	√	√	√
		挖填体积	体积	m³		√	√	√	√
		挖填方的材质	枚举型	如淤泥、膨胀土等		√	√	√	√
		挖填工法	枚举型	如人工、机械挖填等		√	√	√	√
K.0.11	地基处理	位置	文字	如描述土方所在区域	√	√	√	√	√
		边界范围	文字	如红线位置等	√	√	√	√	√
		地基处理厚度	长度			√	√	√	√
		地基处理方式	枚举型	如换填、桩基等	√	√	√	√	√
		地基处理前后场地承载力、稳定性	文字	—	√	√	√	√	√

续表

编号	设备构件	属性名称	参数类型	单位/描述/取值范围	信息深度等级 N1	N2	N3	N4	交换信息
K.0.12	边坡	位置	文字	如描述土方所在区域	√	√	√	√	√
		边界范围	二维点数组	$\{(X,Y),(X,Y),\cdots\}$	√	√	√	√	√
		坡顶高程	高程	m			√	√	
		坡底高程	高程	m			√	√	
		边坡尺寸	长度	m			√	√	
		坡度	坡度	%			√	√	
		边坡处理方式	枚举型	如锚固、挡土墙等			√	√	√
		护坡面积	面积	m²			√	√	√
		挖填体积	体积	m³			√	√	√
		钢筋量	数值	kg			√	√	
		承载力	压强	kPa		√	√	√	
K.0.13	挡土墙	位置	文字	如描述土方所在区域	√	√	√	√	√
		边界范围	文字	如红线位置等	√	√	√	√	√
		断面尺寸	长度	m			√	√	
		顶高程	高程	m			√	√	
		底高程	高程	m			√	√	
		坡度	坡度	%			√	√	
		承载力	压强	kPa			√	√	
		材料	文字	—			√	√	
		体积	数值	m³			√	√	
		钢筋量	数值	kg			√	√	
K.0.14	管线、设备基础	定位点	三维坐标	X, Y, Z			√	√	
		几何尺寸	长度	长(a)×宽(b)×高(h)			√	√	
		顶标高	数值	m			√	√	
		底标高	数值	m			√	√	
		预埋螺栓孔洞定位	三维坐标	X, Y, Z			√	√	
K.0.15	围墙	位置	三维坐标	X, Y, Z	√	√	√	√	√
		围墙角点坐标	二维坐标	X, Y		√	√	√	
		围墙长度	长度	m		√	√	√	
		围墙基础形式	文字	依照围墙重量选择		√	√	√	√
		围墙基础埋深	数值	m		√	√	√	
		围墙基础宽度	长度	m		√	√	√	
		围墙结构样式	枚举型	如砖砌式、装配式等		√	√	√	

管线系统模型单元精细度等级　　　　　　　　　　　　　　表 K-1

设备构件	几何表达精度（Gx）及信息深度（Nx）				备注
	LOD1.0	LOD2.0	LOD3.0	LOD4.0	信息深度（Nx）详见（附录 K: 表 K-0）
底板、顶板	G1-N1	G2-N2	G3-N3	G4-N4	K.0.1
壁板	G1-N1	G2-N2	G3-N3	G4-N4	K.0.2
预留孔洞			G3-N3	G4-N4	K.0.7

管线附属构筑物模型元素信息　　　　　　　　　表 K-2

设备构件	几何表达精度（Gx）及信息深度（Nx）				备注
	LOD1.0	LOD2.0	LOD3.0	LOD4.0	信息深度（Nx）详见（附录K：表K-0）
底板、顶板	G1-N1	G2-N2	G3-N3	G4-N4	K.0.1
壁板	G1-N1	G2-N2	G3-N3	G4-N4	K.0.2
预留孔洞			G3-N3	G4-N4	K.0.7
堰板			G3-N3	G4-N4	K.0.6

厂区平面模型单元精细度等级　　　　　　　　　表 K-3

系统/功能	模型构件	几何表达精度（Gx）及信息深度（Nx）				备注
		LOD1.0	LOD2.0	LOD3.0	LOD4.0	信息深度（Nx）详见（附录B：表B-2；附录K：表K-0）
现状场地	场地地质		G2-N2	G3-N3	G4-N4	B-2
厂区	平整场地		G2-N2	G3-N3	G4-N4	K.0.9
	土方平衡			G3-N3	G4-N4	K.0.10
	地基处理		G2-N2	G3-N3	G4-N4	K.0.11
	边坡			G3-N3	G4-N4	K.0.12
	挡土墙			G3-N3	G4-N4	K.0.13
	管线、设备基础		G2-N2	G3-N3	G4-N4	K.0.14
	围墙		G2-N3	G3-N3	G4-N4	K.0.15

地表取水泵房模型元素信息　　　　　　　　　表 K-4

设备构件	几何表达精度（Gx）及信息深度（Nx）				备注
	LOD1.0	LOD2.0	LOD3.0	LOD4.0	信息深度（Nx）详见（附录K：表K-0）
底板、屋面板、走道板	G1-N1	G2-N2	G3-N3	G4-N4	K.0.1
壁板	G1-N1	G2-N2	G3-N3	G4-N4	K.0.2
顶板梁	G1-N1	G2-N2	G3-N3	G4-N4	K.0.3
框架柱	G1-N1	G2-N2	G3-N3	G4-N4	K.0.4
进水堰、溢流堰			G3-N3	G4-N4	K.0.6
预留孔洞			G3-N3	G4-N4	K.0.7
设备基础			G3-N3	G4-N4	K.0.8

絮凝沉淀池结构专业模型单元精细度等级　　　　　　表 K-5

设备构件	几何表达精度（Gx）及信息深度（Nx）				备注
	LOD1.0	LOD2.0	LOD3.0	LOD4.0	信息深度（Nx）详见（附录K：表K-0）
底板、屋面板、走道板	G1-N1	G2-N2	G3-N3	G4-N4	K.0.1
壁板	G1-N1	G2-N2	G3-N3	G4-N4	K.0.2
屋面梁	G1-N1	G2-N2	G3-N3	G4-N4	K.0.3

续表

设备构件	几何表达精度（Gx）及信息深度（Nx）				备注
	LOD1.0	LOD2.0	LOD3.0	LOD4.0	信息深度（Nx）详见（附录 K：表 K-0）
架柱	G1-N1	G2-N2	G3-N3	G4-N4	K.0.4
排泥斗			G3-N3	G4-N4	K.0.5
三角堰			G3-N3	G4-N4	K.0.6
预留孔洞			G3-N3	G4-N4	K.0.7
设备基础			G3-N3	G4-N4	K.0.8

滤池（V 型滤池）结构专业模型单元精细度等级　　　　表 K-6

设备构件	几何表达精度（Gx）及信息深度（Nx）				备注
	LOD1.0	LOD2.0	LOD3.0	LOD4.0	信息深度（Nx）详见（附录 K：表 K-0）
底板、楼板、屋面板、走道板	G1-N1	G2-N2	G3-N3	G4-N4	K.0.1
壁板	G1-N1	G2-N2	G3-N3	G4-N4	K.0.2
滤梁、屋面梁、楼面梁	G1-N1	G2-N2	G3-N3	G4-N4	K.0.3
滤柱、框架柱	G1-N1	G2-N2	G3-N3	G4-N4	K.0.4
V 型槽、反冲洗槽、配气配水渠			G3-N3	G4-N4	K.0.5
出水堰			G3-N3	G4-N4	K.0.6
预留孔洞			G3-N3	G4-N4	K.0.7
设备基础			G3-N3	G4-N4	K.0.8

臭氧接触池（后臭氧接触池）结构专业模型单元精细度等级　　　　表 K-7

设备构件	几何表达精度（Gx）及信息深度（Nx）				备注
	LOD1.0	LOD2.0	LOD3.0	LOD4.0	信息深度（Nx）详见（附录 K：表 K-0）
底板、顶板	G1-N1	G2-N2	G3-N3	G4-N4	K.0.1
壁板	G1-N1	G2-N2	G3-N3	G4-N4	K.0.2
顶板梁	G1-N1	G2-N2	G3-N3	G4-N4	K.0.3
柱	G1-N1	G2-N2	G3-N3	G4-N4	K.0.4
预留孔洞			G3-N3	G4-N4	K.0.7

加氯加矾间结构专业模型单元精细度等级　　　　表 K-8

设备构件	几何表达精度（Gx）及信息深度（Nx）				备注
	LOD1.0	LOD2.0	LOD3.0	LOD4.0	信息深度（Nx）详见（附录 K：表 K-0）
屋面梁、楼面梁	G1-N1	G2-N2	G3-N3	G4-N4	K.0.3
楼板、屋面板、走道板	G1-N1	G2-N2	G3-N3	G4-N4	K.0.1
框架柱	G1-N1	G2-N2	G3-N3	G4-N4	K.0.4
预留孔洞			G3-N3	G4-N4	K.0.7
设备基础			G3-N3	G4-N4	K.0.8

清水池结构专业模型单元精细度等级　　　　　表 K-9

设备构件	几何表达精度（Gx）及信息深度（Nx）				备注
	LOD1.0	LOD2.0	LOD3.0	LOD4.0	信息深度（Nx）详见（附录 K：表 K-0）
底板、顶板	G1-N1	G2-N2	G3-N3	G4-N4	K.0.1
壁板	G1-N1	G2-N2	G3-N3	G4-N4	K.0.2
边框架梁	G1-N1	G2-N2	G3-N3	G4-N4	K.0.3
柱、边框架柱	G1-N1	G2-N2	G3-N3	G4-N4	K.0.4
出水堰、集水坑			G3-N3	G4-N4	K.0.6
预留孔洞			G3-N3	G4-N4	K.0.7

出水泵房结构专业模型单元精细度等级　　　　　表 K-10

设备构件	几何表达精度（Gx）及信息深度（Nx）				备注
	LOD1.0	LOD2.0	LOD3.0	LOD4.0	信息深度（Nx）详见（附录 K：表 K-0）
底板、楼板、屋面板、走道板	G1-N1	G2-N2	G3-N3	G4-N4	K.0.1
壁板	G1-N1	G2-N2	G3-N3	G4-N4	K.0.2
屋面梁、楼面梁	G1-N1	G2-N2	G3-N3	G4-N4	K.0.3
框架柱	G1-N1	G2-N2	G3-N3	G4-N4	K.0.4
集水坑			G3-N3	G4-N4	K.0.5
预留孔洞			G3-N3	G4-N4	K.0.7
设备基础			G3-N3	G4-N4	K.0.8

合流泵站结构专业模型单元精细度等级　　　　　表 K-11

设备构件	几何表达精度（Gx）及信息深度（Nx）				备注
	LOD1.0	LOD2.0	LOD3.0	LOD4.0	信息深度（Nx）详见（附录 K：表 K-0）
底板、楼板、屋面板、走道板	G1-N1	G2-N2	G3-N3	G4-N4	K.0.1
壁板	G1-N1	G2-N2	G3-N3	G4-N4	K.0.2
屋面梁、楼面梁	G1-N1	G2-N2	G3-N3	G4-N4	K.0.3
框架柱	G1-N1	G2-N2	G3-N3	G4-N4	K.0.4
集水坑			G3-N3	G4-N4	K.0.5
预留孔洞			G3-N3	G4-N4	K.0.7
设备基础			G3-N3	G4-N4	K.0.8

粗格栅间及进水泵房结构专业模型单元精细度等级　　　　　表 K-12

设备构件	几何表达精度（Gx）及信息深度（Nx）				备注
	LOD1.0	LOD2.0	LOD3.0	LOD4.0	信息深度（Nx）详见（附录 K：表 K-0）
底板、顶板、屋面板、走道板	G1-N1	G2-N2	G3-N3	G4-N4	K.0.1
壁板	G1-N1	G2-N2	G3-N3	G4-N4	K.0.2

续表

设备构件	几何表达精度（Gx）及信息深度（Nx）				备注
	LOD1.0	LOD2.0	LOD3.0	LOD4.0	信息深度（Nx）详见（附录 K：表 K-0)
屋面梁、楼面梁	G1-N1	G2-N2	G3-N3	G4-N4	K.0.3
框架柱	G1-N1	G2-N2	G3-N3	G4-N4	K.0.4
集水坑			G3-N3	G4-N4	K.0.5
预留孔洞			G3-N3	G4-N4	K.0.7
设备基础			G3-N3	G4-N4	K.0.8

细格栅及曝气沉砂池结构专业模型单元精细度等级　　　表 K-13

设备构件	几何表达精度（Gx）及信息深度（Nx）				备注
	LOD1.0	LOD2.0	LOD3.0	LOD4.0	信息深度（Nx）详见（附录 K：表 K-0)
底板、顶板、屋面板、走道板	G1-N1	G2-N2	G3-N3	G4-N4	K.0.1
壁板	G1-N1	G2-N2	G3-N3	G4-N4	K.0.2
屋面梁、楼面梁	G1-N1	G2-N2	G3-N3	G4-N4	K.0.3
框架柱	G1-N1	G2-N2	G3-N3	G4-N4	K.0.4
进水堰、溢流堰			G3-N3	G4-N4	K.0.5
预留孔洞			G3-N3	G4-N4	K.0.7
设备基础			G3-N3	G4-N4	K.0.8

A^2/O 生化池结构专业模型单元精细度等级　　　表 K-14

设备构件	几何表达精度（Gx）及信息深度（Nx）				备注
	LOD1.0	LOD2.0	LOD3.0	LOD4.0	信息深度（Nx）详见（附录 K：表 K-0)
底板、走道板	G1-N1	G2-N2	G3-N3	G4-N4	K.0.1
壁板、渠道导流墙	G1-N1	G2-N2	G3-N3	G4-N4	K.0.2
走道板梁	G1-N1	G2-N2	G3-N3	G4-N4	K.0.3
框架柱	G1-N1	G2-N2	G3-N3	G4-N4	K.0.4
进水堰、出水堰			G3-N3	G4-N4	K.0.5
预留孔洞			G3-N3	G4-N4	K.0.7

二沉池结构专业模型单元精细度等级　　　表 K-15

设备构件	几何表达精度（Gx）及信息深度（Nx）				备注
	LOD1.0	LOD2.0	LOD3.0	LOD4.0	信息深度（Nx）详见（附录 K：表 K-0)
底板、走道板	G1-N1	G2-N2	G3-N3	G4-N4	K.0.1
壁板	G1-N1	G2-N2	G3-N3	G4-N4	K.0.2
进水堰、出水堰、污泥斗			G3-N3	G4-N4	K.0.5
预留孔洞			G3-N3	G4-N4	K.0.7
设备基础			G3-N3	G4-N4	K.0.8

高效澄清池结构专业模型单元精细度等级　　　　　**表 K-16**

设备构件	几何表达精度（Gx）及信息深度（Nx）				备注
	LOD1.0	LOD2.0	LOD3.0	LOD4.0	信息深度（Nx）详见（附录 K：表 K-0）
底板、顶板、走道板	G1-N1	G2-N2	G3-N3	G4-N4	K.0.1
壁板	G1-N1	G2-N2	G3-N3	G4-N4	K.0.2
顶板梁	G1-N1	G2-N2	G3-N3	G4-N4	K.0.3
框架柱	G1-N1	G2-N2	G3-N3	G4-N4	K.0.4
进水堰、溢流堰			G3-N3	G4-N4	K.0.5
预留孔洞			G3-N3	G4-N4	K.0.7
设备基础			G3-N3	G4-N4	K.0.8

污泥浓缩池结构专业模型单元精细度等级　　　　　**表 K-17**

设备构件	几何表达精度（Gx）及信息深度（Nx）				备注
	LOD1.0	LOD2.0	LOD3.0	LOD4.0	信息深度（Nx）详见（附录 K：表 K-0）
底板、走道板	G1-N1	G2-N2	G3-N3	G4-N4	K.0.1
壁板	G1-N1	G2-N2	G3-N3	G4-N4	K.0.2
上清液集水槽、排泥斗			G3-N3	G4-N4	K.0.5
预留孔洞			G3-N3	G4-N4	K.0.7
设备基础			G3-N3	G4-N4	K.0.8

污泥脱水车间结构专业模型单元精细度等级　　　　　**表 K-18**

设备构件	几何表达精度（Gx）及信息深度（Nx）				备注
	LOD1.0	LOD2.0	LOD3.0	LOD4.0	信息深度（Nx）详见（附录 K：表 K-0）
屋面梁、楼面梁	G1-N1	G2-N2	G3-N3	G4-N4	K.0.3
楼板、屋面板、走道板	G1-N1	G2-N2	G3-N3	G4-N4	K.0.1
框架柱	G1-N1	G2-N2	G3-N3	G4-N4	K.0.4
预留孔洞			G3-N3	G4-N4	K.0.7
设备基础			G3-N3	G4-N4	K.0.8

附录 L：暖通专业设计参数

建（构）筑物设计参数信息深度等级 表 L-1

系统/功能	属性名称	参数类型	单位/描述/取值范围	信息深度等级				交换信息
				N1	N2	N3	N4	
通风系统	换气次数	整数	次		√	√	√	
	风量	风量	m³/h		√	√	√	
	风速	速度	m/s			√	√	
	风管尺寸	长度	m			√	√	√
	通风设备数量	整数	n			√	√	
供暖系统	热源	枚举型	燃气、燃煤、燃油等			√	√	
	供热管尺寸	长度	m			√	√	√
	散热设备数量	整数	个			√	√	
空调系统	空调设备	整数	个			√	√	√
除臭系统	入口臭气阈值	数值	无量纲		√	√	√	
	出口臭气阈值	数值	无量纲		√	√	√	
	换气次数	整数	次		√	√	√	
	风量	风量	m³/h		√	√	√	
	风速	速度	m/s			√	√	
	风管尺寸	长度	宽(b)×高(h)			√	√	√
	除臭设备数量	整数	个			√	√	

附录 M：暖通专业模型单元

暖通专业模型单元信息深度等级　　　　　　　　　　　　　　表 M-0

编号	构件名称	属性名称	参数类型	单位/描述/取值范围	信息深度				交换信息
					N1	N2	N3	N4	
M.0.1	风管	管中心线定位	三维坐标	X，Y，Z	√	√	√		√
		矩形风管尺寸	长度	mm	√	√	√		√
		圆形风管尺寸	长度	mm	√	√	√		
		长度	长度	mm	√	√	√		√
		管材	枚举型	不锈钢、玻璃钢、塑料等		√	√		
		系统	文字	通风、除臭等		√	√		√
		压力等级	压强	MPa		√	√		
		厂家信息	文字	厂家相关信息	√	√	√		√
M.0.2	水管	管中心线定位	三维坐标	X，Y，Z	√	√	√		√
		水管管径	长度	mm	√	√	√		√
		长度	长度	mm	√	√	√		√
		管材	枚举型	不锈钢、铸铁、塑料等		√	√		
		压力等级	压强	MPa		√	√		
M.0.3	支架	定位	三维坐标	X，Y，Z	√	√	√		√
		尺寸	长度	mm	√	√	√		√
		材质	枚举型	钢、钢筋混凝土、砖木等		√	√		
		质量	数值	kg		√	√		√
M.0.4	管道附件（三通、四通、弯头、变径、法兰、套管）	系统	枚举型	通风、供暖、空调、除臭等		√	√		
		中心线定位	三维坐标	X，Y，Z	√	√	√		√
		角度	角度	°	√	√	√		√
		长度	长度	mm	√	√	√		√
		矩形风管尺寸	长度	mm	√	√	√		√
		圆形风管尺寸	长度	mm	√	√	√		√
		水管管径	长度	mm	√	√	√		√
		材质	枚举型	不锈钢、铸铁、塑料等		√	√		
		压力等级	压强	MPa		√	√		
		质量	数值	kg		√	√		√
M.0.5	通风设备	几何信息	数值，曲面	尺寸及外形轮廓	√	√	√		√
		定位	三维坐标	X，Y，Z	√	√	√		√
		尺寸	长度	mm	√	√	√		√
		压力等级	压强	MPa		√	√		
		电压	电压	V		√	√		

续表

编号	构件名称	属性名称	参数类型	单位/描述/取值范围	信息深度				交换信息
					N1	N2	N3	N4	
M.0.5	通风设备	功率	功率	kW			✓	✓	
		材质	枚举型	不锈钢、铝合金、玻璃钢等			✓	✓	
		型号	文字	根据规范及厂家习惯赋值			✓	✓	
		质量	数值	kg		✓	✓	✓	✓
		控制方式	枚举型	自/手		✓	✓		
		厂家信息	文字	厂家相关信息			✓	✓	✓
M.0.6	供暖设备	几何信息	数值，曲面	尺寸及外形轮廓		✓	✓	✓	✓
		定位	三维坐标	X, Y, Z		✓	✓	✓	✓
		流量	流量	m³		✓	✓	✓	
		压力等级	压强	MPa			✓	✓	
		电压	电压	V			✓	✓	
		功率	功率	kW			✓	✓	
		材质	枚举型	铸铁、钢制、铝合金等			✓	✓	
		型号	文字	根据规范及厂家习惯赋值			✓	✓	
		质量	数值	kg		✓	✓	✓	✓
		控制方式	枚举型	自/手			✓	✓	
		厂家信息	文字	厂家相关信息		✓	✓	✓	✓
M.0.7	除臭设备	几何信息	数值，曲面	尺寸及外形轮廓		✓	✓	✓	✓
		定位	三维坐标	X, Y, Z		✓	✓	✓	✓
		流量	流量	m³		✓	✓	✓	
		压力等级	压强	MPa			✓	✓	
		电压	电压	V			✓	✓	
		功率	功率	kW			✓	✓	
		材质	枚举型	不锈钢、铸铁等			✓	✓	
		型号	数值	根据规范及厂家习惯赋值			✓	✓	
		质量	数值	kg		✓	✓	✓	✓
		控制方式	枚举型	自/手			✓	✓	
		厂家信息	文字	厂家相关信息		✓	✓	✓	✓
M.0.8	空调设备	几何信息	数值，曲面	尺寸及外形轮廓		✓	✓	✓	✓
		定位	三维坐标	X, Y, Z		✓	✓	✓	✓
		流量	流量	m³			✓	✓	
		压力等级	压强	MPa			✓	✓	
		电压	电压	V			✓	✓	
		功率	功率	kW			✓	✓	
		材质	枚举型	塑料、铝合金等			✓	✓	
		型号	数值	根据规范及厂家习惯赋值			✓	✓	
		质量	数值	kg		✓	✓	✓	✓
		控制方式	枚举行	自/手				✓	
		厂家信息	文字	厂家相关信息	✓	✓	✓	✓	✓

续表

编号	构件名称	属性名称	参数类型	单位/描述/取值范围	信息深度				交换信息
					N1	N2	N3	N4	
M.0.9	阀门（风阀，水阀、风口）	几何信息	数值，曲面	尺寸及外形轮廓		√	√	√	√
		定位	三维坐标	X，Y，Z		√	√	√	√
		系统	文字	通风、供暖、空调、除臭等		√	√	√	
		功能	文字	截止、调节、导流等		√	√	√	
		流量	流量	m^3/h		√	√	√	
		压力等级	压强	MPa			√	√	
		材质	枚举型	不锈钢、铸铁、塑料等			√	√	
		型号	数值	根据规范及厂家习惯赋值			√	√	
		质量	数值	kg			√	√	√
		控制方式	枚举型	电、气、液，手	√		√	√	
		厂家信息	文字	厂家相关信息				√	√

建（构）筑物暖通专业模型单元精细度等级　　　　　　表 M-1

系统/功能	设备构件	几何表达精度（Gx）及信息深度（Nx）				备注
		LOD1.0	LOD2.0	LOD3.0	LOD4.0	信息深度（Nx）详见（附录 M；表 M-0）
管道及附件	风管		G2-N2	G3-N3	G4-N4	M.0.1
	水管		G2-N2	G3-N3	G4-N4	M.0.2
	支架			G3-N3	G4-N4	M.0.3
	管道附件（三通、四通、弯头、接头、套管）			G3-N3	G4-N4	M.0.4
设备	通风设备		G2-N3	G3-N3	G4-N4	M.0.5
	供暖设备		G2-N3	G3-N3	G4-N4	M.0.6
	除臭设备		G2-N3	G3-N3	G4-N4	M.0.7
	空调设备		G2-N3	G3-N3	G4-N4	M.0.8
	阀门（风阀，水阀、风口）		G2-N3	G3-N3	G4-N4	M.0.9

附录 N：给水排水专业设计参数

厂区平面给排水专业设计参数信息深度等级　表 N-1

系统/功能	属性名称	参数类型	单位/描述/取值范围	信息深度等级 N1	N2	N3	N4	交换信息
总体设计	设计用水量	流量	m³/s	√	√	√	√	
	设计污水量	流量	m³/s	√	√	√	√	
	设计雨水量	流量	m³/s	√	√	√	√	
	给水引入点	三维坐标	X，Y，Z	√	√	√	√	
	排水接驳点	三维坐标	X，Y，Z	√	√	√	√	

建（构）筑物设计参数信息深度等级　表 N-2

系统/功能	属性名称	参数类型	单位/描述/取值范围	信息深度 N1	N2	N3	N4	交换信息
给水系统	用水量	流量	m³/d	√	√	√	√	
	给水管尺寸	长度	mm			√	√	√
	自来水压力	压力	MPa			√	√	
	洗手池数量	数值	个			√	√	
	洗手池尺寸	长度	mm			√	√	√
排水系统	污水量	流量	m³/d	√	√	√	√	
	室内污水管管径	长度	mm			√	√	√
	雨水立管管径	长度	mm			√	√	√
	雨水管道管径	长度	mm		√	√	√	√
	雨水管道标高	数值	m		√	√	√	√
	污水管道管径	长度	mm			√	√	√
	污水管道标高	数值	m			√	√	√
消防系统	供水压力	压力	MPa		√	√		
	室外消火栓数量	整数	个			√	√	
	室外消火栓用水量	流量	L/s			√	√	
	手持灭火器容量	数值	kg			√	√	
消防系统	手持灭火器	整数	个			√	√	
	每个设置点配置	整数	个			√	√	

附录O：给水排水专业模型单元

给排水专业模型单元信息深度等级　　　　　　　　　　表 O-0

编号	构件名称	属性名称	参数类型	单位/描述/取值范围	信息深度等级				交换信息
					N1	N2	N3	N4	
O.0.1	管线	系统	枚举型	给水，雨水，污水等		√	√	√	
		管中心线定位	三维坐标	X，Y，Z		√	√	√	√
		管径	数值	mm		√	√	√	√
		管材	枚举型	PVC，铸铁，不锈钢，混凝土		√	√	√	
		压力等级	压强	MPa		√	√	√	
		长度	长度	mm			√	√	
O.0.2	管道附件（三通、四通、弯头、清扫口、检查口）	系统	枚举型	给水，雨水，污水等		√	√	√	
		管中心线定位	三维坐标	X，Y，Z		√	√	√	√
		角度	角度	°			√	√	√
		长度	长度	mm			√	√	
		管径	长度	mm			√	√	√
		材质	枚举型	PVC，铸铁，不锈钢等			√	√	
		压力等级	压强	MPa			√	√	
O.0.3	阀门（蝶阀、截止阀、止回阀、倒流防止器）	几何信息	数值	几何尺寸		√	√	√	√
		定位	三维坐标	X，Y，Z		√	√	√	
		系统	文字	给水，雨水，污水等		√	√	√	
		功能	文字	描述设备的适用对象、性能		√	√	√	
		流量	流量	m³/h		√	√	√	
		压力等级	压强	MPa			√	√	
		材质	枚举型	PVC，铸铁，不锈钢等			√	√	
		型号	数值	依据厂家习惯赋值			√	√	
		质量	数值	kg			√	√	√
		控制方式	枚举型	手动/电动		√	√	√	
		厂家信息	文字	例如：某市某有限公司				√	√
O.0.4	检查井	系统	枚举型	给水，雨水，污水等		√	√	√	
		尺寸	长度	mm		√	√	√	
		材质	枚举型	砖砌，混凝土等			√	√	
		井中心定位	三维坐标	X，Y，Z		√	√	√	√
O.0.5	消防设备	几何信息	数值	几何尺寸		√	√	√	√
		消防设备定位	三维坐标	X，Y，Z		√	√	√	√
		消火栓用水量	流量	L/s			√	√	
		灭火器容量	数值	kg			√	√	

编号	构件名称	属性名称	参数类型	单位/描述/取值范围	信息深度等级				交换信息
					N1	N2	N3	N4	
O.0.5	消防设备	功能	文字	描述设备的灭火对象、性能		✓	✓	✓	
		流量	流量	m³/h		✓	✓	✓	
		压力等级	压强	MPa			✓	✓	
		材质	枚举型	例如：无缝钢瓶			✓	✓	
		型号	文字	例如：MF/ABC4			✓	✓	
		质量	数值	kg			✓	✓	✓
		控制方式	枚举型	手动/自动		✓	✓	✓	
		厂家信息	文字	例如：某市某有限公司				✓	✓
O.0.6	盥洗设备	几何信息	数值	L（长），B（宽），H（高）			✓	✓	
		定位	三维坐标	X，Y，Z			✓	✓	✓
		系统	枚举型	给水，雨水，污水等			✓	✓	
		功能	文字	描述设备的适用对象、性能			✓	✓	
		流量	流量	m³			✓	✓	
		压力等级	压强	MPa			✓	✓	
		材质	枚举型	陶瓷等			✓	✓	
		型号	数值	根据厂家习惯赋值			✓	✓	
		厂家信息	文字	例如：某市某有限公司				✓	

厂区平面给水排水专业模型单元精细度等级　　　　表 O-1

系统/功能	模型构件	几何表达精度（Gx）及信息深度（Nx）				备注
		LOD1.0	LOD2.0	LOD3.0	LOD4.0	信息深度（Nx）详见（附录O：表O-0）
给水系统	管道	—	G2-N2	G3-N3	G4-N4	O.0.1
	管道附件	—	G2-N2	G3-N3	G4-N4	O.0.2
	阀门	—	—	G3-N3	G4-N4	O.0.3
	检查井	—	—	G3-N3	G4-N4	O.0.4
	盥洗设备	—	—	G3-N3	G4-N4	O.0.6
排水系统	管道	—	G2-N2	G3-N3	G4-N4	O.0.1
	管道附件	—	G2-N2	G3-N3	G4-N4	O.0.2
	阀门	—	—	G3-N3	G4-N4	O.0.3
	检查井	—	—	G3-N3	G4-N4	O.0.4
	盥洗设备	—	—	G3-N3	G4-N4	O.0.6
消防系统	消火栓	—	—	G3-N3	G4-N4	O.0.5
	管线	—	—	G3-N3	G4-N4	O.0.1
	灭火器	—	G2-N2	G3-N3	G4-N4	O.0.5

建（构）筑物给水排水专业模型元素信息　　　表 O-2

系统/功能	模型构件	几何表达精度（Gx）及信息深度（Nx）				备注
		LOD1.0	LOD2.0	LOD3.0	LOD4.0	信息深度（Nx）详见（附录 O：表 O-0）
给水系统（室内）	管线	—	—	G3-N3	G4-N4	O.0.1
	管道附件（三通、四通、弯头、清扫口、检查口）	—	—	G3-N3	G4-N4	O.0.2
	阀门（蝶阀、截止阀、止回阀、倒流防止器）	—	—	G3-N3	G4-N4	O.0.3
	盥洗设备	—	—	G3-N3	G4-N4	O.0.6
给水系统（室外）	管线	G2-N2	G2-N2	G3-N3	G4-N4	O.0.1
	管道附件（三通、四通、弯头、清扫口、检查口）	G2-N2	G2-N2	G3-N3	G4-N4	O.0.2
	阀门（蝶阀、截止阀、止回阀、倒流防止器）	G2-N2	G2-N2	G3-N3	G4-N4	O.0.3
排水系统（室内）	管线	—	—	G3-N3	G4-N4	O.0.1
	管道附件（三通、四通、弯头、清扫口、检查口）	—	—	G3-N3	G4-N4	O.0.2
	盥洗设备	—	—	G3-N3	G4-N4	O.0.6
排水系统（室外）	管线	G2-N2	G2-N2	G3-N3	G4-N4	O.0.1
	检查井	G2-N2	G2-N2	G3-N3	G4-N4	O.0.4
消防系统（室内）	消防设备	—	—	G3-N3	G4-N4	O.0.5
消防系统（室外）	管线	G2-N2	G2-N2	G3-N3	G4-N4	O.0.1
	消防设备	G2-N2	G2-N2	G3-N3	G4-N4	O.0.5

附录 P：道路专业设计参数

厂平面设计参数信息深度等级 　　　　　　　　表 P-1

系统/功能	属性名称	参数类型	单位/描述/取值范围	N1	N2	N3	N4	交换信息
基本属性	工程类型	文字	市政道路	√	√	√	√	√
	道路名称	文字	/	√	√	√	√	
	道路等级	枚举型	一级、二级等	√	√	√	√	√
	设计荷载	压强	kN/m²	√	√	√	√	
	设计车速	速度	km/h	√	√	√	√	
	道路建筑界限高度	长度	m	√	√	√	√	
	路面结构的设计使用年限	整数	年	√	√	√	√	
	道路横坡	坡度	%		√	√	√	√
	路拱形式	枚举型	直线型、折线形、抛物线形		√	√	√	
	道路红线宽度	长度	m		√	√	√	
	交通设施安全等级	枚举型	A、B、C、D		√	√	√	
平面设计	道路边线距离相邻建（构）筑物间距	长度	m		√	√	√	√
	圆曲线最小半径	长度	m		√	√	√	
	平曲线最小长度	长度	m		√	√	√	
	最小转弯半径	长度	m		√	√	√	√
	缓和曲线最小长度	长度	m		√	√	√	
	不设缓和曲线最小半径	长度	m		√	√	√	
	不设超高最小半径	长度	m		√	√	√	
	最大超高横坡	比值	%		√	√	√	
	车道加宽	长度	m		√	√	√	
	最小视距	长度	m		√	√	√	√
纵断面设计	最小纵坡	比值	%		√	√	√	
	最大纵坡	比值	%		√	√	√	
	最小坡长	长度	m		√	√	√	
	最大坡长	长度	m		√	√	√	
	竖曲线最小半径	长度	m		√	√	√	
	竖曲线最小长度	长度	m		√	√	√	
路面结构	路面结构材质	枚举型	沥青混凝土/Ac		√	√	√	√
	路面结构厚度	长度	mm		√	√	√	√
	土基回弹模量	压强	MPa		√	√	√	
	路面结构材料要求及施工要求	文字	/		√	√	√	
	平、侧石类型	枚举型	立式、斜式、平式		√	√	√	
	平、侧石尺寸	长度	cm		√	√	√	
	平侧石材料要求及施工要求	文字	/		√	√	√	

系统/功能	属性名称	参数类型	单位/描述/取值范围	信息深度等级				交换信息
				N1	N2	N3	N4	
路基处理	路基处理方式	枚举型	换填、强夯、土壤固化等		√	√	√	√
	顶面回弹模量	压强	MPa		√	√	√	
	干湿类型	枚举型	干燥、中湿、潮湿、过湿		√	√	√	
	路基压实度	比值	%		√	√	√	√
	填料类型	枚举型	砂、砂石、矿渣等		√	√	√	√
交通设施	交通标线	枚举型	双黄线、虚线、直行箭头等		√	√	√	√
	交通标志	枚举型	警告标志、禁令标志、指示标志等		√	√	√	√
	基础	文字	基础类型及参数		√	√	√	√

附录 Q：道路专业模型单元

道路专业模型单元信息深度等级　　　　　表 Q-0

编号	模型构件	属性名称	参数类型	单位/描述/取值范围	信息深度等级				交换信息
					N1	N2	N3	N4	
Q.0.1	平面	坐标	三维坐标	X, Y, Z	√	√	√	√	
		桩号	数值	K0+000		√	√	√	
		平曲线要素	二维坐标	X, Y		√	√	√	
Q.0.2	纵断面	桩号	数值	K0+000		√	√	√	
		标高	数值	Z		√	√	√	
		竖曲线要素	二维坐标	X, Y		√	√	√	
Q.0.3	横断面	横断面布置	图例	行车道、人行道、绿化带、放坡等相关参数描述	√	√	√	√	
		路拱形式	枚举型	直线型、折线形、抛物线形		√	√	√	
		横坡	比值	%		√	√	√	
Q.0.4	垫层	材质	枚举型	材质类型	√	√	√	√	
		定位	桩号	$KX+XXX$ 至 $KX+XXX$		√	√	√	√
		厚度	长度	mm	√	√	√	√	√
		宽度	长度	m	√	√	√	√	√
		技术指标	文字	压实度、回弹模量等	√	√	√	√	
Q.0.5	基层	材质	枚举型	材质类型	√	√	√	√	
		定位	桩号	$KX+XXX$ 至 $KX+XXX$		√	√	√	√
		厚度	长度	mm	√	√	√	√	
		宽度	长度	m	√	√	√	√	√
		技术指标	文字	压实度、回弹模量等	√	√	√	√	
Q.0.6	面层	材质	枚举型	材质类型	√	√	√	√	
		定位	桩号	$KX+XXX$ 至 $KX+XXX$		√	√	√	√
		厚度	长度	mm	√	√	√	√	
		宽度	长度	m	√	√	√	√	
		技术指标	文字	压实度、回弹模量等	√	√	√	√	
Q.0.7	平、侧石	材质	枚举型	材质类型	√	√	√	√	
		尺寸	长度	mm	√	√	√	√	√
		位置	桩号	$KX+XXX$ 至 $KX+XXX$		√	√	√	
Q.0.8	坡面防护	类型	枚举型	植物防护、工程防护等	√	√	√	√	
		材质	枚举型	草皮、植树、砌石、喷浆等	√	√	√	√	
		尺寸	长度	m		√	√	√	√
		位置	桩号	$KX+XXX$ 至 $KX+XXX$		√	√	√	√
Q.0.9	挡墙	类型	枚举型	重力式挡土墙、悬臂式挡土墙等	√	√	√	√	
		材质	枚举型	石块、素混凝土、钢筋混凝土等	√	√	√	√	
		尺寸	长度	m	√	√	√	√	
		位置	桩号	$KX+XXX$ 至 $KX+XXX$		√	√	√	√

编号	模型构件	属性名称	参数类型	单位/描述/取值范围	信息深度等级				交换信息
					N1	N2	N3	N4	
Q.0.10	换填垫层	顶面回弹模量	压强	MPa	√	√	√	√	
		路基压实度	比值	%	√	√	√	√	
		处理深度	数值	m	√	√	√	√	√
		填料类型	枚举型	砂石垫层、素土势层、粉煤灰垫层和矿渣垫层等	√	√	√	√	√
Q.0.11	桩基	顶面回弹模量	压强	MPa	√	√	√	√	
		路基压实度	比值	%	√	√	√	√	
		桩基类型	枚举型	摩擦桩、灌注桩、预制桩等		√	√	√	√
		施工方法	枚举型	干作业成孔、泥浆护壁成孔等		√	√	√	√
		桩长	长度	m	√	√	√	√	
		桩径	数值	mm	√	√	√	√	
Q.0.12	标志标牌	材质	枚举型	标志底板、立柱、基础等构件材质	√		√	√	
		尺寸	长度	mm		√	√	√	
		类型	枚举型	警告标志、禁令标志、指示标志等	√		√	√	√
		逆反射系数	数值	cd/(lx·m²)	√		√	√	
		位置	三维坐标	X, Y, Z		√	√	√	
Q.0.13	标志标牌结构（含基础）	材质	枚举型	标志底板、立柱、基础等构件材质		√	√	√	
		定位	三维坐标	X, Y, Z		√	√	√	√
		尺寸	长度	mm	√	√	√	√	
		类型	枚举型	立柱式、悬臂式等	√	√	√	√	
Q.0.14	标线	材质	枚举型	标线涂料	√		√	√	
		定位	二维坐标	X, Y		√	√	√	√
		宽度	长度	mm	√	√	√	√	
		长度	长度	mm	√	√	√	√	
		厚度	长度	mm	√	√	√	√	
		逆反射系数	数值	cd/(lx·m²)	√	√	√	√	
Q.0.15	护栏	类型	枚举型	隔离护栏、防撞护栏、中央护栏等	√	√	√	√	
		材质	枚举型	铸铁、锌钢等	√	√	√	√	
		尺寸	长度	mm	√	√	√	√	√
		定位	三维坐标	X, Y, Z		√	√	√	√
Q.0.16	其他（反光镜、阻车柱、防撞桶、防撞垫等）	材质	枚举型	/		√	√	√	
		尺寸	长度	mm	√	√	√	√	√
		定位	三维坐标	X, Y, Z		√	√	√	√
		安装类型	枚举型	/	√	√	√	√	

厂平面模型单元精细度等级　　　　表 Q-1

系统/功能	模型构件	几何表达精度（Gx）及信息深度（Nx）				备注
		LOD1.0	LOD2.0	LOD3.0	LOD4.0	信息深度（Nx）详见 附录 Q：表 Q-0
总体设计	平面	G1-N1	G2-N2	G3-N3	G4-N4	Q.0.1
	纵断面		G2-N2	G3-N3	G4-N4	Q.0.2
	横断面	G1-N1	G2-N2	G3-N3	G4-N4	Q.0.3
路面结构	垫层		G2-N2	G3-N3	G4-N4	Q.0.4
	基层		G2-N2	G3-N3	G4-N4	Q.0.5
	面层	G1-N1	G2-N2	G3-N3	G4-N4	Q.0.6
	平、侧石			G3-N3	G4-N4	Q.0.7
支挡防护	坡面防护		G2-N2	G3-N3	G4-N4	Q.0.8
	挡土墙		G2-N2	G3-N3	G4-N4	Q.0.9
路基处理	换填垫层			G3-N3	G4-N4	Q.0.10
	桩基		G2-N2	G3-N3	G4-N4	Q.0.11
交通安全设施	标志标牌		G1-N2	G3-N3	G4-N4	Q.0.12
	标志标牌结构（含基础）			G3-N3	G4-N4	Q.0.13
	标线			G3-N3	G4-N4	Q.0.14
	护栏		G3-N2	G3-N3	G4-N4	Q.0.15
	反光镜、阻车柱、防撞桶、 防撞垫等			G3-N3	G4-N4	Q.0.16

附录R：照明、防雷接地、安防专业设计参数

照明、安防、防雷接地专业设计参数信息深度等级　　表 R-1

系统/功能	属性名称	参数类型	单位/描述/取值范围	信息深度等级				交换信息
				N1	N2	N3	N4	
照明	控制照度	照度	lx		√	√	√	
	电源	电压	V		√	√	√	
	控制方式	枚举型	手/自动		√	√	√	
安防	安防等级	枚举型	一级、二级、三级		√	√	√	
	监控中心位置	三维坐标	X，Y，Z		√	√	√	
	监控中心面积	面积	m^2		√	√	√	

附录 S：照明、防雷接地、安防专业模型单元

照明、安防、防雷接地专业模型单元信息深度等级   表 S-0

编号	构件名称	属性名称	参数类型	单位/描述/取值范围	N1	N2	N3	N4	交换信息
S.0.1	照明灯具	额定功率	功率	kW		√	√	√	
		电压	电压	V		√	√	√	
		相数	整数	相		√	√	√	
		电流	电流	A		√	√	√	
		光源类别	枚举型	LED/荧光灯/高压钠灯		√	√	√	
		功率因数	数值	Cos		√	√	√	
		灯具效率	比值	%		√	√	√	
		安装高度	数值	m				√	
		灯具配光曲线	图表	—		√	√	√	
		眩光指数	数值	cd/1000lm		√	√	√	
		显色指数	数值	Ra		√	√	√	
S.0.2	开关	额定电压	电压	V		√	√	√	
		相数	整数	相		√	√	√	
		额定电流	电流	A		√	√	√	
		额定频率	频率	Hz		√	√	√	
		安装高度	数值	m				√	
		最大连接导线规格	面积	mm²		√	√	√	
S.0.3	报警控制器	报警控制器通信协议	文字	—				√	
		报警控制器线路电压	电压	V				√	
		报警控制模块数量	整数	个			√	√	
		报警控制点数量	整数	个			√	√	
		支持点对点等环型网络结构	文字	—				√	
		历史记录存储容量	整数	条				√	
		彩色液晶屏、彩色图形界面	图表	—				√	
S.0.4	摄像机	视频清晰度	数值	像素		√	√	√	
		成像感应方式	枚举型	—		√	√	√	
		镜头焦距	焦距	—		√	√	√	
		自动光圈	数值	—		√	√	√	
		灵敏度	数值	—		√	√	√	
		网络远程变焦	整数	倍			√	√	
		彩色时感光度	感光度	ISO		√	√	√	
		黑白时感光度	感光度	ISO		√	√	√	
		背光抑制	文字	—		√	√	√	
		水平旋转、垂直旋转、转速范围	角度	度		√	√	√	
		光学变焦，数字变焦	整数	倍		√	√	√	
		供电及最大功耗	功率	W		√	√	√	

编号	构件名称	属性名称	参数类型	单位/描述/取值范围	信息深度等级				交换信息
					N1	N2	N3	N4	
S.0.5	接地极和扁钢	接地极尺寸	长度	mm				√	√
		接地扁钢尺寸	长度	mm				√	√
		深度	数值	m				√	√
		材质	枚举型	—				√	√

照明、安防、防雷接地专业模型单元精细度等级　　　　表 S-1

系统/功能	设备构件	几何表达精度（Gx）及信息深度（Nx）				备注
		LOD1.0	LOD2.0	LOD3.0	LOD4.0	信息深度（Nx）详见（附录 S：表 S-0）
照明	照明灯具	—	—	G3-N3	G4-N4	S.0.1
	开关	—	—	G3-N3	G4-N4	S.0.2
安防	报警控制器	—	—	G3-N3	G4-N4	S.0.3
	摄像机	—	—	G3-N3	G4-N4	S.0.4
防雷接地	接地极和扁钢	—	—	G3-N3	G4-N4	S.0.5

附录 T：常用构件级模型单元几何表达精度

现状模型单元几何表达精度　　　　　　　　　　　表 T-1

模型单元	几何表达精度	几何表达精度要求
场地地形	G1	• 宜以二维图形表示地形范围
	G2	• 应建模，等高距宜为 2m； • 地形点平面距离不大于 20m
	G3	• 应建模，等高距宜为 1m； • 地形点平面距离不大于 10m
	G4	• 应建模，等高距宜为 0.5m； • 地形点平面距离不大于 5m
场地地质	G1	• 宜以二维图形表示地质范围、地质构成等
	G2	• 应建模，地质测量孔平面距离不大于 1000m
	G3	• 应建模，地质测量孔平面距离不大于 500m
	G4	• 应建模，地质测量孔平面距离不大于 200m
现状建筑物、现状构筑物、现状文物	G1	• 宜以二维图形表示
	G2	• 应以体量表示空间占位
	G3	• 应建模表示主要外观特征
	G4	• 宜高精度扫描成果表达
现状地面道路	G1	• 宜以二维图形表示高度、体型、位置、朝向等
	G2	• 应建模表示大致的尺寸、形状、位置和方向
	G3	• 应建模表示精确尺寸与位置； • 表达路面、路基、沿街设施、排水、照明及绿化设施
	G4	• 应建模表示实际尺寸与位置； • 表达路面、路基、沿街设施、排水、支挡、防护、照明及绿化设施； • 模型表面宜有可正确识别的材质
现状桥梁	G1	• 宜以二维图形表示高度、体型、位置、朝向等
	G2	• 应建模表示大致的尺寸、形状、位置和方向
	G3	• 应建模表示精确尺寸与位置
	G4	• 应建模表示实际尺寸与位置； • 模型表面宜有可正确识别的材质
现状隧道、现状地下轨道交通、现状地铁站、现状铁路	G1	• 宜以二维图形表示高度、体型、位置、朝向等
	G2	• 应建模表示大致的尺寸、形状、位置和方向
	G3	• 应建模表示精确尺寸与位置
	G4	• 应建模表示实际尺寸与位置； • 模型表面宜有可正确识别的材质

模型单元	几何表达精度	几何表达精度要求
现状管杆线	G1	• 宜二维图形表示
	G2	• 应体量化建模管道空间占位
	G3	• 应按照管线实际规格尺寸及材质建模; • 有坡度的管道宜按照实际坡度建模; • 管线支线应建模
	G4	• 应按照管线实际规格尺寸及材质建模; • 有坡度的管道宜按照实际坡度建模; • 管件宜按照其实际材质和规格尺寸建模; • 管线支线应建模
现状河道(湖泊)、现状林木、现状农田、现状村落	G1	• 宜以二维图形表示范围
	G2	• 应建模表示大致的尺寸、形状、位置和方向
	G3	• 应建模表示精确尺寸与位置
	G4	• 应建模表示实际尺寸与位置; • 模型表面宜有可正确识别的材质

规划模型单元几何表达精度　　　　表 T-2

模型单元	几何表达精度	几何表达精度要求
规划地面道路	G1	• 宜以二维图形表示高度、体型、位置、朝向等
	G2	• 应建模表示大致的尺寸、形状、位置和方向
	G3	• 应建模表示精确尺寸与位置; • 表达路面、路基、沿街设施、排水、照明及绿化设施
	G4	• 应建模表示实际尺寸与位置; • 表达路面、路基、沿街设施、排水、支挡、防护、照明及绿化设施; • 模型表面宜有可正确识别的材质
规划地形	G1	• 宜以二维图形表示地形范围;
	G2	• 应建模,等高距宜为2m; • 地形点平面距离不大于20m
	G3	• 应建模,等高距宜为1m; • 地形点平面距离不大于10m
	G4	• 应建模,等高距宜为0.5m; • 地形点平面距离不大于5m
规划用地	G1	• 宜以二维图形表示
	G2	• 应以体量表示空间占位
	G3	• 应建模表示主要外观特征
	G4	• 宜高精度成果表达
规划桥梁	G1	• 宜以二维图形表示高度、体型、位置、朝向等
	G2	• 应建模表示大致的尺寸、形状、位置和方向
	G3	• 应建模表示精确尺寸与位置
	G4	• 应建模表示实际尺寸与位置; • 模型表面宜有可正确识别的材质

续表

模型单元	几何表达精度	几何表达精度要求
规划隧道、规划综合管廊、规划轨道交通	G1	• 宜以二维图形表示高度、体型、位置、朝向、埋深等
	G2	• 应建模表示大致的尺寸、形状、位置和方向
	G3	• 应建模表示精确尺寸与位置
	G4	• 应建模表示实际尺寸与位置； • 模型表面宜有可正确识别的材质
规划给水工程、规划污水工程、规划雨水工程、规划电力工程、规划通信工程、规划燃气工程	G1	• 宜二维图形表示
	G2	• 应体量化建模管道空间占位
	G3	• 应按照管线实际规格尺寸及材质建模； • 有坡度的管道宜按照实际坡度建模； • 管线支线应建模
	G4	• 应按照管线实际规格尺寸及材质建模； • 有坡度的管道宜按照实际坡度建模； • 管件宜按照其实际材质和规格尺寸建模； • 管线支线应建模

工艺（含给水排水）专业模型单元几何表达精度　　表 T-3

模型单元	几何表达精度	几何表达精度要求
设备、水池、水箱	G1	• 宜二维图形表示
	G2	• 应体量化建模表示主体空间占位
	G3	• 应建模表示设备尺寸及位置； • 应粗略表示主要设备内部构造； • 宜表达其连接管道、阀门、管件、附属设备或基座等安装构件
	G4	• 宜按照产品的实际尺寸建模或采用高精度扫描模型
水管、水管管件	G1	• 宜二维图形表示
	G2	• 应体量化建模管道空间占位
	G3	• 应按照管线实际规格尺寸及材质建模； • 有坡度的管道宜按照实际坡度建模； • 有保温管道宜按照实际保温材质及厚度建模； • 管线支线应建模
	G4	• 应按照管线实际规格尺寸及材质建模； • 有坡度的管道宜按照实际坡度建模； • 有保温管道宜按照实际保温材质及厚度建模； • 管件宜按照其实际材质和规格尺寸建模； • 管线支线应建模
管道附件	G1	• 宜二维图形表示
	G2	• 应体量化建模表示空间占位
	G3	• 应建模表示构件的实际尺寸及材质
	G4	• 应建模表示构件的实际尺寸、材质、连接方式、安装附件等
设备	G1	• 宜二维图形表示
	G2	• 应体量化建模表示主体空间占位
	G3	• 应建模表示设备尺寸及位置； • 宜建模表示其连接管道连接、附属设备或基座等安装位置及尺寸
	G4	• 宜按照产品的实际尺寸建模或采用高精度扫描模型

电气专业模型单元几何表达精度 表 T-4

模型单元	几何表达精度	几何表达精度要求
设备	G1	• 宜二维图形表示
	G2	• 应体量化建模表示主体空间占位
	G3	• 应建模表示设备尺寸及位置； • 宜建模表示其连接电缆桥架、母线、附属设备或基座等安装位置及尺寸
	G4	• 宜按照产品的实际尺寸建模或采用高精度扫描模型
电缆桥架	G1	• 宜二维图形表示
	G2	• 应体量化建模表示主体空间占位
	G3	• 应按照桥架的实际规格尺寸及材质建模； • 应建模表示管道支架的尺寸； • 有防火包裹的宜按照实际包裹材质及厚度建模
	G4	• 应按照桥架实际规格尺寸及材质建模； • 应建模表示管道支架的尺寸； • 有防火包裹的应按照实际包裹材质及厚度建模； • 宜按照桥架实际安装尺寸进行分节； • 宜按照实际尺寸建模安装构件
管径不小于70mm的电气线路敷设配线管（电线、电缆配线管）	G1	• 宜二维图形表示
	G2	• 应体量化建模表示主体空间占位
	G3	• 应建模表示构件尺寸及位置
	G4	• 应按照产品的实际尺寸、构造信息建模
接闪带、接地测试点等	G1	• 宜二维图形表示
	G2	• 应体量化建模表示主体空间占位
	G3	• 应建模表示构件的几何特征
	G4	• 宜按照产品的实际尺寸、构造信息建模或采用高精度扫描模型

建筑专业模型单元几何表达精度 表 T-5

模型单元	几何表达精度	几何表达精度要求
建筑功能级模型	G1	• 宜二维图形表示
	G2	• 应体量化建模表示空间占位
	G3	• 应按照实际尺寸建模； • 宜表示材质
	G4	• 应按照实际尺寸建模； • 应表示材质
外墙	G1	• 宜二维图形表示
	G2	• 应体量化建模表示空间占位； • 宜表示核心层和外饰面材质； • 外墙定位基线宜与墙体核心层外表面重合，如有保温层，宜与保温层外表面重合
	G3	• 构造层厚度不小于20mm时，应按照实际厚度建模； • 应表示安装构件； • 应表示各构造层的材质； • 外墙定位基线应与墙体核心层外表面重合，无核心层的外墙体，定位基线应与墙体内表面重合，有保温层的外墙体定位基线应与保温层外表面重合

模型单元	几何表达精度	几何表达精度要求
外墙	G4	• 构造层厚度不小于 10mm 时，应按照实际厚度建模； • 应按照实际尺寸建模安装构件； • 应表示各构造层的材质； • 外墙定位基线应与墙体核心层外表面重合，无核心层的外墙体，定位基线应与墙体内表面重合，有保温层的外墙体定位基线应与保温层外表面重合； • 当砌体垂直灰缝大于 30mm，采用 C20 细石混凝土灌实时，应区分砌体与细石混凝土
内墙	G1	• 宜二维图形表示
	G2	• 应体量化建模表示空间占位； • 宜表示核心层和外饰面材质； • 内墙定位基线宜与墙体核心层表面重合，如有隔音层，宜与隔音层外表面重合
	G3	• 构造层厚度不小于 20mm 时，应按照实际厚度建模； • 应表示安装构件； • 宜表示各构造层的材质； • 内墙定位基线应与墙体核心层外表面重合，无核心层的外墙体，定位基线应与墙体内表面重合，有隔音的内墙体定位基线与隔音层外表面重合
	G4	• 构造层厚度不小于 10mm 时，应按照实际厚度建模； • 应按照实际尺寸建模安装构件； • 应表示各构造层的材质； • 内墙定位基线应与墙体核心层外表面重合，无核心层的内墙体定位基线应与墙体内表面重合，有隔音层的外墙体定位基线应与隔音层外表面重合
建筑柱	G1	• 宜二维图形表示
	G2	• 应体量化建模表示空间占位； • 宜表示核心层和外饰面材质； • 建筑柱定位基线宜与柱核心层表面重合，如有保温层，宜与保温层外表面重合
	G3	• 构造层厚度不小于 20mm 时，应按照实际厚度建模； • 应表示安装构件； • 宜表示各构造层的材质； • 建筑柱定位基线应与柱体核心层外表面重合，无核心层的建筑柱，定位基线应与建筑柱内表面重合，有保温的建筑柱定位基线与保温层外表面重合
	G4	• 构造层厚度不小于 10mm 时，应按照实际厚度建模； • 应按照实际尺寸建模安装构件； • 应表示各构造层的材质； • 建筑柱定位基线应与柱体核心层外表面重合，无核心层的建筑柱，定位基线应与建筑柱内表面重合，有保温的建筑柱定位基线与保温层外表面重合； • 构造柱构件的轮廓表达应与实际相符，即包括嵌接墙体部分（马牙槎）
门窗	G1	• 宜二维图形表示
	G2	• 应表示框材、嵌板； • 门窗洞口尺寸应准确
	G3	• 应表示框材、嵌板、主要安装构件； • 内嵌板的门窗应表示； • 门窗、百叶框材和断面模型容差应为 30mm
	G4	• 应表示框材、嵌板、主要安装构件、密封材料； • 应按照实际尺寸建模内嵌的门窗和百叶

模型单元	几何表达精度	几何表达精度要求
坡道、台阶	G1	• 宜二维图形表示
	G2	• 应体量化建模表示空间占位
	G3	• 坡道或台阶应建模，并应输入构造层次信息，构造层厚度不小于20mm时，应按照精确厚度建模
	G4	• 坡道或台阶应建模，并应输入构造层次信息。构造层厚度不小于10mm时，应按照实际厚度建模； • 宜按照实际尺寸建模防滑条和安装构件
散水	G1	• 宜二维图形表示
	G2	• 应体量化建模表示空间占位
	G3	• 构造层厚度不小于20mm时，应按照精确厚度建模
	G4	• 构造层厚度不小于10mm时，应按照实际厚度建模
栏杆	G1	• 宜二维图形表示
	G2	• 应体量化建模表示空间占位
	G3	• 应建模，主要部件模型容差宜为20mm
	G4	• 应按照实际尺寸建模
变形缝	G1	• 宜二维图形表示
	G2	• 应体量化建模表示空间占位
	G3	• 应建模，主要部件模型容差宜为10mm
	G4	• 应按照实际尺寸建模需生产加工的构件
设备安装孔洞	G1	• 宜二维图形表示
	G2	• 应建模孔洞的大小和位置
	G3	• 应建模表示孔洞的精确位置； • 主要安装构件、预埋件应建模，模型容差宜为10mm
	G4	• 应建模表示孔洞的精确位置； • 主要安装构件、预埋件应按实际尺寸建模

结构专业模型单元几何表达精度　　　　表 T-6

模型单元	几何表达精度	几何表达精度要求
结构功能级模型	G1	• 宜二维图形表示
	G2	• 应体量化建模表示空间占位
	G3	• 应按照实际尺寸建模； • 宜表示材质
	G4	• 应按照实际尺寸建模； • 应表示材质
围护桩	G1	• 宜二维图形表示
	G2	• 应体量化建模表示空间占位
	G3	• 应按照实际构造尺寸建模
	G4	• 应按照实际构造尺寸建模； • 应表示材质

续表

模型单元	几何表达精度	几何表达精度要求
结构墙、柱	G1	• 宜二维图形或图例表示
	G2	• 应体量化建模表示空间占位
	G3	• 构造层厚度不小于 20mm 时，应按照实际厚度建模； • 应表示各构造层的材质； • 应表示安装构件； • 应区分矩形柱、异形柱、暗柱； • 依附于柱上的牛腿和升板的柱帽应按被依附的柱类型建模
	G4	• 构造层厚度不小于 10mm 时，应按照实际厚度建模； • 应表示各构造层的材质； • 应按照实际尺寸建模安装构件； • 应区分矩形柱、异形柱、暗柱； • 依附于柱上的牛腿和升板的柱帽应按被依附的柱类型建模
梁	G1	• 宜二维图形表示
	G2	• 应体量化建模表示空间占位
	G3	• 构造层厚度不小于 20mm 时，应按照实际厚度建模； • 应表示各构造层的材质； • 应表示安装构件； • 应区分基础梁、矩形梁、异形梁、圈梁、过梁； • 有梁板（包括主、次梁与板）中的梁应区别于其他结构梁
	G4	• 构造层厚度不小于 10mm 时，应按照实际厚度建模； • 应表示各构造层的材质； • 应按照实际尺寸建模安装构件； • 应建模，区分基础梁、矩形梁、异形梁、圈梁、过梁； • 有梁板（包括主、次梁与板）中的梁应区别于其他结构梁
楼梯	G1	• 宜二维图形表示
	G2	• 应体量化建模表示空间占位； • 楼梯应建模踏步、梯段
	G3	• 梯梁、梯柱应建模，并应输入构造层次信息，构造层厚度不小于 20mm 时，应按照精确厚度建模
	G4	• 梯梁、梯柱应建模，并应输入构造层次信息。构造层厚度不小于 10mm 时，应按照实际厚度建模
板（车道板、烟道板）	G1	• 宜二维图形表示
	G2	• 应体量化建模表示空间占位
	G3	• 构造层厚度不小于 20mm 时，应按照实际厚度建模； • 应表示各构造层的材质； • 应表示安装构件； • 应区分有梁板、无梁板、平板、拱板
	G4	• 构造层厚度不小于 10mm 时，应按照实际厚度建模； • 应表示各构造层的材质； • 应按照实际尺寸建模安装构件； • 应区分有梁板、无梁板、平板、拱板
钢筋	G1	• 宜二维图形表示
	G2	• 主要结构筋、构造筋应建模
	G3	• 主要结构筋、构造筋、箍筋应建模
	G4	• 各类配筋应按照实际尺寸建模

模型单元	几何表达精度	几何表达精度要求
零件（管片分块、口型件、π型件、钢架、钢板）	G1	• 宜二维图形表示
	G2	• 应体量化建模表示空间占位
	G3	• 应按照实际构造尺寸建模
	G4	• 应按照实际构造尺寸建模； • 应表示材质
钢结构	G1	• 宜二维图形表示
	G2	• 应体量化建模表示主要受力构件
	G3	• 主要受力构件应按照实际尺寸建模； • 主要安装构件应建模
	G4	• 应按照实际尺寸建模

暖通专业模型单元几何表达精度　　　　表 T-7

模型单元	几何表达精度	几何表达精度要求
设备	G1	• 宜二维图形表示
	G2	• 应体量化建模表示主体空间占位
	G3	• 应建模表示设备尺寸及位置； • 应粗略表示主要设备内部构造； • 宜表达其连接管道、阀门、管件、附属设备或基座等安装构件
	G4	• 宜按照产品的实际尺寸建模或采用高精度扫描模型
风管和管件	G1	• 宜二维图形表示
	G2	• 应体量化建模管道空间占位
	G3	• 应建模表示管线实际规格尺寸及材质； • 应建模表示风管支管及末端百叶实际尺寸及位置； • 有保温的管道宜按照实际保温材质及厚度建模
	G4	• 应按照管线实际规格尺寸及材质建模； • 应建模表示风管支管及末端百叶实际尺寸及位置； • 有保温管道宜按照实际保温材质及厚度建模； • 宜按照管道实际安装尺寸进行分节； • 管件宜按照其实际材质和规格尺寸建模
液体输送管道和管件	G1	• 宜二维图形表示
	G2	• 应体量化建模管道空间占位
	G3	• 应按照管线实际规格尺寸及材质建模； • 有坡度的管道宜按照实际坡度建模； • 有保温管道宜按照实际保温材质及厚度建模； • 管线支线应建模
	G4	• 应按照管线实际规格尺寸及材质建模； • 有坡度的管道宜按照实际坡度建模； • 有保温管道宜按照实际保温材质及厚度建模； • 管件宜按照其实际材质和规格尺寸建模； • 管线支线应建模

续表

模型单元	几何表达精度	几何表达精度要求
管道附件	G1	• 宜二维图形表示
	G2	• 应体量化建模表示空间占位
	G3	• 应建模表示构件的实际尺寸及材质
	G4	• 应建模表示构件的实际尺寸、材质、连接方式、安装附件等
管道支吊架	G1	• 宜二维图形表示
	G2	• 应体量化建模主要部件空间占位
	G3	• 应建模表示构件的实际尺寸及材质
	G4	• 应建模表示构件的实际尺寸、材质、连接方式、安装附件等

道路专业模型单元几何表达精度　　　　　表 T-8

模型单元	几何表达精度	几何表达精度要求
道路功能级模型	G1	• 宜二维图形表示
	G2	• 应体量化建模表示空间占位
	G3	• 应按照实际线形及宽度建模; • 宜表示材质
	G4	• 应按照实际线形及宽度建模; • 应表示材质
机动车道、非机动车道、辅路、人行道、硬路肩、土路肩	G1	• 宜二维图形表示
	G2	• 应体量化建模表示空间占位
	G3	• 应按照实际线形及宽度建模; • 宜表示材质
	G4	• 应按照实际线形及宽度建模; • 应表示材质
绿化带、分隔带、侧平石、侧石、缘石	G1	• 宜二维图形表示
	G2	• 应体量化建模表示空间占位
	G3	• 应按照长度、宽度、高度建模; • 宜表示材质
	G4	• 应按照长度、宽度、高度建模; • 应表示材质
栏杆	G1	• 宜二维图形表示
	G2	• 应体量化建模表示空间占位
	G3	• 应建模,主要部件模型容差宜为 20mm
	G4	• 应按照实际尺寸建模
面层、基层、底基层、垫层	G1	• 宜二维图形表示
	G2	• 应体量化建模表示空间占位
	G3	• 应按实际厚度建模; • 宜表示材质
	G4	• 应按实际厚度建模; • 应表示材质

模型单元	几何表达精度	几何表达精度要求
坡道、台阶	G1	• 宜二维图形表示
	G2	• 应体量化建模表示空间占位
	G3	• 坡道或台阶应建模，并应输入构造层次信息，构造层厚度不小于 20mm 时，应按照精确厚度建模
	G4	• 坡道或台阶应建模，并应输入构造层次信息。构造层厚度不小于 10mm 时，应按照实际厚度建模； • 宜按照实际尺寸建模防滑条和安装构件
指示标线、禁止标线、警告标线	G1	• 宜二维图形表示
	G2	• 应体量化建模表示空间占位
	G3	• 应按照精确长度建模，容差 1m
	G4	• 应按照精确长度建模，容差 0.5m
标志牌、支撑杆件、基础	G1	• 宜二维图形表示
	G2	• 应体量化建模表示空间占位
	G3	• 应建模，主要部件模型容差宜为 20mm
	G4	• 应按照实际尺寸建模

照明、安防、防雷接地专业模型单元几何表达精度 表 T-9

模型单元	几何表达精度	几何表达精度要求
设备、机柜	G1	• 宜二维图形表示
	G2	• 应体量化建模表示主体空间占位
	G3	• 应建模表示设备尺寸及位置； • 宜建模表示其连接电缆桥架、母线、附属设备或基座等安装位置及尺寸
	G4	• 宜按照产品的实际尺寸建模或采用高精度扫描模型
电缆桥架	G1	• 宜二维图形表示
	G2	• 应体量化建模表示主体空间占位
	G3	• 应按照桥架的实际规格尺寸及材质建模； • 应建模表示管道支架的尺寸； • 有防火包裹的宜按照实际包裹材质及厚度建模
	G4	• 应按照桥架实际规格尺寸及材质建模； • 应建模表示管道支架的尺寸； • 有防火包裹的应按照实际包裹材质及厚度建模； • 宜按照桥架实际安装尺寸进行分节； • 宜按照实际尺寸建模安装构件
管径不小于 70mm 的智能化线路敷设配线管（电线、电缆配线管）	G1	• 宜二维图形表示
	G2	• 应体量化建模表示主体空间占位
	G3	• 应建模表示构件尺寸及位置
	G4	• 应按照产品的实际尺寸、构造信息建模

附录 U：常用构件非几何参数信息

常用构件混凝土非几何参数信息   表 U-1

属性组	属性名称	参数类型	单位/描述/取值范围
材料	混凝土强度等级	枚举型	C15，C20，C25，C30，C35，C40，C45，C50，C55，C60，C65，C70，C75，C80
	体积	体积	m^2
	面积	面积	m^2
性能	混凝土弹性模量	压强	N/mm^2
	混凝土抗压强度标准值	压强	N/mm^2
	混凝土抗拉强度标准值	压强	N/mm^2
	混凝土抗压强度设计值	压强	N/mm^2
	混凝土抗拉强度设计值	压强	N/mm^2
	抗渗等级	压强	N/mm^2
	混凝土疲劳变形模量	枚举型	P4，P6，P8，P10，P12，大于 P12

常用构件钢筋非几何参数信息   表 U-2

属性组	属性名称	参数类型	单位/描述/取值范围
材料	钢筋牌号	枚举型	HPB300，HRB335，HRB400，HRB500，HRBF335，HRBF400，HRBF500，RRB400
	配筋量	百分比	%
	配筋信息	文字	文件描述钢筋的厂家及其他信息
性能	钢筋弹性模量	压强	N/mm^2
	钢筋强度标准值	压强	N/mm^2
	钢筋抗拉强度设计值	压强	N/mm^2
	钢筋抗压强度设计值	压强	N/mm^2
	钢筋疲劳应力幅限值	压强	N/mm^2

参 考 文 献

[1] 国家标准《建筑信息模型设计交付标准》（报批稿）

[2] 中华人民共和国住房和城乡建设部. GB/T 51269—2017 建筑信息模型分类和编码标准 [S]. 北京：中国建筑工业出版社，2017.

[3] 中华人民共和国住房和城乡建设部. GB/T 51212—2016 建筑信息模型应用统一标准 [S]. 北京：中国建筑工业出版社，2016.

[4] 国务院办公厅《关于促进建筑业持续健康发展的意见》（国办发 [2017] 19 号）

[5] 住房城乡建设部《关于推进建筑信息模型应用的指导意见》（建质函 [2015] 159 号）

[6] 交通运输部《公路水运工程 BIM 技术应用的指导意见》（交办公路 [2017] 205 号）

[7] 华东建筑设计研究院有限公司. DG/TJ08-2201—2016 上海市建筑信息模型应用标准 [S]. 上海：统计大学出版社，2016.

[8] 上海市城市建设设计研究总院. DG/TJ08-2205—2016 市政给排水信息模型应用标准 [S]. 上海：统计大学出版社，2016.

[9] 上海市城市建设设计研究总院. DG/TJ08-2204—2016 市政道路桥梁信息模型应用标准 [S]. 上海：统计大学出版社，2016.

[10] 住房城乡建设部工程质量安全监管司. 市政公用工程设计文件编制深度规定（2013 版）[S]. 北京：中国建筑工业出版社，2013.

[11] 上海市政工程设计研究总院（集团）有限公司. 市政道路桥梁工程 BIM 技术 [M]. 北京：中国建筑工业出版社，2018.

[12] 清华大学 BIM 课题组. 中国建筑信息模型标准框架研究 [M]. 北京：中国建筑工业出版社，2011.

[13] 清华大学 BIM 课题组. 设计企业 BIM 实施标准指南 [M]. 北京：中国建筑工业出版社，2013.

[14] 李云贵. 建筑工程设计 BIM 应用指南（第二版）[M]. 北京：中国建筑工业出版社，2017.

[15] 行业标准《建筑工程设计信息模型制图标准》（征求意见稿）

[16] 上海市建设和交通委员. GB 50013—2006 室外给水设计规范 [S]. 北京：中国计划出版社，2006.

[17] 住房和城乡建设部. GB 50014—2006（2016 版）室外排水设计规范 [S]. 北京：中国计划出版社，2016.

[18] 住房和城乡建设部. GB 50265—2010 泵站设计规范 [S]. 北京：中国计划出版社，2011.

[19] 国家环境保护总局. GB 3838—2002 地表水环境质量标准 [S]. 北京：中国环境科学出版社，2003.

[20] 国家环境保护总局. GB 8978—1996 污水综合排放标准 [S]. 北京：中国环境科学出版社，1997.

[21] 中国标准化委员会. CJ 343—2010 污水排入下水道水质标准 [S]. 北京：中国质检出版社，2010.

[22] 上海市政工程设计研究总院（集团）有限公司. 给水排水设计手册第 3 册　城镇给水（第三版）[M]. 北京：中国建筑工业出版社，2017.

[23] 北京市市政工程设计研究总院有限公司. 给水排水设计手册第 1 册　城镇排水（第三版）[M]. 北京：中国建筑工业出版社，2017.

[24] 中国市政工程中南设计研究总院有限公司. 给水排水设计手册第 8 册　电气与自控（第三版）[M]. 北京：中国建筑工业出版社，2013.

[25] 中国市政工程华北设计研究总院. 给水排水设计手册第 12 册　器材与装置（第三版）［M］. 北京：中国建筑工业出版社，2012.

[26] 杨文斌. 水处理工程常用设备与工艺［M］. 北京：中国石化出版社，2011.

[27] 严煦初. 给水工程（第四版）［M］. 北京：中国建筑工业出版社，2011.

[28] 张自杰. 排水工程（第四版）［M］. 北京：中国建筑工业出版社，2011.

[29] 住房和城乡建设部. GB 50016—2014 建筑设计防火规范［S］. 北京：中国计划出版社，2015.

[30] 住房和城乡建设部. GB 50352—2005 民用建筑设计通则［S］. 北京：中国建筑工业出版社，2005.

[31] 中南建筑设计院股份有限公司. 建筑工程设计文件编制深度规定［M］. 北京：中国建材工业出版社，2017.

[32] 中国建筑标准设计研究院. 05J909 国家建筑标准设计图集—工程做法［S］. 北京：中国计划出版社，2007.

[33] 住房和城乡建设部. GB 50052—2009 供配电系统设计规范［S］. 北京：中国计划出版社，2010.

[34] 住房和城乡建设部. GB 50034—2013 建筑照明设计规范［S］. 北京：中国建筑工业出版社，2014.

[35] 住房和城乡建设部. GB 50053—2013 20kV 及以下变电所设计规范［S］. 北京：中国计划出版社，2014.

[36] 住房和城乡建设部. GB 50007—2016 建筑地基基础设计规范［S］. 北京：中国建筑工业出版社，2012.

[37] 住房和城乡建设部. GB 50191—2012 构筑物抗震设计规范［S］. 北京：中国计划出版社，2012.

[38] 何圣兵. 城市污水处理厂工程设计指导［M］. 北京：中国建材工业出版社，2011.

[39] 刘振江，崔玉川. 城市污水厂处理设施设计计算［M］. 北京：化学工业出版社，2018

[40] 上海市城乡建设和交通委员会. GB 50015—2003（2009 年版）建筑给水排水设计规范［S］. 北京：中国计划出版社，2010.

[41] 住房和城乡建设部. GB 50974—2014 消防给水及消火栓系统技术规范［S］. 北京：中国计划出版社，2014.

[42] 住房和城乡建设部. CJJ 37—2012（2016 版）城市道路工程设计规范［S］. 北京：中国建筑工业出版社，2016.

[43] 国家计划委员会. GBJ 22—87 厂矿道路设计规范［S］. 北京：中国计划出版社，2000.

[44] 住房和城乡建设部. GB 50736—2012 民用建筑供暖通风与空气调节设计规范［S］. 北京：中国建筑工业出版社，2012.

[45] 住房和城乡建设部. GB 50019—2015 工业建筑供暖通风与空气调节设计规范［S］. 北京：中国计划出版社，2015.

[46] 上海市安装工程集团有限公司. GB 50243—2016 通风与空调工程施工质量验收规范［S］. 北京：中国计划出版社，2017.

[47] 住房和城乡建设部. CJJ 34—2010 城镇供热管网设计规范［S］. 北京：光明日报出版社，2010.

[48] 陆耀庆. 实用供热空调设计手册（第二版）［M］. 北京：中国建筑工业出版社，2008.